森林生态文化

SENLIN SHENGTAI WENHUA

但新球 但维宇◎著

中国林业出版社

图书在版编目（CIP）数据

森林生态文化 / 但新球，但维宇 著. -- 北京 : 中国林业出版社, 2012.12

ISBN 978-7-5038-6899-3

Ⅰ. ①森… Ⅱ. ①但… ②但… Ⅲ. ①森林生态学Ⅳ. ①S718.5

中国版本图书馆 CIP 数据核字(2012)第 316921 号

中国林业出版社
责任编辑：李 顺 王 远
出版咨询：（010）83223051

出 版：中国林业出版社（100009 北京西城区德内大街刘海胡同 7 号）
印 刷：北京卡乐富印刷有限公司
发 行：新华书店北京发行所
电 话：（010）83224477
版 次：2012 年 12 月第 1 版
印 次：2012 年 12 月第 1 次
开 本：787mm×1092mm 1 / 16
印 张：17.75
字 数：320 千字
定 价：58.00 元

序

党的十七大将生态文明建设列为了当今中国社会发展的目标。在中央林业工作会议上，确立了林业在生态建设中的首要地位。国务院的“中国可持续发展战略研究——林业可持续发展战略研究”提出了“构建完备的森林生态体系、发达的林业产业体系和繁荣的生态文化体系”的林业发展总目标。最近国家林业局又确立我国林业的“森林、荒漠、湿地与生物多样性”三个生态系统和一个多样性的林业发展主战场。林业在生态文明建设、社会经济发展和应对全球气候变化中的地位越来越重要。林业担负着生态环境支撑、国土安全、促进人与自然和谐、增加农民增收、推动新农村建设的神圣使命；担负着社会和谐、推进社会进步的重要职责。因此，包含森林生态文化建设在内的现代林业建设理应成为国家重要的发展战略之一。森林生态文化建设理应成为国家生态文明建设的重要内容。由此，研究森林生态文化，在各项林业建设项目中体现森林生态文化的发展要求是现代林业发展的方向。

研究森林文化，就是从历史发展、文化本身的层次结构、森林对于人类不同作用等多方面总结人与森林的相互关系，使人类更加科学地认知森林，从而更好地保护森林、利用森林。从而有利于现代林业的科学健康发展。因此，近几年来，政府与研究人员均从不同角度在关注森林生态文化，出现了一系列的研究成果和森林生态文化建设实践。

我认识本书作者主要从参与评审论证国家林业局中南调查规划设计院完成的自然保护区规划、现代林业示范市建设规划、森林城市建设规划和生态市规划等项目活动开始。之后，又共同参与了一些国家森林城市的考察评估活动，知晓他正在进行森林生态文化研究。今年秋季，作者携此书稿与我，不曾想到长期在生产一线的技术人员会有此成果，深以为慰！尤其应当指出的是，作者是在林业调查规划设计单位繁重的调查工作之余持之以恒坚持关注与研究森林文化与森林文化设计，实为难能可贵。

作者十多年来通过对森林文化基础理论的研究，提出了森林生态文化体系架构。尤其利用理论研究的心得在大量的森林公园、城市森林、植物园、现代林业，以及森林养生保健园建设规划设计等项目中进行实践，体现了本书理论联系实际的风格。虽然本书在理论思考、总结、实践案例上，仍有许多有待提高之处，但仍然是目前此领域最系统的一本理论与实践相结合的著作。

参天大树自幼苗始生。因此，本人乐以为序。

中国科学院院士

目　录

第二部分 森林生态文化体系

第三部分 森林生态文化设计

第四部分 城市森林生态文化

第一部分
森林文化理论基础

第1章　森林文化的概念与特征

林学创始人柯塔(H. Cotta)早在19世纪出版的《森林经理学》一书中就指出："森林经营的一半是技术，一半是艺术"。而技术与艺术的结合就是文化的重要组成，或许这就是森林文化思想的萌芽。上溯至更早的各个历史时期，人们一面不断地认识森林，一面不断地从森林中获取生活、生存及精神需求和庇护的营养，产生了先进的营林技术和各具特色的艺术品。在人类更早时期，最早的文化在新旧石器时期之前，或者在新旧石器时期，许多学者认为人类应存在一个以木器为生产工具的文明年代。因为，当时人类生活在森林及森林环抱的环境之中，木材是理所当然的生产工具的首选材料。直至现代，木制生产工具仍然占有相当大的比重。在人类早期艺术品中，如原始岩画中森林狩猎就是一个主要题材之一。人类的这种木器文化、木石文化就是最早的森林文化。所以说森林文化不但是人类文化与文明的组成部分，也是人类文化的起源之一。对森林文化的研究，有助于我们正确认识人类文明的发展，正确认识森林的社会文化价值，有利于森林的可持续经营。

1　森林文化的概念与形成

纵观人类文明的历史，不同时期人们对森林的认识和态度，反映了不同的文化特征。森林与人类本身的生存和发展，森林与诗歌、曲艺、绘画、音乐等文化现象紧密联系。在现代以森林为主题的"自然与文化遗产地"、"国家公园"、"森林公园"、"自然保护区"等人类生态文化现象的出现，反映了人类对森林的认识有了一个新的飞跃，同时反映了与之相联系的文化特征——城市的发展。城市与工业的发展导致了绿地与森林的减少；环境与科学技术发展对人类心理产生的文化效应——导致人们对森林与绿地的向往和渴望，人们开始认识到森林对人类生存必不可少的价值所在。森林的文化价值是森林价值的重要组成。关于森林文化的概念，郑小贤教授在1999年认为是"以森林为背景，以人类与森林和谐共存为指导思想和研究对象的文化体系"，并指出森林文化是"传统文化的有机组成部分"；2000年经过进一步研究后提出："森林文化是指人对森林(自然)的敬畏、崇拜与认识，是建立在对森林各种恩惠表示感谢的朴素感情基础上的反映人与森林关系中的文化现象"，并且区分为技术领域的森林文化和艺术领域的森林文化。在概念上前者反映了人类对森林的需求，后者反映了人类对森林的认识。笔者在研究人类—森林—需求—认识对森林文化的影响中，发现森林技术是在人类对森林需求利益驱动下产生和成熟的，而森林艺术则源于人类对森林的认识，其关系如图 1-1。

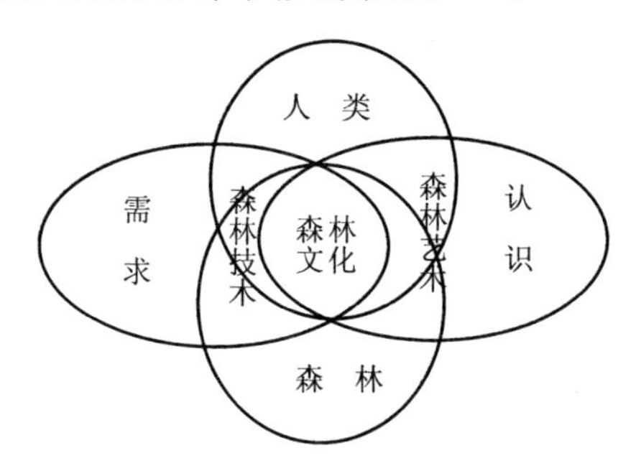

图 1-1　人类对森林文化的认识与需求关系

由上述分析，笔者认为，森林文化是指人类在社会实践中，对森林及其环境的需求和认识以及相互关系的总和。森林文化亦如其文化现象一样是精神和物质的相互联系，具有社会特征、经济特征、系统特征。具有时间与空间的差异、特定的表现形式和自身发展的规律。

2　森林文化的社会表现模式

森林文化处于社会大文化系统之中，是其中的一个子系统。在人类社会生活中，它作为物质载体，为人类提供了生存空间、建筑材料与燃料、造纸原料及其工业原料和中药材基因库等；作为精神载体，它提供了绿色环境、认识与学习、探索与探险的机会，以及户外游憩的主要场所；同时它给艺术形成和创作提供了灵感和源泉。森林文化的社会表现模式大致可分为精神、物质和信息 3 个层次，实际上层次之间又相互作用和影响，如图 1-2。

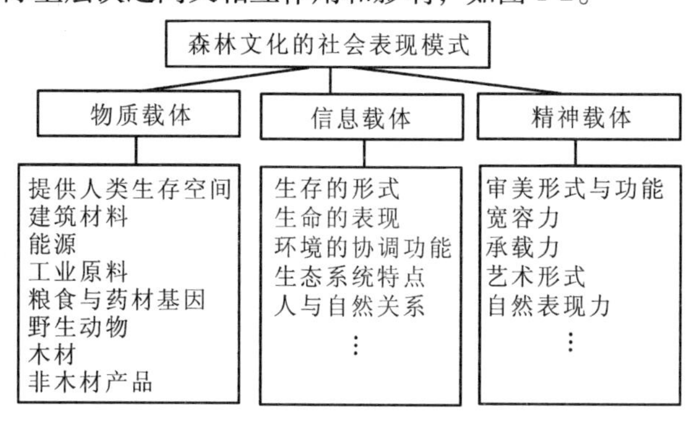

图 1-2　森林文化的社会表现模式

3 森林文化的经济表现模式

关于森林文化的经济表现模式，可以有不同的划分方法：以货币形式来划分为货币表现和非货币表现两种；以其特点和功能来区分有实用经济、生态经济与社会经济3种模式。随着人类文明的发展，这3种模式的侧重点亦有不同。在森林利用的早期，主要注重于实用经济模式，而在后期则慢慢地注意和重视森林的生态和社会经济两种模式。森林文化的经济表现模式如图1-3。

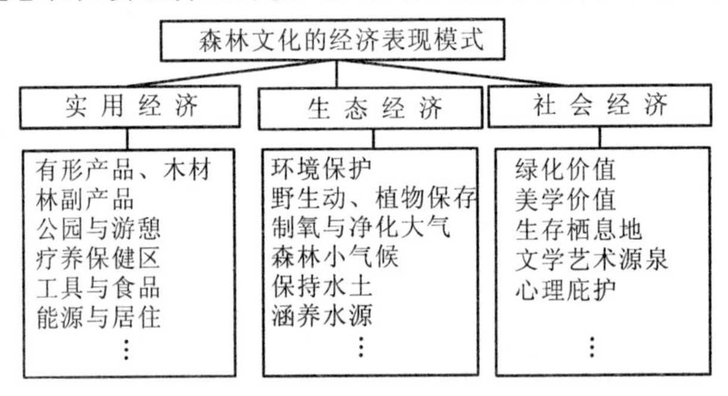

图1-3 森林文化的经济表现模式

4 森林文化的系统表现模式

森林文化作为一种环境文化、生态文化，与人类活动和生存紧密相关，在大众文化中它独成体系，有自己的功能、结构、层次和效益。森林文化的要素就其形态而言可划分为形态要素(包括产品、设施、设备、工具和景观)、似形态要素(包括表意、行为、艺术与技术)、非形态要素(包括思维、情感、制度、科学等)。从功能系统上可区分为实用功能、认知功能和审美功能，见图1-4。

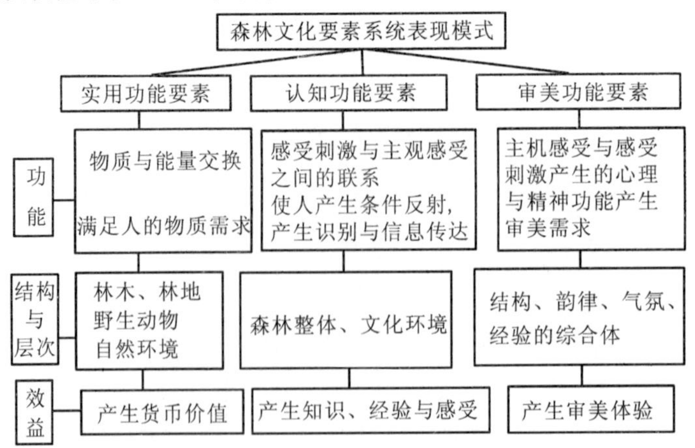

图1-4 森林文化的系统表现模式

5　现阶段森林文化的特点

5.1　居住

人们从来没有像今天这样关注森林，这也许与人类祖先最早的居住环境就是森林有关。据调查：对"人们对理想的生活环境中最不可缺少的东西"进行调查时，中国公众对与森林相关的因子（干净的空气、绿地花草、清澈的河流、树木）的认可高达68.3%。63.5%～69.4%的人关注中国森林的现状与保护。俞孔坚在研究人类理想居住环境调查中，四种理想环境模式中无不与森林密切相关。

5.2　食物

据研究，人类至今仍有四分之一的生活物质依赖或间接依赖于森林提供的生活物资，水、衣饰、药品也直接或间接地来源于森林。在漫长的历史过程中形成了不同区域、不同民族、不同阶段的森林饮食文化。

5.3　生产工具

任何文化均与人类生产工具直接相关，离开了生产工具的文化特征，都会显示出自身发展的弱点。在中国，尤其是西部少数民族，木制生产工具至今仍是不可替代的主要工具。实用与艺术、民族装饰与地域差异在生产工具上又反映了与众不同的文化特征。许多早期的木制工具已经成为文化收藏品进入了私人与国家博物馆。

5.4　休闲

森林游憩作为人类生存的手段和方式，越来越显得重要，这也是人类本身生存与发展的要求。据世界旅游组织报道，早在1995年旅游业已成为世界第一产业，当时旅游业收入占世界国民经济总产值的10.6%（1995年），而森林旅游在旅游业中占据30%。随着旅游的发展，森林旅游将在旅游业中占据60%～70%的份额，人类将有1/10的时间在森林中游憩、休闲。

5.5　技术

森林经营技术，在现阶段呈现出绿色文明与可持续特点，绿色产品认证、森林认证工作开展以及与之相匹配的技术体系就充分反映了现阶段的森林技术文化特征。

5.6　艺术

虽然至今还未确认森林艺术的地位，与艺术相关的森林美学理论与实践历经100多年后，由于研究的匮乏，至今仍然没有形成完整的理论技术体系。但许多森林艺术都有不同程度的实践，如园林就是森林树木与建筑艺术相结合的艺术产品。现代人工林在一定程度上也可认为是一种现代森林艺术品。同时，反映森林及森林文化的艺术品，在近期得到迅猛发展，如诗歌、绘画、散文等。《中国绿色时报》甚至组织了专门的森林文学组织。湖南长沙的陈希平曾创作了一幅水彩长卷《森林大地》，全长 134 米。从古代原始的森林岩画到现代森林绘画，简直可以形成一部专门的森林绘画艺术史。

5.7 认识与实践

文化(Culture)源于拉丁语“农耕”，因此，任何文化均与农耕即人们对自然的劳动与收获密切相关。随着人们认识的提高，人们在对森林认识与实践过程中形成了不同的文化特点，如森林与食物，森林与医药，森林与工具，森林与居住，森林与宗教图腾等。人们在对森林的利用改造经营过程中，形成了许多经营模式，实际上也是一种艺术模式。如生态林经营、农田防护林经营、风景林经营模式，以及具体的林农间作、林农混种、林农轮作、林茶套种、林农套作、林牧结合、林药结合、林花结合、林果农套作、林混结合等，这些均与现代农耕文明、现代农耕文化密切相关，是人们对森林认识与实践过程中形成的森林文化现象。

5.8 区域特征

正如前面研究中指出的一样，对于森林的认识与需求与社会经济文化的发展密切相关。发达地区与发展中地区对森林的认识和需求不尽相同，因此，反映在森林文化上其发展阶段和表现也有所差异。发达国家如瑞典、日本、德国、芬兰等国家，其森林文化呈现出近自然的生态文化特征；而在中国西部、东南亚及热带地区由于贫困的原因，森林文化仍然停留在农耕文化的阶段。

6 森林文化研究展望

森林文化是人类农业文化的一部分，且先于农业文化的种植文化。森林文化经过了漫长的黑暗时期，致使森林遭到了大规模破坏，人类也初尝了破坏森林的苦果。正因为如此，人们才开始重新认识森林，森林文化的研究才初显曙光。因此，可以说森林文化的研究还处于萌芽阶段，研究的课题广阔而繁杂，涉及到人类文明的各个领域。目前，森林文化研究的目的，首先把森林认识普及化，使森林的效益、功能与价值知识普及到大众水平，然后深入研究其文化特征，使之深刻认识到森林对人类生存的不可替代性，尤其通过森林文化研究，加强行业之间的联系，使之得到全社会各系统、各行业的认识和支持，从而达到保护森林、利用森林、弘扬森林文化的目的。

从全球视野研究森林文化，目前集中在森林应对全球气候变化中的地位和作用，具体在森林的碳汇功能和全球框架下的森林碳交易。森林作为全球视野下的公共财富逐渐被人类认识。

参考文献

[1]郑小贤，刘东兰．森林文化论[J]．森林资源管理，1999，(5)：19-21.
[2]何丕坤，于德江，李维长．森林树木与少数民族[M]．昆明：云南民族出版社，2000.
[3]郑小贤．文化与美学层次的森林经理[A]．森林经理研究(I)[C]．森林资源管理，2000(增刊)，209-214.
[4]中国公众森林生态状况意识调查[Z]．林业工作研究，2001，(4)：137-41.
[5]俞孔坚．中国人的理想模式及其生态史观——景观：文化，生态与感知[M]．北京：科学出版社，1998，67-74.

第2章　森林文化及其分期

不同历史时期，其森林的分布和森林在人类生存生活中的生态位不一样，人们对森林的认识与理解也不尽相同，反映在社会意识形态上就是文化的不同。因而分析和研究不同历史时期的森林文化，有助于全面了解森林的历史发展过程。有助于形成新的健康的森林文化。

1　森林文化的内涵

1.1　文化

关于文化(Culture)一词，是人们最熟悉的一个词，然而又是人们最难以理解的一个词。在现代，无论何种行业、产业都可套上文化一词。仅仅与森林和环境相关的就有“森林文化”“环境文化”“绿色文化”“农业文化”“林业企业文化”。这是从大的角度而言，小到森林与木材利用的就有“家居文化”“装饰文化与艺术”“森林旅游文化”等不一而足。不计其数的文化概念在一定程度上反映了人们对文化的重视和文化已渗入人类生活的各个角落，表明人类正面临“文化爆炸”的现实。

对于文化的诠释，简单的有以下几种：

埃尔伍德(ELLWOOD)认为：文化是一种学习和制造工具，特别是制造定型工具的过程。

威尔莱(WISSLER)认为：文化是一种民族生活的形式。

泰勒(tylor)认为：文化是一种复合体，其中包括知识，信仰，艺术，道德，习俗等因素。

福尔索姆(FOLSOM)认为：文化是一切人工产品的总和，包括人所创造并能向后代传递的一切事物。FOLSOM的概念似乎应包括了人所创造的精神产品和物质产品。

1.2　森林文化

关于森林文化，笔者在《森林文化的社会、经济及系统特征》中作过简要叙述。简言之，森林文化就是人类关于森林的文化。它包括了埃尔伍德工具概念，也包含了威尔莱的生活概念，同时也应体现泰勒的观点，森林文化体现了人类对于森林的知识、信仰、艺术、伦理道德、习俗等。也包括了福尔索姆所指出的关于森林的有形与无形产品。总之它是人与森林相互关系的总和。

1.3　森林文化的内容

通过对森林文化概念的分析和界定，虽然不同时期森林文化的内涵和侧重点有所不同，但总的来分析，主要应包括以下几个方面：

学习与制造工具——森林采伐，狩猎工具，利用森林树木制作其他生产生活工具；

生活——居住：选址、结构、艺术；

食品：种类、获取与食用方式，有关风俗；

生产：狩猎形式与内容，采集方式与种类，经营森林的所有制形式与组织，利用重点与特征，保护方式与内容；

知识——对森林结构与功能的系统知识，对森林生态的认识；

信仰——对生物与生命的态度，认识与寄托；

艺术——主题艺术与造型艺术，所有与森林有关的艺术品；

伦理道德——利用与保护关系，人与森林相互关系。人对森林及生物的基本态度、有关政策、法律和规范；

习俗——在生产生活过程中形成的约定俗成的方式与认识；

技术——人类经营、利用、保护森林的技术体系。

2　森林文化的阶段划分

2.1　划分的目的、依据与原则

划分森林文化阶段的目的是为了研究方便和真实客观地反映森林文化的发展过程。

进行森林文化阶段划分主要依据森林文化构建主体——人类对森林利用的方式来进行。

划分森林文化阶段应结合社会历史形态的变化，经济体制与政治体制的变化来进行，以正确分析这些社会因素对森林及文化的影响。

2.2　森林文化的发展时期与阶段

无论是国内还是国外，由于对森林文化缺乏单项、专业的系统研究，迄今未见成熟的时期与阶段划分方案。笔者通过研究认为，森林文化自从产生至今大致经历了以下几个时期：

·狩猎采集文化时期；

·原始农耕文化时期；

·封建农耕文化时期；

·现代农业文化时期；

·工业与知识文化时期；

· 生态与信息文化时期。

每一个大的文化时期，依据其不同研究还可区分不同阶段(详见表 2-1)。

表 2-1　森林文化的不同时期及特征

特征＼时期	狩猎与采集文化时期	原始农耕文化时期	封建农耕文化时期	现代农业文化时期	工业与知识文化时期	生态与信息文化时期
森林所有制	公有/无主	公有/无主	氏族及私人所有	国家、集体所有	国家、企业、私有	国家及多形式
森林利用特征	原始全林利用	树干及动植物	树干利用	树干利用	全树利用	高级全林利用
利用形式	食物、居住	食物补充、建材燃料	建筑、燃料、商品木材	商品木材、燃料、非林产品	造纸及工业原料、商品木材	森林碳汇、森林生态系统利用
人与森林关系	人完全依赖于森林破坏极少对森林产生崇拜	人部分依赖于森林开垦与火对森林有少许破坏	人类部分依赖森林，但基本脱离森林战争、火、开垦、对森林造成破坏	人类部分依赖森林开始人工营造森林，但另一方面大肆砍伐，开垦对森林破坏很大	部分工业原料依赖森林，大肆砍伐、环境破坏，已经使森林数量与质量急剧下降	人类生存依赖于森林、人类开始重建森林生态系统
历史时期	远古及原始社会 3000 万 ~ 3 万年前	原始氏族社会奴隶制社会 3 万 ~ 公元前后	封建社会公元前后 ~ 公元 19 世纪	近代社会 19 世纪 ~ 20 世纪 AD1700 ~ 1900	现代 AD1900 ~	当代 AD1980 ~
经济特征	原始公有制	氏族经济	封建私有制	初级资本主义经济初级社会主义经济	现代资本主义与初级社会主义	改良资本主义与改良社会主义经济
社会文明	原始文明森林文明史前文明	狩猎与采集农耕文明	农耕文明	农业文明	工业与知识文明	生态与信息文明
森林艺术形式	打制造型刻画	绘画、雕刻、雕塑彩陶青铜器(铸造)	铜、铁器、编制陶瓷、雕刻、绘画、音乐	同前，另有诗词、曲艺园林、盆景等	同前，另有装饰建筑、公园、自然保护区等	同前另有计算机模拟仿真、国家公益林等

3　森林文化的发展简要过程

3.1　森林所有制的发展

无疑，所有制形式是社会形态的一个非常重要的标志。对森林而言，其所有制形式也是森林文化的一个重要经济特征。森林的体制虽然与社会财产所有权发展有相似之处，但也有自身的特点。原始社会期间，森林还没有作为财产的身份出现。由于其资源极其丰富，完全可以满足所有人的需求，因而是一种无主或公有形式存在。随着森林资源的稀缺和财产特征出现，在奴隶制社会和封建社会早期逐渐出现了氏族私有，私人所有形式。封建社会中、晚期，随着国家体制的完善，出现了国有林分。到了近现代随着商品经济的出现，森林的所有制发展到现代已有国有、私有、股份制和合作制。仅在私有制中就有(以中国南方为例)个体经济的专业户、家庭林场、联合体林场(组、队等)，私有经济(包括独资、联合、股份制等)，家庭经济(家庭为单位)等形式。森林所有制的完善，在很大程度上也体现了森林文化的发展过程。

3.2　森林利用形式的发展

笔者在研究森林旅游过程中，曾总结了森林利用形式是由原始全林利用，发展到树干利用、全树利用和高级全林利用，呈螺旋式上升过程。

在狩猎与采集文化时期，人类主要栖息于森林环境之中，依靠采集和狩猎得以生存。“混沌之世，草昧未辟，土地全部，殆皆为蓊郁之森林。”《古三坟书》曰：“有巢氏生，俾人居巢穴，积鸟兽之肉，聚草木之实”，可见当时人类的生存、生活完全依赖于森林，是一种原始的全林利用方式。

原始农耕时期，人类开始走出森林，进行原始的种植和养殖。由于生存难度降低，其人口也逐步增加，形成了一些以血缘关系维系的氏族部落。《淮南子》：“古者民茹草饮水，采树木之实，食蠃虫之肉，时多疾病毒伤之害，于是神农始教民播植五谷，相土地所宜，燥湿肥硗高下。”“神农氏兴，因天时，相地宜，斫木为耕，揉木为耒。”“黄帝轩辕氏拔山通道，作宫室，制弓矢，造舟车”此时人类对森林的依赖主要是取材以制作工具，筑构房屋，同时通过狩猎与采集进行食物补充。此段时期开始于新石器时代，一直到奴隶社会早期。

封建农耕时期，农业的发达，使得人类食品供应大致完全依赖于种养业。对森林的利用主要是建筑和薪材。由于大量的开垦和频繁的战争，对森林造成了持续、长期的蚕食，而使原始森林逐渐减少。同时由于对木材的需求不断增加，人们开始注意培育森林。并且形成了许多“法律”与“民约”。对森林的利用主要集中在树干部分，是典型的树干利用阶段。

现代农业文化时期，随着农耕技术的发展，尤其是育种技术的推广，农耕已成为世界上大部分人民的主要劳作方式。农业生产工具得到空前发展，大规模的农庄及其他企业化经营方式已经普及，农耕已完全脱离小农、小规模及个体经营的耕作方式。对森林的依赖主要是森林的树干部分，人们一面大肆砍伐天然林，一面又大面积营造人工用材林，经济林也得到广泛发展。

工业与知识文化时期，资本主义发展到一定时期，随着工业的发达，知识进步，代表先进生产力的工具得到迅猛发展，这种发展往往以牺牲环境、牺牲森林为代价。人类对森林的依赖明显减弱，工业建筑代用品、化学纤维、化石能源充斥于市，森林的作用被空前的轻视和忽略，同时加大了世界上代内贫富悬殊，也加大了发达与落后的差距。为了减少这种差距，不发达和贫困地区也拼命砍伐森林，以获取微薄的利润。掠夺式经营森林使得全球环境恶化。

生态与信息文化时期，随着全球环境的变化，一门崭新的学科——生态学诞生了，并且很快成为指导人们生活、生存、生产的重要理论。与此同时，电子计算机的出现和进步，使地球变小了，人们几乎可以同时享受全球信息。信息的畅通和普及，使很多关于森林与环境的认识几乎可以在全球从平民到政府首脑都取得共识。因而可持续经营森林，成了这一时期森林开发与利用的标志。尤其是随着全球气候变暖，并由此带来的社会环境影响引起了人类高度关注。森林在应对全球气候变化中的作用也广泛受到重视。

3.3　森林道德伦理的发展

森林利用的发展过程，在一定程度上反映了人们对森林认识的进步过程，人们对森林的认识和看法，对森林的态度，这些也是森林伦理道德的主要内容。

人类从处于森林包围之中，完全依赖于森林，对森林产生恐惧和崇拜，到逐步掌握、认识森林，发展到对森林认识产生激进、偏差、大肆破坏森林，回归到对森林全面认识，从可持续目标上经营森林，认识到人类已经离不开森林。这是森林伦理道德发展的主要脉络和进步过程。

3.4　森林艺术的发展

关于艺术的起源，一直是困扰人类学家、考古学家、社会学家的难题。因为在许多古代艺术品中，缺乏一个系统发展进步的脉络。如青铜器，无论是中国，还是古代埃及及其他地区，我们一经发现的就是制作和设计都非常精美的。在此之前的艺术形式是什么，缺乏考古学证明。岩画、绘画、雕塑都存在这种现象。仿佛什么艺术都会在人类一夜醒来发生和成熟。是什么原因？笔者认为，无论什么艺术形式在它发生之前已经经过了漫长的木制时代，绘画也许诞生于火的出现之后，自从人类掌握了火，木炭就成为了人们理所当然的绘画工具。当时人们就用炭在光滑的石板上、树干上进行涂画，从无意识到有意识到有目的地创作。从而导致了后来岩画和绘画的起源和发展。不过人类早期的这些木制艺术品由于各种原因，而今难睹真容。雕塑也是经历了漫长的木制化年代后才成熟和发展起来的。即使是音乐、舞蹈、诗歌这一类艺术也是人们从大自然尤其是森林中取得灵感和模仿发展而来。所以森林是许多艺术形式的源泉。

不同时期，其森林艺术的表现形式殊异、把“森林文化”作为一个概念提出来，一则是这种文化形态的客观存在；另一个目的是使人们从文化与文明高度来审视和经营森林。如果说，可持续经营是一种重点技术、经济角度上的经营技术体系。而从文化角度上来经营森林是一种社会技术手段。它们相互结合，才能产生完美的科学经营系统。

从森林的所有制、森林利用形式、森林伦理道德、森林艺术发展着手，结合社会形态、生产工具(生产力)进步等，将森林文化的历史过程划分六个时期，是一种技术上的尝试，这种尝试还有待进一步研究和完善。

参考文献

[1]但新球．森林文化的社会、生态经济与系统特征[J]．中南林业调查规划，2002.(3)
[2]朱狄．艺术的起源[M]．北京：中国社会科学出版社，1980
[3]周新年．林业私有制研究[J]．林业建设，2000.6.94-104
[4]但新球．对森林旅游的认识[J]．中南林业调查规划，1994.(2)57-60
[5]陈嵘．中国森林史料[J]．中国图书发行公司，1951
[6]王柳云．森林旅游文化简论[J]．林业经济问题，2001.(10)299-301

第3章 原始社会时期的森林文化

自从人类诞生，历经原始的狩猎采集文明、农耕文明、工业文明，发展到知识与生态文明已有大概300万年的历史。而原始的狩猎采集文明占有99%的时间。在漫长的人类早期历史中，人类艰辛地生存在莽莽森林中，茹毛饮血，一面与大自然搏斗，一面在劳动中创造了文明。终于走出森林，利用知识、技术和先进的工具开始改造和利用自然，开始了人类快速发展阶段。早期人类创造的文明由于基本上与森林有关，实际上是一种森林文化与文明。但由于缺乏科学系统的记载，现代人至今还不能全面了解这种文化的全貌。本章旨在通过利用现代考古学成就，概括原始森林文化的内容与特点，从而有助于了解森林文化的产生与发展全过程，总结经验是为了更好地继承和发展。

1 原始森林文化的产生与分期

人类从攀树的猿进化到完全的现代人，大约有3000万年的历史。完全的人类始于大约300万年以前，但是有人类文字记录的文明大约始于4000～5000年前左右。如中国奴隶社会开始于约4000年前，而埃及王朝和两河流域的奴隶制国家在约5000年前就出现了，虽然在美洲、南亚和东非残存的一些原始部落至今仍处于原始社会状态。

本章讨论的原始时代，指阶级社会之前漫长的历史时期。关于原始社会阶段的划分，考古学家从不同的研究角度有不同的划分方法。法国考古学家拉尔特提议按照"野牛和原始牛时代"、"古象和犀牛时代"、"北方鹿时代"和"山洞熊时代"来划分史前的各个时期。大致是按照当时人类狩猎的主要对象出发的。而阿罗伯(A. L. Krober)按照工具的改造划分为"曙石器时代""下旧石器""上旧石器""中石器""新石器""青铜器"和"铁器"六个时代。后来西方通常以旧石器、中石器、新石器和铜器四个时代来划分。而美国人类学家摩尔根在1877年出版的《古代社会》中，将人类社会发展划分为蒙昧、野蛮和文明阶段。虽然这种划分受到马克思、恩格斯的高度评价，但这是一种主观的，站在现代人立场，对历史的一种有明显歧视性的划分方法。因为原始人看到现代文明人大肆砍伐森林、污染环境、发动战争等丑恶现象，会认为这是一种蒙昧与野蛮！

虽然世界上各地的历史发展大致相同，但由于地域差异，尤其是独立发展的文化由于当地气候、自然条件、物产不同而有不同的发展轨迹。在中国，过去一般以旧石器、新石器和青铜器三个阶段来划分。后来通过综合考古学的全部成果，在《中国大百科全书-考古卷》里详分为中国旧石器时代、中国中石器时代、中国新石器时代、铜石并用时代。其中前三个时代人类主要过着采集、狩猎的原始生活。后来有学者通过研究，认为在中国大约4000～5500年前间，存在一个中国玉器年代。实际上也可能相当于铜石并用时代，因为玉器的产生必须借助于坚硬的金属工具。这个时代已经步出了以木竹石为主要工具的时期。森林文化的产生应该是伴随第一件木制工具和第一次狩猎而产生的。第一件木制工具产生于什么时期，现已无从考证。但可以肯实，它是人类最早制造和使用的工具。正如丹麦早期历史学家韦代尔西蒙所言："最早的居民所使用的武器和工具起初是石质与木质的，这些人后来学会了使用铜……然后才会使用铁"。

原始社会的分期，从森林文化研究角度大致经过了以下阶段：

·原始木器阶段：此时人类已经从树栖走入森林，开始使用经过初步选择和处理的木制工具来进行采集和狩猎。

·木石阶段：此时人类开始使用自然的石块（未经砸砍，但经选择）来辅助狩猎。

·石木阶段：由于石器在狩猎时表现出的优势，人们开始对自然石块进行加工，首先是进行砍砸，后来发展到磨制，自此之后木制工具一直处于辅助地位。

·金属、石、木混合阶段：大致新石器时代之后，随着青铜冶炼技术的出现，人们开始使用和生产金属工具，此时人们在工具使用上，虽然不是以木竹为主，但木竹的辅助地位却无法取代，此时木竹工具开始出现了艺术的表现形式，如刻画、绘画和造型等。

2　原始社会的森林文化内容与特征

2.1　人与森林

2.1.1　食物来源

环境考古和古生物考古成就显示：人类早期完全生活在森林之中，主要依靠狩猎和采集为生。森林中的各种果实是早期人类妇女采集的对象，而森林动物又是男人狩猎的目标。

2.1.2　工具

由于当时人类居住在山林水畔，竹木材料是人们最容易获取和加工的。《商君书·画策第十八》云："昔者，昊英之时，以伐木杀畜。"《吕氏春秋·孟秋记》云："未有蚩尤之时，民以剥林木以战矣"。《易·系辞》云："断木为杵，掘地为臼”。可见当时人们已把树木用来制作为工具和兵器。

据考证成书于战国至东汉的《越绝书》中有“轩辕、神农、赫胥之时，以石为兵，断树木为宫室，死而龙臧。夫神祖使然。至黄帝之时，以玉为兵，以伐树木为宫室，凿地。”树木在人类巢室构建中的地位一直非常重要。

2.1.3 生活

森林及树木与人类生活密切相关，这一点可以从中国文字中略见一斑。现存汉字中与木有关的文字常用的就有近五百个，涉及到人类生活与用具的各个方面。如：生产生活：杀、染、架、栖、检、采、集……用具、工具：机、杆、杠、杖、杓、杈、枋、枕、杵、构、柁、柱、栏、柘、栅、枷……在一定程度上反映了森林与人类生存生活息息相关。

2.1.4 森林与火

据科学家考证，我国在元谋人遗址中发现了大量炭屑、烧骨等遗迹。这是人类最早使用火的证明。也就是说，大约在 170 万年前，人类就开始使用火。由于火的使用人类结束了自然奴隶的历史，由被动适应环境转向主动改造环境，开始了征服自然、驾驭自然的艰难而漫长的历程。

原始人类对火的认识来源于自然界中的森林大火，应该是一个不争的事实。保存火种也依赖于森林。火对人类的进化和文明起到了不可替代的重要作用。它使人类走出了茹毛饮血的年代，开始了文明的生活。

伴随着火的使用和工具的制造，征服自然能力的提高，人类对环境的利用与依存关系更加密切。在农业革命以前，地球上人口一直很少，人类活动的范围也只占地球表面的极小部分。从总体上讲，那时人类对自然的影响力还很小，只能依赖自然环境，以采集和猎取天然动、植物为生。此时，虽已出现了环境问题，但并不明显，地球生态系统有足够的能力自行恢复和保持平衡。

2.2 原始时代的森林文化艺术品

按照艺术起源学说，人类自从有意识地制造工具就开始产生艺术。因为人们一面在制造那些合乎功利目的的工具同时，一面在注重它们符合当时的审美需求。为审美而创造的东西就是艺术品。原始社会的森林文化艺术品包括了以森林为材料的工艺品如木竹工具、战斗武器、家具、用具。同时也包括了以森林为题材的绘画、造型艺术品和原始音乐和舞蹈（模仿森林中鸟兽声音与姿势），后者现已无法考究。

据考古发现，属于上述界定范围的森林文化艺术品有：竹木工具、角骨器及角骨刻绘、石器及石刻、岩画、原始陶器等，当然也包括早期的一些玉器。

从理论上推测，竹木艺术品应该是人类最早的艺术品，它经历了粗糙原始木器（未加工的器具），到加工的适用木器具，发展到雕绘木器具，然后发展到雕绘与造型相结合木制工艺品。人类艺术就在这样不知不觉中产生了。而不是所谓："三万年前或早些时候，艺术砰然一声出现了。"为什么考古学上至今未见到艺术发生初期的遗存，主要是在艺术发生早期过程中木制艺术品实在难以保存，以至后来许多近乎成熟的艺术形式在石、角、骨器中出现时使人们感到艺术出现的茫然与突然。

2.2.1 竹木工具

以竹木为主的史前艺术品，至今未见到任何报道。主要原因是竹木制品容易炭化，难以保存。但可以肯定，在漫长的历史长河肯定存在，而且十分灿烂。这一点我们还可以从一些现代原始部落的精美木竹用具中得到佐证。在一个仰韶文化时期的彩陶缸《鹳鱼石斧图》上(1978 年河南省临汝阎村出土，高 327 厘米，中国历史博物馆藏)可以明显看到石斧的木柄上有刻画的图案和修饰弯曲的造型(图 3-1)。

图 3-1 石斧

2.2.2 角骨器

角骨器坚硬、锋利、美观，是人类最早使用的工具，也是人类最早用来进行装饰的材料。世界上第一件旧石器时代的艺术品——1833 年在法国维里尔(VEYRIER)马德林时期洞窟中发现了一个鹿角雕刻(图 3-2)。就取材于植物发芽的形状。另一件在法国帕拉卡特出土的著名的鹿角权杖长约 32 厘米，一边雕刻着植物，另一边刻着阿尔卑斯山中的野山羊，这种权杖一般被雕刻成动物的形状(图 3-3)。另一件在法国阿列日河拉瓦克出土的动物骨片上刻有精细的动物图案(图 3-4)。

图 3-2 鹿角雕刻

图 3-3 权杖雕刻

图 3-4 动物古片

这些旧石器时期的骨角质小艺术品，大都与森林有关。首先它们材料来自森林的动物遗骨，其次其造型和刻画图案也取自森林动物。其角骨质工具大都是森林狩猎的猎具，无疑这些应归属于森林文化艺术品行列。

2.2.3 岩画

自1879年索拉图在阿尔塔米拉洞穴发现崖壁画，至今不到150年。然而这些新旧石器的遗存在全世界已发现数万幅。在撒哈拉地区(非洲北部)，一条长600千米，宽60千米的山谷中就有2万幅岩画，其中一块600米的石壁上有5000幅岩画艺术品。这些岩画大多以狩猎为题材。

中国岩画的记录和传说也十分丰富，最早的数《韩非子》，是公元前三世纪战国时的著作，距今已有2300年。北魏的《水经注》记录了大半个中国20多处岩画点的情况。自20世纪50年代以后，中国在19个省100个以上县发现有岩画，如沧源岩画、西藏岩画等。

岩画是一部无言的人类早期历史书。在岩画中大多以动物形象、狩猎生活以及性崇拜和繁殖为题材，充分展示了它的原始性。狩猎岩画也许就是人类一代相传一代的关于狩猎方法的教科书。图3-5的沧源岩画中表现了狩猎与砍伐树木的场景。而图3-6是发现于西班牙黎瓦特岩画的局部，展示了当时人类追捕猎物时的状况。在一定程度上展示了当时的生活环境和生活状况。

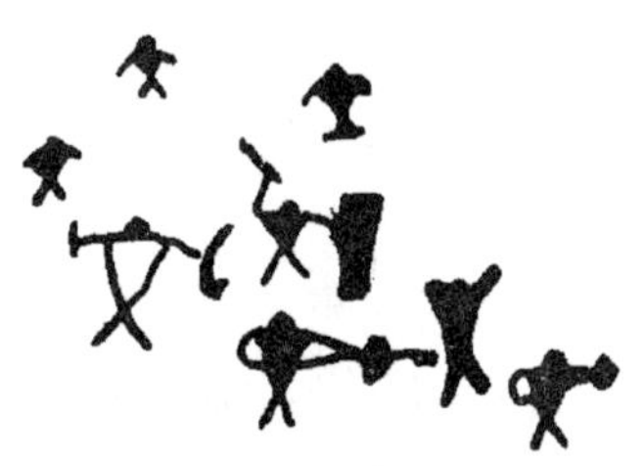

图3-5 沧源岩画

图3-6 西班牙黎瓦特岩画

2.2.4 石器工艺品

石器作为森林文化工艺品，首先在于它是狩猎工具。另外在新石器时代之后，许多磨制石器上开始出现刻画图案及符号，由于时代久远，容易磨制的石器又容易风化，因而这一部分工艺品显然遗留下来被发现的没有角骨器那样多，且受到重视。

2.2.5 玉器

在中国距今4000~5500年间，大致存在一段以玉作主要工具的时代。这些地区以长江下游的良渚文化，黄河下游大汶口文化，西辽河的红山文化为代表，后三方向中原交汇发展为中原龙山文化。在这些文化遗址区出土的无法计数的精美玉器，虽然与森林无直接关系，但其造型和纹饰也大多取自森林动植物。此时人类开始走出森林，向林缘外广阔平原扩进。种养殖等原始农业文明初显曙光。

2.2.6 原始陶器

最早的陶器，肯定与火有关。人类就是从被火煅烧后的又硬又坚的泥土上得到启发，而发明了陶器，这是人类有意识改造自然的开始。

原始陶器上的纹饰最早出现的是拍印纹，用树枝、树叶，手等在干泥坯上拍印的纹饰，后来出现简单的几何纹饰，最后出现绘画及彩绘等。说明了人类艺术从直观写实模仿到抽象概括的发展过程。这时人们已经学会了运用圆、直线、曲线、之字线条，衍生了关于对称、节奏、均衡、齐整等的形式美感。

世界上最先进入农业生产的是西亚，因而西亚也是制陶业出现最早的地区。世界上两河流域的陶器简洁、粗犷，把动物形象极度样式化。伊朗的前波斯陶器最初使用的也是几何纹饰，到距今4000年前左右开始使用野牛和鸟来装饰陶器。古代埃及的陶器纹饰包括了山、水、鸟等各种动物图案。古希腊的陶器出现了人物和历史事件，反映了古希腊文化的发达。

中国早期的陶器，开始也是简单的几何纹，后来才出现有意识的绘画。陶器出现及烧制技术成熟后，在陶器上较常出现的是鱼、鹿等人类比较亲近的动物。图3-7是陕西半坡在1955年出土的著名的人面鱼纹彩陶盆纹饰；而图3-8是1978年在河南临汝出土的《鹳鱼石斧图》彩缸。此时森林猛兽与狩猎场景很少出现，说明人类已经走出森林，开始了将近8000年的农耕文明。原始森林狩猎文化过渡到农耕与森林相间的早期农业文化与文明阶段。

图3-7 人面鱼纹彩陶盆纹饰

图3-8 鹳鱼石斧图彩缸

2.3 原始森林崇拜

社会学研究显示，对森林及树木的崇拜，是世界各地，各种民族在早期的一种普遍现象。在各种艺术符号里树形纹饰、叶形纹饰、动物纹饰几乎占据了象征符号的大部分。法布里奇竟曾经说道：“在整个象征符号的领域里，没有其他任何符号比树枝及树木标志分布范围更广，或者对人类的制度产生更大的影响。”时至今日，在世界上许多山区和少数民族地区的原始部落多少还流传有关于树木的神话传说，以及对村落附近的大树及树林进行朝拜。许多重要的宗教仪式都必须在大树下或树林中进行。“神树”“神林”“风水林”“祠庙林”“社林”等均是这一习俗的具体表现。关于对森林及树木的崇拜主要表现在以下方面。

2.3.1 树木是关于大地（人间）与宇宙（神界）的桥梁（宇宙树概念）

《梨俱吠陀》（约成书于公元前 1300 ~ 1000 年）卷十第八十一篇描绘：“何谓森林，这即是将苍天与大地分劈开来的树木。”在世界各地关于树木的传说中，普遍存在一种宇宙树的认识，这种宇宙树，硕大无比，它上达天顶，下及金轮。如印度的阎浮树；《异工经》中的药王树；中国传说的“建木”等都是通天大树。古代埃及人认为，天是一棵巨大的树，以其荫影笼罩整个大地，星辰则是悬挂在树枝上的果实和树叶。诸神就栖息在其树上。迦勒底人同样将整个宇宙看作是一棵大树，其树顶是天，其树之根（干）就是地。在世界古代神话中不乏这样的大树，如在美索不达米亚和北欧神话中都有这样的通天巨树。冰岛的古代诗集（EDDA）中有：白蜡树伊格德拉西尔（YGGDRASILL）的树荫遮蔽着整个宇宙，它的根、干、枝将苍天、大地和地下世界连接在一起。其主干植根于原始地狱中，长有三根支干，中间的支干向上穿过诸神会聚的 ASGARD 山；只有借助彩虹之桥，才能抵达这一天堂。支干的树枝散布至整个天空，它们的叶子是乌云，它们的果实即是星辰。图 3-9 展示的就是北欧神话中的宇宙树——伊格德拉西尔的形象。其古代世界的许多地区，均把神树作为通往天堂的阶梯，有时这种神树在宗教仪式中又演变为参天木柱。当人们在砍伐一棵树准备作祭柱时会对树木作祷告：“不要以你的树干伤害天空，不要以你的树干伤害空间……”在《梨俱吠陀》中还有一则咒语：“森林之主啊，你向上升吧，一直抵达大地之颠！”“用你的顶部擎住苍天，用你的枝干充满空间，用你的根部稳固大

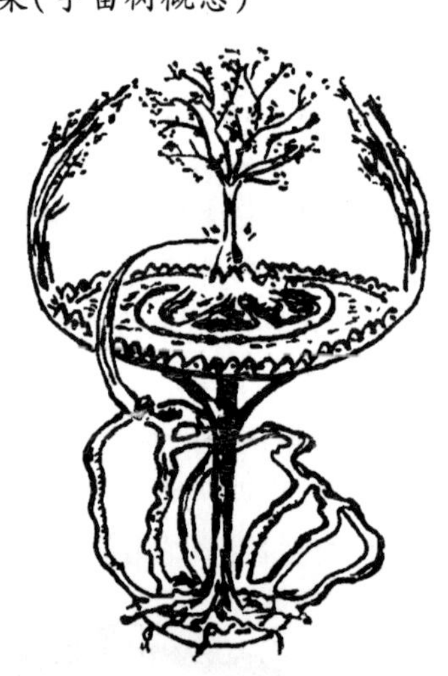

图 3-9 宇宙树

地。”这种原始的树木崇拜，已经把树木作为宇宙与生命的化身。

2.3.2　树木是人神、人天、神天交流的通道

在人类原始文明中，人们普遍认为诸神就会聚在大树上，并通过这棵大树，上达天庭，下至人间和地下，人死后也必须通过大树才能升天。中国《淮南子·地形训》谓“建木在都广，众帝所自上下。”自两汉时期墓葬中出土的一件陶器“桃都树”(图3-10)有九轮枝条，寓意九重天，就充分说明了这种文化象征意义。

图3-10　桃都树陶器

2.3.3　树木图腾

与树木有关的图腾有两种，有一些部落直接以某种树木作为氏族及部落的图腾加以顶礼膜拜。另外一种以树木形状的立柱，上刻有象征着氏族及部落标志的符号，立于社聚中心，逢节日加以膜拜。这种习俗至今还不鲜见。

2.3.4　生命树

世界上还有许多民族，对森林及树木的崇拜是因为他们认为森林是生命之源。树木是生命之泉。例如在埃及神话中，作为天后的哈托，就是从树木中伸出生命之手，赐予人类生命之泉(图3-11)。人类就是因为这生命之泉得以生存。这种传说和图中表达的含义与现代森林涵养水源的功能表达是何等相似！在中国古籍中许多关于“不死树”“寿木”“相木”“寿麻”的记载，也反映了人们对生命树的认识。

图3-11　生命之泉

2.4　原始朴素的森林生态观

撇开笼罩在神话传说中的面纱，原始人类对森林的认识和观念，在今天看来并不落后。如把森林及树木看成生命的一部分。把树木看成是人神天系统中的重要组成。如图3-11，把树木养水、蓄水和供水功能表现无遗。同时，他们还不同程度地了解森林提供食物、药品功能。早期人类对森林的认识除了畏惧而产生崇拜外，其生态观基本上是一种朴素的生态唯物观。

2.5　森林在一定程度上成为人们精神生活的载体

无须置疑，在原始社会早期，树木已经成为人类最普遍的生活物质来源。同时，他们又把树木看成支持宇宙的载体，甚至产生了树神合一的认识，产生了人神交流、人天交流的树木通道、祈求长生和去邪的神树。有时，认为人通

过树而诞生，所以森林及树木又成了人类非常重要的精神生活支柱与载体。这也是原始社会森林文化特征之一。

原始社会的森林文化历经木竹器阶段、木石阶段、石木阶段、金属、石、木阶段等四个阶段。早期人类实现了由森林中走出，步入更为广阔的平原地区。

原始社会的森林文化艺术品由最早的木竹器、角骨器、石器，发展到岩画、玉器、原始陶器，也由简单朴实的写实发展到艺术概括、抽象凝练。其图案、纹饰、造型均显示出森林文化的独特性。原始社会的人类由于对森林的未知而产生恐惧，由恐惧而生敬畏，从而产生了世界上不同地区、不同民族几乎一致的树木崇拜现象，这是原始宗教的雏形。随着人类对森林的逐步认识产生了朴素的森林生态观。这种朴素的生态认识通过宗教形式升华，从而产生了人类对森林的精神寄托。使森林不但成为人类物质生活而且是精神生活的源泉。

参考文献

[1]邓福星. 艺术前的艺术[M]. 济南：山东文艺出版社，1986
[2]曲石. 中国玉器时代[M]. 太原：山西古籍出版社，1994
[3]陈兆良，邢玉连. 原始艺术史[M]. 上海：上海人民出版社，1998
[4]芮传明，余太山. 中西纹饰比较[M]. 上海：上海古籍出版社，1995
[5]朱狄. 艺术的起源[M]. 北京：中国社会科学出版社，1982
[6]陈嵘. 中国森林史料. 中国图书发行公司

第4章　农耕时期的森林文化

随着人类的进化和人口的增加，早期人类开始意识到依靠狩猎和采集已无法满足种族繁衍的需求。于是尝试模仿自然，对一些采集的野生植物开始驯化和人工栽培，自此，人类慢慢地走出森林，迈入更为广阔的刀耕火种时期，开始了持续至今的长达5000～7000年的农业文明。

正是农业文明的出现，使人类开始有了简单的群居生活，结束了“卧则居居，起则于于，民知其母，不知其父，与麋鹿共处”的母系氏族生活。男人开始在社会家庭中占据主导位置。男权社会的出现，也标志着人类主动征服自然的开始，在农业文明史上“刀耕火种”就是一种表现。

自刀耕火种出现以后，无论什么民族、区域，都大致经历了由刀耕火种原始农业→耜耕农业→牲畜耜耕→牲畜金属耜锄农耕→机器金属农耕→现代自动控制农业等不同发展阶段。不同阶段其农业文明与文化的表现形式与特征亦有不同之处，与之相随的森林文化也有不同的特点。对农耕时期森林文化的研究，不但有助于全面、系统地认识这一时期的农业文明；也有助于全面认识人类发展史上这一最灿烂阶段的历史脉络；有助于人类正确认识森林在人类发展史上不可替代的作用。

1　农耕时期的阶段划分

1.1　农耕的起源

虽然考古资料显示在距今7000年的文化遗址上发现了粟壳炭化物，但是否就证明了当时人类已进入了农耕时期，还有待深入分析探讨。

农业史专家认为原始农业出现取决于人类的进化；天然食物的不足；采集经验的积累和丰富；农业生产条件(包括生产工具、储藏条件和氏族组织)的诞生。据此分析，自原始农业产生至今应有5000～7000年的历史。最早出现农耕曙光的是西亚的丘陵地区，其次是东亚地区，美洲的农业起源最晚，这也与人类社会发展史基本吻合。

1.2　农业生产工具的发展

农业生产工具的发展同样体现了由木器、石器，继而金属和机器的发展过程。

最早的农业生产工具是火和石器、木耜等，这一阶段可能持续了2000～

3000 年。当时人类定居在森林附近、丘陵、低山地区，从事刀耕火种。

随着铜和铁的出现，人类在耜锄上加上了坚硬、锋利的金属锄、耜头，使生产效率大大提高，尤其是牲畜（牛、马）的驯化和使用于农业耕种，使农业规模生产，村邑定居成为可能，人类对森林的直接依赖则明显减弱。由于开垦和利用，使得位于农业区和群居地附近的山林很快消失。

到了 18、19 世纪，随着机器的出现，机器化耕种，使得农业脱离了小农经济而成为农庄或企业化生产。此时原始森林已远离农业区。但在此时期，在农业区内出现了人工森林，尤其是经济林分。

20 世纪以来，计算机和自动控制技术的发展，使现代农业雏形初现。森林的功能由它的实体产品功能逐渐转化为环境文化产品功能，对森林文化的认识产生了“回归”的趋势。

1.3 阶段划分

对某一社会发展时期划分不同阶段进行深入分析，有助于我们正确认识和揭示某些规律。对农耕时期的阶段划分，大致可以从生产工具、耕作组织形式社会形态等多方面来进行。

按生产工具与生产方式划分为：刀耕火种阶段 · 原始木耜阶段 · 牧畜金属耜锄阶段 · 机器耕种阶段 · 现代农耕阶段

按社会形态可划分为：原始农耕 · 奴隶氏族农耕 · 封建农耕 · 资本集团农耕 · 社会合作农耕

按农耕组织形式又可划分为：

- 原始公共合作农耕
- 氏族公共农耕与氏族集团农耕
- 奴隶国家农耕
- 封建地主集团农耕
- 企业、农庄农耕
- 合作、股份、个体农耕
- 工厂化农耕

1.4 不同农耕阶段的主要森林文化特征

按照社会形态，就农耕时期不同阶段的森林文化区别列表分析如表 4-1。

表 4-1 农耕时期不同阶段森林文化特征比较表

项目	原始农耕阶段	奴隶氏族农耕阶段	封建地主农耕阶段	资本主义与社会主义初级农耕阶段	现代多形式农耕阶段
森林与生产工具	木器、木石器、火	木与金属耜锄、牲畜	改进的金属与木耜锄、牲畜	机器、金属工具、木制生产工具仅作为附属	计算机控制、工厂化生产、木制工具完全消退

续表

项目	原始农耕阶段	奴隶氏族农耕阶段	封建地主农耕阶段	资本主义与社会主义初级农耕阶段	现代多形式农耕阶段
森林与土地所有制	森林与农地完全公有	森林公有，或奴隶主奴隶国家所有，土地奴隶主所有	同前，但土地为封建地主所有	森林所有制出现了集体和个人所有，农业土地私有	森林逐渐分化为国家所有为主，集体和私人所有兼有，农业土地所有制形式多样
森林资源及破坏状况	少破坏	主要开垦、战火破坏	开垦、战火过度滥伐，大兴土木破坏	战火，过度开发林地侵占，开垦退化，污染破坏	同前，但大部分受到遏止
森林人工培育	无	少	人工培育经济林、竹林	工业人工林规模经济林	公益林与高品林
森林利用	少，狩猎采集居住刀耕火种	刀耕火种开垦、能源杆材	建筑、能源、杆材	杆材，能源，工业原料	工业原料，环境文化
森林经营技术理念	取之不尽，用之不竭	私有，随取所需	大肆掠夺无价资源	掠夺式与限制使用，法正林	永续利用可持续经营
人与森林关系	协调，畏惧	征服	征服，供需产生矛盾	矛盾突出，环境恶化	生存威胁回归概念
主要森林文化艺术形式	木石生产工具	木石建筑工具	木制建筑雕塑	人工林，经济林。园林，自然保护区，国家公园，文学作品	森林城市、森林社区、森林家园、森林居住

2　农耕时期主要森林文化特征分析

2.1　刀耕火种——森林与林地农业文化的交融

刀耕火种无论是在西亚、北非、南欧农耕文化区，东亚、南亚农耕文化区，还是新大陆农耕文化区都是普遍存在的一个阶段或现象。

刀耕火种农作制实际上是一种林地农业，它的标志和主要工序是：

·砍伐部分林木后，放火焚烧，以焚烧物作为肥料；

·进行简单的火烧物清理；

·不破坏地表土壤，不翻耕，以尖头木棒钻地播种；

·最多连种两年；

·撂荒后任其植被恢复；

·恢复到一定程度后，再重复火烧与种植步骤。

不破坏地表和不翻耕土壤，不进行长期种植是区别刀耕火种与现代毁林开荒的根本所在。所以有一些学者在深入研究云南的刀耕火种之后，认为：刀耕火种是一种林农混合交融文化现象，具有朴素的生态观和历史现实性，不能简单等同于毁林开垦，它的消失，并不完全是它对林地及环境的破坏性，而是它的生产能力低下。笔者认为这一观点有它的道理所在。作为一种文化现象，刀耕火种无论是作为一种耕作方式，还是一种森林与农业文化产品，其寿命的终结主要由于它的生态局限性——对地表植被的破坏；生产局限性——产量低，不稳定，不能连续生产；生活文化局限性——不断地迁徙，不利于定居，不利于稳定文化生活的构建。因而，它在完成其把农业文明的种子播下之后，慢慢地退出了历史的舞台。

2.2 木制生产生活工具——农业文明中折射的森林文化之光

使用和制造工具在人类进化和发展史上具有划时代的作用。最早的农耕工具，据文字记载，在中国是耜（当然不包括刀耕火种的尖头木棒），相传是神农氏创制，“神农氏作，斫木为耜，揉木为耒，耒耜之利，以教天下。”最初的耒和耜均为木制，或者以木质为主，辅以石、骨制木材。“耒”在甲骨文中刻成“f”形，是一种既曲身又带有小横，以便脚采的工具。《易・系辞下》说“揉木为耒”，是指把木棒熏弯制成。《说文》则称“耒，平耕曲木也，最早的耒仅一个木齿，后来为了提高破土能力，改为两个尖齿，称“双齿类”后来在耒齿上装上坚硬的石、骨或金属犁头，产生了“耜”，耜的出现，使农作制产生了很大变化和进步。

贯穿整个农耕时期，木制的生产工具可以说自始至终，占据重要位置，这取决于木制生产工具轻便，易加工，易携带搬运，来料易得等特点。木制生产工具在轻便适应的前提下，一代又一代的农村工匠，在造型、选料以至雕刻装饰上不断成熟，产生了非常优秀的木制生产工具（艺术品），它们不但是人类文化的瑰宝，同样也闪耀着森林文化的光芒。

2.3 建筑、雕刻与家具——森林木制艺术精华

如果说木制工具的主要用途是实用，为了舒心悦目的造型，装饰来自不经意的艺术创作，而建筑、雕刻与家具，几乎从一开始就是实用与欣赏功能齐备。

在农耕时期，上至宫室皇殿，下至黎民草舍，建筑之用无不以木为本。尤其在封建时期，大兴土木，广筑寝庙宇灵室，而又累建累毁；森林之材，在中国古建筑史上可谓极尽风流。

据《太平御览》引《拾遗记》载：“云明台，始皇起，穷四方之珍木，搜天下之巧工”。“南得烟丘碧桂，丽水然沙，贲都朱提，云岗素竹。”“东得葱峦锦柏，缥隧龙松，寒河星柘。”“西得属海浮金，狼渊羽璧，涤嶂霞桑。”“北得冥

阜干漆，阴板文栀，褰流墨魄，者海香琼”。可见当时皇室用材，珍稀穷极。而普通百姓则用松、杉、樟、柏、梓、楠之材。虽然过去的木制建筑保存下来的不多，大多毁于兵火战乱之中，但我们仍从大量的历史文献中领略到了木制建筑的艺术精华。

另外一种有别于木制建筑艺术的艺术品，便是木制雕刻，虽然许多雕刻就是在建筑物的某些构件上，但它以装饰与欣赏为主要目的，从建筑艺术中分离出来。雕刻充分利用了木材的质地纹理进行造型和装饰。早期雕刻取自农耕、狩猎生活，后来发展到宗教与神话题材。流传至今的木雕艺术品，因地域不同、时间不同，流派各异，散见于各大博物馆和民间收藏。在中国最为有名的木雕有潮洲木雕，东阳木雕，徽州木雕等。笔者早年在湖北神农架林区收集的一个黄杨木雕娃娃棒桃，虽则粗朴，但源于生活，实则可爱，反映了木雕已是山区农民普遍存在的一件艺术休闲工作。

木制家具是吸收了建筑造型与雕刻装饰的木制艺术品。由于贴近生活，不同生活阶段，受历史文化的影响，有其家具的艺术风格。最早发现的家具是在山西襄汾县陶寺新石器晚期遗址（前2500 ~前1900年）中发现的木制长方平盘，案俎（刘录中，游振群．中国历史文物知识简编，湖南美术出版社，1996）中国的家具以明清最为有名，尤以明代家具、造型简洁，用料讲究，做工精细，在国内外艺术品界享誉甚高。

建筑、雕刻、家具共同组成了森林木制文化艺术品的精华。

2.4 人工造林——农耕时期森林供需矛盾的体现

人类利用，改造自然的过程，在人类文化史上，隶属于“文化”范畴是公认的事实。当然人类利用森林、改造森林的过程，也属于森林文化的范畴。在人类认识、掌握、利用改造森林的过程中，人工造林犹如人类由采集狩猎，转入人工耕种一样，在文化史上具有划时代的意义。当然人工造林出现的条件是人类对木材利用首次出现了供需矛盾，其次人类掌握了一定的培植林木的知识与经验，三是生产工具的发展。最早提倡人工造林，当在春秋时管仲取法《周官》，鼓励人工造林并有详尽奖励计划，对行道造林有专门官职来负责。在不同区域营造纪念林，如村社附近，提倡在坟墓周围大植树木，并且不同级别官职的坟墓，其植树种、数量均有严格规定。如《春秋》“天子坟高三仞，树以松；诸侯半之，树以柏；大夫八尺，树以栾；四尺，树以亥槐；庶人无坟，树以杨柳”。又《水经注》：“孔里夫子墓茔方里，弟子各以四方木来植，故多异树。”这种周风植树习俗，一直延续至今。现大多陵园，广植松柏，皆缘由于此。这些充分体现了人工造林中丰富的文化内涵。

自周至今，在中国大地上，森林累毁累造，不但民间兴以植树，把植树、修桥作为善举，即使秦始皇焚书坑儒之时，也独留植树之书，令士人读之。三国时，因战火森林毁灭，官方苦于百姓乏材，而提倡植树。《三国魏志》："郑泽为山阳魏那太守，以郡下百姓苦乏材木，乃课民树榆为篱。"西晋之时，还出现了专门论述树木特性，以适植树的《南方草木状》专著。南北朝又有《齐民要术》一书传于世，其中种树之法，至今尤可奉为指南。自隋唐至两宋，延至元、明、清代，历代政府，无论清廉腐败，均重视造林之举，只是成效不大。

新中国是世界上人工造林规模最大的国家，无论是在技术上、管理上都积累了丰富的技术与知识，这些都是森林文化的宝库。

经济林培育——人类主宰森林的文化杰作

人类主宰森林的活动，首推经济林与竹木的培育。经济林提供的各种果品，粮食、油料、竹林提供的笋料一是以弥补农耕粮食供给的不足，二是改善食物结构。当然经济林的出现，不但是人工造林的杰作，这种人工森林的出现，也是人类能够主宰森林，使其朝人类设计的目的发展的杰作。经济林的出现，应源自人类对野生果木的人工移植。其出现时间之早，恐怕会早于农耕的出现。主动地大规模集中生产，大肆营造经济林，则出现在原始农耕时期晚期，人类在食物供给基本满足条件下，谋求更多的食物果品而产生的。

古代文献中关于经济林木营造记载中，以产桐油之桐籽树以及产漆之漆树较多，说明这二种油漆原料树种备受重视，如《诗·幽风》"树之榛栗，椅桐梓漆"。历代百姓广植经济树木，明代二十五年令天下树桑、枣、棉、栗等，二十七年命户部百姓栽桑枣，违制者按律治罚，把人工造林和经济林营造列入了政府法制范畴。营造人工经济林对森林文化的贡献主要在于它是人类意志在森林培育中的具体体现，以及人类驾驭森林的能力。另外在营造经济林中形成的技术文化，风俗文化也是森林文化的组成之一。

2.5 植物与动物象征文化——森林文化艺术的源泉

在农耕时期形成的森林文化中，另一个重要组成部分是森林动植物的象征文化。在世界生物文化体系中，无论什么民族，还是区域，都有自己的富有宗教文化意义的动植物象征。尤其是山区的少数民族。关于动植物的象征文化几乎可以用一本专著来论述，TackTresidder 在《象征之旅》一书中也专门论述了森林植物的象征寓意，如：

松树(Pine)——长生不老。

PairedTree(成队出现的树)——二元象征。

Branch(树枝)——子孙繁衍。

Wood(木头)——保护神象征，在印度神话中，木是构成世间万物的原始物质，即婆罗贺摩。

Cpress(柏树)——死亡与哀悼。

Cedar(雪松)——力量与不朽。

Birch(桦树)——消灾避难。

Oak(橡树)——与高贵与忍耐息息相关。

Willow(柳树)——月亮与女性的象征。

Haze(榛树)——神性、睿智、繁荣和雨中缘的象征。

由上可以明显看出，这些植物的象征在各民族之间大致相同，因为它的象征是从植物本身特性引申而来，关于动物的象征就更多了。许多民族、部落还把许多动物作为他们的图腾。

另据《中国文化象征词典》(W·爱伯哈德著，陈建宪译．湖南文艺出版社，1990年)记载关于森林动植物的就有56种，几乎涉及到人类人文文化的各个方面。

琥珀：来源于松脂，包裹有昆虫的化石类古物，谐音“虎魄”表示“虎的胆魄”。

苹果：平安的象征。

杏：比喻美女，红杏则喻意私通。

杜鹃花：比喻“漂亮的女人”。

獾：同“欢”。

竹：与松、梅一道为植物中“三君子”。

蝙蝠：福与运气。

熊：在现代股市中表示不景气，在日常生活中表示“不行”。

菩提：宗教。

葫芦：福。

黄杨：长寿。

山茶：富有生气的姑娘。

樱桃：美女小嘴，吃樱桃寓意性交与吻。

栗：与枣一起象征“早生儿子”。

菊：年老，暮年。

桂：长寿与富贵。

鹤：仙界，升天。

枣：早、快。

鹿：禄，升官。

鹰：勇敢。

花：年轻、漂亮、女人。

森林：神秘。
蒜：多子多孙与幸运。
绿：生命。
灵芝：救命草，仙草，起死回生。
鹭：向上。
芙蓉：富有魄力的女性。
荔枝：甜蜜，与栗子一起表示伶俐。
狮子：战斗，守护神，河东狮，凶悍的妇女。
莲花：幼儿幼女，童子，虚心，荷花，美丽的女性，荷包，订情物。
木兰花：与花木兰联交，女扮男妆的战士。
鹊：喜信，春。
鸳鸯：情人或年轻夫妻。
柑：幸福。
枫：封，受封升官。
猴：活泼可爱。
山：高大。
水仙：美女。
橄榄：和平。
葱：聪明。
兰：纯洁，兰室：女孩卧室。
莺：小女子，莺燕相和，相爱，流莺，妓女，莺燕，酒吧女郎，樱花馆，妓院。
豹：野蛮，残忍。
桃：艳遇。
梨：离别。
牡丹：高贵。
柿：隐“事”。
猪：愚蠢。
松：长寿、高洁、不屈。
梅：冬春、傲气。
蔷薇：爱情。
羊：温和。
麻雀：吵闹。
胡桃：调情。

柳：不正经。

梧桐：阴性，凤凰栖所，优美的居所。

2.6　宗教与风水林的森林庇护——人类心灵的驿站

无论什么时刻，人类永远不会忘记他们的摇篮。虽然在农耕时期，人类已经步出了森林，但在隐藏的遗传基因中，在时常重复的梦境里，一个永远挥之不去的是森林的影子，以致人类把森林作为心灵的庇护场所。

寺庙、祠堂坟茔附近均须手植多种树木，人们认为自己的祖先必定生活在可以通天的大树之上，自己死后必定到树林中与先逝的亲人相会。正因为有这种寄托，人们才会那样坦然地面对死亡。因此社林，禅林，风水林，寺院森林被认为是神灵居住场所，不得肆意破坏。

陈嵘在《中国森林史料》一书中关于寺院森林之兴衰论述：森林秦汉以迄南北朝，摧残破坏……然斯时亦曾开一新纪元，即寺院森林是也……南朝四百八十寺，多少楼台烟雨中，这些寺院又无不有茂林环绕，除此不足以云清静，故曰禅林，斧斤不得入之，是名山深林，乃衣钵之渊薮，暮鼓晨钟，传梵韵之清音。关于神山之传说在各地志书中均记载。

笔者在1997年调查贵州台江县滥伐天然林一案时，发现被砍伐的地点大黑山，相传就是神山，考察时笔者发现其山陡峭，山中林木合围，虽山陡坡急，但林木茂密高大，期间阴森深邃，不负“神山”之誉称。虽然这些都蒙上了一层迷信，以及宗教的面纱，但在人类文化史上却占据了非常重要的地位。森林的这种宗教作用和心灵庇护功能是森林文化的重要组成部分。

2.7　民情风俗与乡规民约——大众森林文化

无论是深居山林的少数民族，还是聚居在平川的民族，在长期的生产生活过程中都形成了与森林密切相关的民情风俗，以及与森林相关的公共道德行为准则——乡规民约。关于乡规民约作为法律法规的补充在森林保护中的作用与地位，已有学者作过研究和论述，这些民情风俗与乡规民约是大众社会文化的重要组成部分——大众或民俗森林文化。这些文化现象主要有：

(1)图腾：许多少数民族的氏族图腾均源自森林，因为他们本自森林中走出。例如聚居在怒江两岸的，各氏族分别以虎、熊、猴、鼠、羊、蛇、鸡、鱼、蜂、鸟、荞、竹、麻、茶、梨、柚等十八种动植物作为氏族姓氏名称。

(2)标志与守护：位于西双版纳的傣族、哈尼族、拉祜族、布朗族、基诺族等村寨，每个村寨都有守护神，其象征物通常为一木桩。傣族的村寨，东、西、南、北装有四个木质寨门。中国南方山区村寨，尤苗族在主要社交场所均立一高大的标志性木柱，上面刻着其民族的图腾动物。

(3)大树崇拜：贵州台江县的苗族，不但有禁伐寨边风景树、神树及神山的树木习俗，还普遍存在自然物崇拜，为了生育和给小孩驱病去灾，通常有一种把大树认作“树爹”的风俗，被认的“树爹”或风景树，深受膜拜。并且认为大树的树洞是始祖央的居住栖息之所，称“央洞”。这也许是苗族血液中残存的人类祖先是由树栖，然后下地的进化过程的反映。

(4)“树卜”——中国南方的苗族是一个神秘的民族，在其民情风俗中残存有许多古老的文化因子，他们认为山林树木皆有神灵所附，在砍伐房柱、房梁、鼓木、舟木时都要请“树神”，同时还有一种独特的“占卜”形式，称之为“树卜”。如选择村寨居址，举行重大活动时，事先要在新选居址插一棵树，或倒栽，逾年树活则可建村寨，树死则为不吉之地，得另选新居。做大事亦然，在险要处倒栽一棵杉树，树活则事成，树死则事不举。

(5)谚语：在民间，有关森林及动植物的可以说车载斗量，不胜枚举，它们多隐寓人类大众道德行为准则，是民族民俗文化的奇珍瑰宝。如前述台江苗族中就有“山上有树才优美，家中有老人才温暖”“老杉皮能盖房，老夫妻能连心”“梧桐生山梁，风吹两边倒”等，分别寓意要尊敬老人，夫妻恩爱，以及讽嘲那些意志不坚定的人。

(6)乡规民约：乡规民约是民情乡俗法制化的体现，多以树碑刻石，或口头约定方式，它也是民俗森林文化的重要组成，关于乡规民约的历史及在森林保护和森林文化中的地位和作用，今后还有待进一步研究探讨。

2.8 法正林与可持续经营——发展中的森林经营技术文化

农耕时期森林利用的标志是对树干的利用，属于森林的树干利用时期。早期的利用基本上是盲目的，无任何理论指导的行为，到了农耕时期与工业时期相互交叉的年代，随着生态学的发展，木材资源面临困难，诞生了一个以计划指导为基础的森林利用理论——法正林理论，按面积或者蓄积轮伐作业，它的出现标志森林无序盲目利用进入了有序计划(规划)利用阶段。这是森林经营技术文化的一个辉煌之处。法正林的理论进一步发展了全面的永续利用理论，但它们仍未跳出树干利用的文化认识框架。在这种理论指导下，森林遭到名正言顺的大规模砍伐。而实际的情况并不像理论显示的那样达到了永续轮伐的目的，而是森林资源持续急剧下降。人们开始对这种理论产生了质疑。现在反思，这种理论的缺陷，是一种文化的缺陷，人们对森林认识的缺陷所在。森林中的树干仅是组成森林的一部分。

随着技术的进步和知识的积累，人们对森林的认识系统而全面，从而产生了工业、知识、信息时代新的森林经营理论——可持续经营。

2.9 从毁林开垦到退耕还林——一个完整的森林文化循环

无论是自然科学还是社会科学，有一种循环理论普遍存在，如地质循环、社会发展历史循环，景观信息循环等等，在森林文化发展中，对森林的认识及行为也存在一些循环的过程，社会就是在这些不断重复的呈螺旋式上升的循环中进步。

在农耕时期，由于人口—粮食矛盾产生了一种恶性的毁林开垦的森林破坏行为，森林的破坏导致环境恶化，影响粮食下降，继而扩大毁林开垦，以至陷入一种愈穷愈垦，愈垦愈穷的恶性循环。最终的结果是林地和土地永久损失——荒漠化(石漠化)。这种现象是一种社会的悲剧，也是技术和文化的悲剧。

针对人类破坏生态与环境的恶果，恩格斯在考察古代文明的衰落之后，曾经指出："美索不达米亚、希腊、小亚细亚以及其他各地的居民，为了得到耕地，把森林都砍完了，但是他们梦想不到，这些地方今天竟因此成为荒芜不毛之地，因为他们使这些地方失去了森林，也失去了积聚和贮存水分的中心。阿尔卑斯山的意大利人，在山南坡砍光了、在北坡被十分细心地保护的松林，他们没有预料到，这样一来，他们把他们区域里的高山畜牧业的基础给摧毁了；他们更没有预料到，他们这样做，竟使山泉在一年中的大部分时间内枯竭了，而在雨季又使更加凶猛的洪水倾泻到平原上。"

恩格斯又如此告诫人类："但是我们不要过分陶醉于我们对自然界的胜利。对于每一次这样的胜利，自然界都报复了我们。每一次胜利，在第一步都确实取得了我们预期的结果，但是在第二步和第三步却有了完全不同的、出乎预料的影响，常常把第一个结果又取消了。因此我们必须时时记住：我们统治自然界，决不像征服者统治异民族一样，决不能像站在自然界以外的人一样，相反地，我们连同我们的肉、血和头脑都属于自然界，存在于自然界的；我们对自然界的整个统治，是在于我们比其他一切动物强，能够认识和正确运用自然规律。"

可喜的是在农耕时期后期，由于人类对森林的认识，开始出现了退耕还林，在美国自20世纪30年代以来实施了一系列的耕地压缩计划，现著名的谢南多亚国家公园就是1936年由弃荒农田改建而成的。1956～1983年，欧洲农耕地减少了1100万公顷，而森林面积增加了15%，到2000年，欧共体国家有1200～1600公顷农地退耕还林。其中法国就有200万～300万公顷。

在中国，退耕还林从林业工作者在六十年代末期提出，至今已有近半个世纪的历史，在艰苦实践与探讨后，它终于大规模地实施，由技术观念，个人观念发展为政府意志、因而也就成为了一种文化，在这种文化指导下的退耕还林，可以说是农耕时期森林文化的点睛之笔，它标志着森林农耕文化的终结，森林生态文化的开始。

2.10 从无价到稀缺——森林资源文化与森林伦理的变化

在农耕时期，森林资源的持续减少，除了人口、环境需求变化影响外，笔者认为根本的原因是对森林资源认识的问题，长期以来，森林被认为是无价的，是无限制的可更新资源，没有认识到资源承载的极限。在这种认识文化背景下，利用的结果，导致了极限的反转，资源产生了稀缺，因此到了农耕时期后期，几乎全世界范围内开始了森林计价的研究和探讨，尤以日本学者自20世纪70年代对全国森林资源进行计价，虽然在方法和结果上都有偏差，但这种尝试从深层次反映了人类森林资源文化认知程度。后来在中国和西欧资本主义国家把森林资源作为一种资产进行管理，全方位地审核森林资源的价值。体现了农耕末期森林资源文化的特点。从森林资源无价到资产核算也反映了人类在森林资源伦理上的变化。

农耕时期是人类社会进步和文明发展非常重要的时期，而相对于社会文化，尤其是森林文化而言，是一个十分复杂的时期，一方面森林支撑了社会文明的进步，另一方面它又遭到了空前的破坏。

参考文献

[1]朱怀奇．人类文明史，农业卷·衣食之源[M]．长沙：湖南人民出版社，2001

[2]陈植修订．中国林业技术史料初步研究[M]．北京：农业出版社，1964

[3]陈嵘．中国森林史料[M]．北京：中国图书发行公司，1951

[4]何丕坤等．森林树木与少数民族[M]．昆明：云南民族出版社，2000

[5]云南省林业厅．怒江自然保护区[M]．昆明：云南出版社，1998

[6]西双版纳保护区综合考察团．西双版纳自然保护区综合考察报告集[M]．昆明：云南科技出版社，1987

[7]台江县志纂委员会．台江县志[M]．贵阳：贵州人民出版社，1994

[8]从中外退耕还林背景看我国以粮代赈目标的多样性．林业经济，2001年7月29~31

第5章　近现代社会时期的森林文化

近100多年以来，由于各国发展的不平衡，形成各种社会文明形态，一些国家和地区还处于生产力极为低下的农耕文明时期。但是总的趋势，当今社会主流已由农耕文明，步入了工业文明，有的达到了后工业文明。在这一时期，对于森林文化而言，其森林的作用，已经成为人类生存生活的必需。它的生存价值远远超出了它的物质生产价值，甚至生态社会价值。

1　现代森林文明史观的演变

在原始文明阶段，人类由于自身的局限性，对森林及其自然的认识有限，对森林的神秘和不可抗拒产生了森林崇拜，包括森林大树和动物崇拜。人与森林处于朴素的相互和谐的关系，人对森林的影响较小，相反森林提供食物和庇护，主宰人类的生存与生活。此时人类一方面认为森林是其生活的摇篮，衣食来源，另一方面产生了畏惧和不可征服的感觉。

在农耕文明阶段，人与生物圈的作用最为直接。这一时期人类直接依赖生物圈的初级生产力，尤其是天然植被和农作物。对森林食物的依赖减弱，人类对广大森林的认识局限在能源和木材利用上，很多人现在仍然对居住区周围及重要地区的森林如神社、风水林心存畏惧和崇拜，这是原始时期森林文化意识的残存。由于工具的改进，对大部分森林由崇拜变为主动征服，包括砍伐和人工营造，正是由于这种主动征服的观念驱使，使得早期几个著明的文化与文明产生地(如尼雅文明)均因为对森林的破坏，造成环境恶化，导致文明的没落。此时森林文明观的最大特点是，森林是无价的，可以无限索取和征服，以致影响到社会文明兴衰时仍未醒悟。

随着工业文明的到来，工具的极大改进，尤其是油锯和运输工具的出现，致使短短上百年的历史，地球上的森林锐减了1/3～1/2。人与森林的关系成了征服者与被征服者关系。由于森林的破坏，地球上的环境极度恶化，酸雨、大气污染、臭氧层破坏、水体污染，使得人类生存受到极大威胁，人类开始反思自己的生态文明观。

未来的社会文明，从现在发展趋势来分析，当属于生态文明。那时的森林文明应当是人与森林极其和谐，对森林的利用是森林生态系统利用，森林文化利用，森林的实物功能逐步消退，或者这些实物功能利用处于可持续状态。森林的价值体现在它的生存价值。这种价值回归循环理论一样，森林文化的发展也是循环螺旋式向前发展的。

2 现代森林文化的主要特征

2.1 现代森林资源特征与社会经济文化问题

工业革命以前，地球上有50%以上的陆地被森林所覆盖，到第二次世界大战之后，这些森林已被削减了一半。虽然到了20世纪80年代，保护森林和迅速扩大森林面积被提到国际合作的重要议程，然而20多年来，森林总面积非但没有增加，反而在以前所未有的速度消亡和退化。造林速度非但抵不上毁林速度，而且新造的人工林根本无法替代天然林。并由此引发气候变暖，洪水泛滥，土地荒漠化和生物多样性锐减等一系列自然灾害。

现代森林发展的趋势是森林的数量减少对森林功能与效益日益提高的需求与森林资源的数量与质量减小、功能降低的矛盾日益突出。具体体现在：热带雨林与贫困地区的森林资源急剧减少；森林生物多样性威胁；环境污染对森林的胁迫；人口膨胀导致林地减少；单纯的人工林发展，导致地力衰退；保护与开发矛盾日益加剧；森林利用多元化。

由于森林的数量与质量的减少，功能与效益的降低，引发了全球的许多社会经济文化问题。具体体现在以下方面：

①全球气候变暖，森林对大气的贡献，除了吸附灰尘外，主要是吸收CO_2，产生O_2。森林减少，致使全球CO_2浓度增加，导致地球温室效应。结果使全球气候异常，海平面上升，自然灾害频繁。

②生物多样性减少，森林生态系统的破坏，许多对人类未来有利的物种和基因消失。

③土地荒漠化，过度开垦和失去森林的庇护，全球土地荒漠化趋势日趋严重，目前有600万公顷农地，900万公顷牧区失去生产力，经济损失每年423亿美元。

④大气污染，大气污染不但破坏森林生态系统，它对农田、草地、湿地和海洋生态系统均造成破坏。大气污染对森林直接作用主要是污染物与林冠、树叶接触，交换带来林冠生理、生态功能的改变，从而影响森林生长。另外大气污染对生态系统生产影响，影响生态系统组成结构和能源、物质循环。

2.2 现代森林经营理论与技术文化

由于全球森林的分布不均、利用程度和认识的不同，在不同的地方和不同的时间提出了很多不同的森林经营理论，也出现了不同的森林经营技术。

森林分类经营论——基于对需求与保护的矛盾缓和，其理论本身没有缺陷，但在没有相应政策条件下，如生态林补偿政策不落实的前提下，实际是一种强权理论，它的具体表现是损害了生态林林权所有者的权益。

国家公益林理论——生态资源国有，采用公共产品管理办法是国家对分类经营的一种纠正。

多样性保护——基于科研的一种理论，看似这种理论是一种前卫的生态理论，但同样没有关注到投资者的利益要求与生物多样性矛盾，尤其在工业原料林建设上尤为突出。

自然保护区与自然公园——这是一种国家政府对森林的理论态度。它强调了公众的利益。但在某些方面，忽视了当地居民的利益，现阶段大多数自然保护区社区农民生活水平不断下降，就是这一理论的畸形产品。

全民植树绿化与公众参与——全民义务植树与公众参与，对中国森林的发展取到了很好的作用。它由最初的政府强制要求，到政府引导，到自觉行为，已经上升到了一种文化先进的角度。

生态工程——环境文化的双重选择——由于森林的破坏引发的环境危机，政府启动了许多生态治理工程。这是一种环境与文化双重选择，虽然是一种被动选择，至少反映了政府在政策层次上对森林与环境的关注。

可持续经营——这是现代森林经营文化上一个创举和里程碑。它关注了历史与现状，关注了未来和区域上的不平衡，由此产生的一些具体行为和森林安全，绿色认证等都是理论的具体体现。

森林休闲与森林生态旅游——这是工业时期，人类从体力劳动中解放出来，休闲已成为生活的必需，生存的条件，因而表现在对森林的认知与态度上是森林休闲与森林生态旅游，从文化角度上这是一种人类对森林认知的转变，在现阶段，几乎成为这一时期森林认知文化的标志。

和谐森林理论——这是一种最新的尚且萌芽的森林经营文化理念。它是森林可持续经营的发展。可持续经营的理论侧重于人的经营、人的行为、人对森林的认知。而和谐理论，重视人与森林的相互交融。简单的例子，如在对待自然保护区内社区居民的态度上，不是单纯的迁移，而是一种生态和谐，建立起一种既有利社区居民发展又有利于森林健康与生物安全的关系，可以说，和谐理论将是现代森林文化的发展方向，但这理论还有待进一步的发展。

现代林业理论——是鉴于目前林业面临的具体问题以及社会发展对林业的需求而提出来的一个框架，它不但要充分发挥林业的资源优势以发展林业产业；同时也注重了林业的公共产品特征，尤其是环境功能，要发展完善生态功能；尤其提出森林的文化属性。提出要充分发挥森林文化在社会发展中的作用。

2.3 现代人类对森林的认识变化与过程

20世纪以来，人类对森林的认识产生了质的飞跃，大致经历了4个阶段。

一阶段	20世纪上半叶	木材生产
二阶段	20世纪50~60年代	森林的多种功能
三阶段	20世纪70~80年代	森林与人类自身关系
四阶段	20世纪90年代以来	森林的可持续利用

这种认知发展，可以从历届世界林业大会的主题清晰地看出这一发展脉络。

世界林业大会(World Forestry Congress)是1926年成立的国际林业工作者科学技术性会议，前身是1900年和1913年先后在法国巴黎举行的国际营林大会。1943年联合国粮食及农业组织在美国召开的一次国际会议上提出，世界林业大会作为联合国的一种特别组织，每6年定期召开一次，每一次大会有一个主题，作为世界林业发展共同关心的行动指南，其主旨就是针对全球生态的热点问题，开展广泛的国际交流与合作，协调各国政府对森林问题的认识。中国作为特邀代表于1954年参加在印度召开的第四届林业代表大会，在1972年的第七届大会上成为正式代表。世界林业大会具体情况见表5-1。

表5-1 世界林业大会主题与森林文化阶段

届 别	时 间	地 点	主 题	森林文化阶段
第一届	1926年	意大利罗马	林业调查与统计方法	木材利用
第二届	1936年	匈牙利布达佩斯	通过国际合作达到木材产与消费平衡	
第三届	1949年	芬兰赫尔辛基	热带林业	多功能利用
第四届	1954年	印度台拉登	森林地区在经济发展上的角色与定位	
第五届	1960年	美国西雅图	森林多目标利用	
第六届	1966年	西班牙马德里	广泛经济变迁下的森林角色	森林与人类
第七届	1972年	阿根廷布宜诺斯艾利斯	森林及社会经济发展	
第八届	1978年	印度尼西亚雅加达	人们的森林	
第九届	1985年	墨西哥墨西哥城	整体社会发展的森林资源	
第十届	1991年	法国巴黎	森林，未来世界的遗产	森林可持续与人类未来
第十一届	1997年	土耳其安塔利亚	林业可持续发展——迈向21世纪	
第十二届	2003年	加拿大魁北克	森林——生命之源	
第十三届	2009年	阿根廷布宜诺斯艾利斯	森林在人类发展中发挥着至关重要的平衡作用	

第十三届大会于2009年10月18～23日在阿根廷首都布宜诺斯艾利斯召开，主题为：森林在人类发展中发挥着至关重要的平衡作用，7个专题为“森林与生物多样性”、“生产促进发展”、“森林服务于社会”、“爱护我们的森林”、“发展机遇”、“实施可持续森林管理”和“人与森林和谐相处”。

大会召开了7个专题领域的全体大会、2个论坛——“森林与生物质能源”和“森林与气候变化”、7个专题领域下的60多个技术分会、多个墙报分会和边会。此次大会从社会、生态和经济的视角，全方位讨论森林的重要作用，进一步强化森林对人类可持续发展的重要贡献。大会最终形成了一份宣言，包括9项研究结果，强调了27项战略行动。大会认为，通过这些研究结果与战略行动，“森林与发展之间的关键平衡能够得以改进”。同时，大会向《联合国气候变化框架公约(UNFCCC)》递交了包括12项建议的咨文，呼吁对下述主要问题采取紧急行动：促进森林可持续经营、采取气候变化减缓与适应行动、改进森林监测与评估技术、加强部门之间的合作。

2.4　现代森林政策变化趋势

人类对森林的政策是森林制度文化的核心，由于现阶段社会发展的性质，在现代森林的政策实践上是一种变化的复杂多样的政策体现，但大体上具有以下几个趋势特征：

一百多年来对森林认识和具体政策行动有以下五个趋势：

1. 由砍伐森林保护森林→拯救森林→认识转变
2. 由木材生产→多种功能→全球效应→认识深化
3. 由单学科→多学科→一体化→认识扩展
4. 由单向援助→广泛参与→伙伴关系→认识推进
5. 从技术援助→以人为本→能力建设→认识升华

2.4.1　由砍伐森林→保护森林→拯救森林→认识转变

人类进入工业文明初期，在人们眼中森林就是木材、能源和家具的原料，尤其是油锯的出现，使人类大肆砍伐森林，最终使森林急剧减少，人们才开始醒悟，提出保护森林、拯救森林，尤其是对珍稀生物资源的保护，这是人类对森林认识的一种逐步改变。

2.4.2　由木材生产→多种功能→全球效应→认识深化

同样，人类对于森林经营也从单纯的木材生产过渡到了森林的多种功能利用，从局部的森林功效与影响放大到森林对全球环境与经济的影响层面加以关注，促进了国际森林的合作。

2.4.3 由单学科→多学科→一体化→认识扩展

在科学研究上，现代森林研究明显的特征是由单学科到多学科，然后又到多学科的融合，使对森林的认识进一步上升到更科学的高度。森林生态学的发展就是这样一个例证。

2.4.4 由单向援助→广泛参与→伙伴关系→认识推进

对森林的保护与拯救，也同对森林的认识深化一样，由单项目、单组织的支持与援助扩大到广泛地参与，全球合作，如国际林联、世界林业大会等。

2.4.5 从技术援助→以人为本→能力建设→认识升华

对于具体的林业项目和林业工程，已经从单纯的林业技术援助扩大到了以人为本和地方能力建设，以及地方文化建设的层面，如为了保护森林，政府开始资助建设沼气、节柴改灶，以体现以人为本，充分发挥林区小水电等项目以发展地方经济等。

今后的发展趋势是谋求全球和谐社会构建，建立一种全球和谐森林环境，发达地区扶持欠发达森林地区的发展成为一种义务和自觉行为，成为各国政府政策与法律的框架下的共同行动，但这一目标预计也许有些乐观。

3 现代森林文化的发展

总结现代的森林文化特征可以从不同文化层面对森林认知伦理技术、行动及未来发展进行分析。具体分析如表5-2。

表5-2 现代森林文化发展特征

文化层面		公众层次上的森林文化	技术层次上的森林文化	政策与法制层次上的森林文化	管理层次上的森林文化
现代	伦理	永续利用，资产	可持续经营	资产价值与资产	贫困与资源矛盾
	认知	经济与生态价值	资源危机	资源威胁	资源培育与保护
	行动	退耕还林，全民义务植树，减少消耗	分类经营，建立自然保护区	培育与限额采伐，公益林补偿	林地管理，森林认识，分类区划，生态工程
未来发展		森林的公共属性	自然经营，生态经营	利用国家权力保护森林	森林权属公众化、国家化、国际化

现代的森林文化具有复杂多样的特征。许多森林文化的理论与伦理、政策与技术还处于不断发展的阶段，但是有一个总的发展趋势是：建立人与森林和谐关系，使森林成为全球公共财产是现代森林文化发展的目标；建立自然与生态互相协调的森林经营体系是森林技术文化发展的方向；森林权属的大众化（国家化、国际化）也许是森林制度文化前进和努力的重点。

3.1　公共森林——大众层次上的森林文化

对于大众而言，人们对森林认识的发展与追求，已经逐步上升到一种森林是人类生存所必需的高度，无论是森林的分布与质量都在追求一种和谐。森林不再是企业、地方政府和个人的财产，森林更多的是它的公共属性。

3.2　自然经营与生态经营——技术层次上的森林文化

由于森林自然属性，生态属性的追求，在技术层面上许多以木材为中心的理论已经逐步退出历史舞台，如法正林理论、测树学，代之的是可持续经营理论以及森林生态计量学。

3.3　利用国家权力保护森林——政策与法制层次上的森林文化

利用国家权力保护森林已经成为一个全球行动，以遏制森林的减少，以保护地球和人类。比如在政策上，发达国家会预算和应该预算一部分资金来资助贫困地区的农民的生存而减少对森林的砍伐，真正全球意义上的禁止珍贵生物商品贸易以保护森林生物多样性等等。现在任何破坏森林的事件都会受到大众的关注，对森林的保护甚至已经成为大众考核政府政绩的一个重要指标，有些地方的政府官员离任不但要进行经济审计，还要进行环境审计，其中包括森林的建设与保护。

3.4　森林权属公众化、国家化——管理层次上的森林文化

最后，就森林文化层面而言，在森林权属层面上的变化，出现了两个极端，一是产权私有化，二是产权公众化。

私有化的趋势有两个，一个是私有化的森林被严格保护起来，如私家园林、以森林为主的私家庄园，人们利用私有资产能力来保护森林。另一个是私有化的森林被开发利用，如工业原料森林，所谓第三森林。

产权公众化的趋势是森林的全部或者部分产权公众化。如中国政府对重点公益林的私人营造人工林进行购买的行动。或者划分一部分国有林、重点公益林等。所有这些行动也是使森林产权的全部或部分集中的一种体现。

3.5　森林碳汇与应对全球气候变化——全球森林观

碳汇：一般是指从空气中清除二氧化碳的过程、活动、机制。它主要是指森林吸收并储存二氧化碳的多少，或者说是森林吸收并储存二氧化碳的能力。

森林碳汇：是指森林植物通过光合作用将大气中的二氧化碳吸收并固定在植被与土壤当中，从而减少大气中二氧化碳浓度的过程。森林树木通过光合作用吸收了大气中大量的二氧化碳，而二氧化碳是林木生长的重要营养物质。植物把吸收的二氧化碳在光能作用下转变为糖、氧气和有机物，为生物界提供枝叶、茎根、果实、种子，提供最基本的物质和能量来源。这一转化过程，就形成了森林的固碳效果。这就是通常所说的森林的碳汇作用。

林业碳汇：是指利用森林的储碳功能，通过植树造林、加强森林经营管理、减少毁林、保护和恢复森林植被等活动，吸收和固定大气中的二氧化碳，并按照相关规则与碳汇交易相结合的过程、活动或机制。

森林面积虽然只占陆地总面积的1/3，但森林植被区的碳储量几乎占到了陆地碳库总量的一半。所以森林是陆地上最大的吸碳器、储碳库，陆地生态系统一半以上的碳，储存在森林生态系统中。实验表明，森林每生长1立方米木材，大约吸收1.83吨CO_2。所以，森林是陆地生态系统中最大的碳库，在降低大气中温室气体浓度、减缓全球气候变暖中，具有十分重要的独特作用。

温室效应（Green house effect）：现代工业化会过多燃烧煤炭、石油和天然气等化石燃料，放出大量的二氧化碳等气体进入大气。二氧化碳气体具有吸热和隔热的功能，它在大气中增多的结果是形成一种无形的“玻璃罩”，使太阳辐射到地球上的热量无法向外层空间发散，其结果是地球表面变热，因此，二氧化碳也被称为温室气体。这种原理类似于农作物大棚室，因此称为温室效应。

全球气候变暖（Global warming）：全球气候变暖是指人类燃烧大量的煤、油、天然气和树木，产生二氧化碳和甲烷进入大气后，产生了温室效应导致全球气温的升高。20世纪全世界的平均温度大约攀升了0.6℃。IPCC第四次科学评估报告指出，1906～2005年全球地表平均温度上升了0.74℃，1981～1990年全球平均气温比100年前上升了0.48℃。最近10年是有记录以来最热的10年。世界上许多科学家预测，未来50～100年人类将完全进入一个变暖的世界，未来100年全球、东亚地区和我国的温度迅速上升，全球平均地表温度将上升1.4～5.8℃，2050年我国平均气温将上升2.2℃。

全球气候变暖将给人类生存和发展带来十分严重的后果：一是冰川消融。海岸滩涂湿地、红树林和珊瑚礁等生态群丧失，海岸侵蚀，海水入侵沿海地下淡水层，沿海土地盐渍化，海岸、河口、海湾自然生态环境失衡，给海岸生态带来了极大的灾难。二是极端气候灾害频繁。气候变暖水域面积增大，水分蒸发也更多了，雨季延长，水灾正变得越来越频繁。遭受洪水泛滥的机会增大、遭受风暴影响的程度和严重性加大，水库大坝寿命缩短。自然灾害、极端气候自然灾害增多增频，经常出现50年甚至100年不遇的自然灾害。三是海平面上升。气温升高可能会使南极半岛和北冰洋的冰雪融化，许多小岛会消失，北极熊和海象等生物会渐渐灭绝。四是生态系统改变。现有一些物种消失，新的物种产生，生物多样性和生态系统多样性改变，新的人、畜疾病出现并难以控制。农业、林业、牧业、渔业生产受到严重影响。全球气候变化已经成为人类共同面临的难题！

现在大部分科学家都认为大气中包括二氧化碳在内的温室气体增加是全球气候变暖的主要原因。为缓解全球气候变暖趋势，1997 年 12 月由 149 个国家和地区的代表在日本京都通过了《京都议定书》，2005 年 2 月 16 日在全球正式生效。旨在减少全球温室气体排放的《京都议定书》是一部限制世界各国二氧化碳排放量的国际法案。它规定，所有发达国家在 2008 年到 2012 年间必须将温室气体的排放量比 1990 年削减 5.2%。同时规定，包括中国和印度在内的发展中国家可自愿制定削减排放量目标。在此后一系列气候公约国际谈判中，国际社会对森林吸收二氧化碳的汇聚作用越来越重视。

《京都议定书》承认森林碳汇对减缓气候变暖的贡献，并要求加强森林可持续经营和植被恢复及保护，允许发达国家通过向发展中国家提供资金和技术，开展造林、再造林碳汇项目，将项目产生的碳汇额度用于抵消其国内的减排指标。

《波恩政治协议》、《马拉喀什协定》将造林、再造林等林业活动纳入《京都议定书》确立的清洁发展机制，鼓励各国通过绿化、造林来抵消一部分工业源二氧化碳的排放，原则同意将造林、再造林作为第一承诺期合格的清洁发展机制项目，意味着发达国家可以通过在发展中国家实施林业碳汇项目抵消其部分温室气体排放量。2003 年 12 月召开的《联合国气候变化框架公约》第九次缔约方大会，国际社会已将造林、再造林等林业活动纳入碳汇项目达成了一致意见，制定了新的运作规则，为正式启动实施造林、再造林碳汇项目。

从文化的角度考察，这是人类对森林认知态度的一次革命。从此，人类发现森林不再是独立的属于一个区域，而是全球，不是属于我们现在的人类，同时也属于我们的后代。

4 结论与探讨

笔者对于历史时期森林文化的认识与研究已有多年，对于原始社会、农耕时期的森林文化进行过分析，但对于现代森林文化尤其是其特点进行了几年的思考，或许是因为其复杂性、特征的不明显性、地域发展的不均衡性，一直没有找到其文化特征的根本。这也许就是历史研究为什么不能由当代人写当代历史的原因。本文对现代森林文化的认识只是一个初步轮廓，深入研究的课题还很多、很复杂。期待有更多的同仁共同关注现代森林文化的发展。

参考文献

[1]但新球. 森林文化的社会、经济及系统特征[J]. 中南林业调查规划，2002，(3)
[2]但新球. 中国历史时期的森林文化[J]. 中南林业调查规划，2003，(1)
[3]但新球. 原始社会的森林文化[J]. 中南林业调查规划，2004，(1)
[4]但新球. 农耕时期的森林文化[J]. 中南林业调查规划，2004，(2)
[5]钟哲科. 大气污染对欧洲森林的影响[J]. 世界林业研究，2008. 8. 13. (4)57 ~ 63
[6]牛文元. 中国新型城市化报告[M]. 北京：科学出版社，2010

第6章　少数民族的森林文化

1　少数民族森林生态伦理观

1.1　对森林认识的双面性

李勇在《社会认识进化论》[2000年]一书中将人类认识划分原始神秘阶段、经验历史阶段、理性主义阶段和系统综合阶段。如果就整个人类对森林的认识而言似乎也可区分上述四个不同的阶段。如果考察少数民族对森林的认识，就不大相符了，因为从少数民族对森林的认识中，四个阶段的认识在一个时期几乎同时存在。他们对森林一方面还残存原始神秘的因素，对一些大树，特殊林分依然存在着畏惧和崇拜；一方面他们对森林的认识似乎又相当熟悉，能从难以胜数的森林生物中区分出对他们有益的物种(药用、食用)而避开有害生物(有毒)，积累的森林知识十分丰富(包括造林技术，采种技术)，能从大自然的惩罚中进行理性分析，像刀耕火种——被外界认为对森林的极大破坏，实际其中蕴涵有十分丰富的生态经营学内容与技术。从他们对森林中一草一木，动物及土壤的综合保护，对森林与粮食，与水源等认识中又闪烁着系统综合的智慧。

1.2　天人一体观

大部分少数民族将天与人看成一体，而森林是人天联系的桥梁，笔者在以前专题研究中关于生命树、宇宙树的分析，充分体现了少数民族的这种观念。凉山彝族先民认为：“人是天所生，生人天之德”。对大自然心存崇拜和畏惧的少数民族，把自然现象看成是天对人类善良的反映，把大自然的山、水、火、森林看成了天的化身。古代傣族对森林的认识已经接近现代科学揭示的森林的生态功能与价值。他们认为“有了森林才会有水，有了水才会有田地，有了田地才会有粮食，有了粮食才会有人的生命”，基于这种认识，傣族在选取村寨居址时必须考虑三个条件：山林、河水和可以开垦的良田平坝。也正是由于这种认识，在傣族居住的地区，森林保存完好，如西双版纳和云南德宏州部分地区。

1.3　人、神、兽共祖

在苗族古歌《枫木歌·十二个蛋》中提出了人、神、兽都共有一个祖先，从进化论的角度考察，人与大部分兽类在进化树上，确实共有一个起源。因为这种认识，许多少数民族图腾是各种动物，甚至姓氏也以林中兽类和各种鸟类动物为名，当然也有以森林树木为姓的。现代姓氏中以植物和自然现象为姓的多数是少数民族，由于人与各种林中动植物共祖，对林中动植物的保护就成了他们理所当然的义务。时至今日，大部分少数民族除了一些狩猎民族外，食用林中野兽和鸟类的还很少。当然年轻一代受汉族和现代文化影响也开始捕食野味。

1.4 森林既是人间生活环境也是阴间灵魂安息的场所

大部分少数民族生活在森林茂密的山区，无疑森林是他们息息相关的栖息地，同时，他们大多数认为人死后其灵魂便进入了更为阴湿的原始森林或祖先与神灵群居的“神林”之中。神与灵魂安息的林分，绝对是不能刀斧相对的。否则会遭神灵唾弃。

1.5 人类来源于包括森林在内的自然物

在许多民族史诗中关于人类的起源有多种猜测。有的认为是来源于结满葫芦的植物。有的认为是某种结实树木所生，藏族则流传是由一只猴子与魔女结亲后用木犁、木头从事生产劳动、繁衍子孙、发展而来。阿昌族则认为“茶叶是阿祖”，彝族认为是森林中猴子所变。苗族认为是“龙”所生。少数民族关于人类起源于自然物的认识，在客观上积极保护了森林，因为在他们的伦理观中保护森林就是保护他们自己。

1.6 少数民族生态伦理的外在体现——民情风俗与公共道德守则

一个民族的伦理观反映在其行为上是民情风俗和公共道德守则。体现公共道德守则的一个重要方式是乡规民约，它们有的刻于碑石，有的立于庙堂，有的形于笔墨，有的干脆在各族人民的口头流传。在这些乡规民约中很大一部分是关于森林的公约。因为当时大部分森林是共有财产，必须由大众参与管理。在这些乡规民约中大多明令了公有林、神树林、水源林、风水林的范围和行为守则。在《西南彝志》卷八“祖宗明训”一章里，以习惯法形式定下规矩：“树木枯了匠人来培植，树很茂盛不用刀伤害，祖宗有明训，祖宗定下大法，笔之于书，传诸子孙，古如此，而今也如此。”笔者在少数民族地区的县志里见到过许多关于保护森林的碑刻记事，乡规民约一般都把奖罚规定十分明了。在许多保存完好的林区还能见到一些护林碑刻，这些都是少数民族森林伦理文化的具体形式与表现。

2 少数民族宗教文化中的森林生态观

宗教对社会进步、人类发展起到什么样的作用，笔者不想作过多的说明。但是在当今世界上，无论什么样的宗教在一定程度上都是亲林的，对森林是友善的，在各个历史时期对森林保护都取到了积极的作用。

中国的少数民族大都有宗教信仰的传统。按现代词汇来解释，宗教和信仰是所有弱势群体生存的精神支柱，同时它又是统治者的一种强大思想统治工具。少数民族因其居住区条件恶劣、文化落后，一般成为弱势群体，故而从原始的宗教到世界三大宗教——佛教、伊斯兰教和基督教，在我国少数民族中均有分布。宗教对森林及自然环境的态度，不但影响少数民族对森林的认识与价值取向，也影响到少数民族的森林生态观。

2.1　佛教

佛教是我国少数民族中最普遍的一种宗教信仰。大约有藏、蒙古、满、朝鲜、白、傣族等20多个少数民族信仰佛教。

在佛教教义里有一切众生皆有佛性的自然观，认为万物众生平等，不但生命是平等的，草木、瓦砾、山川、大地等没有情识的事物也有佛性，也必须予以尊重，因而尊重生命、珍惜生命，不杀生是佛家基本理论和观点，因此而对森林更是倍加爱惜，凡佛教兴盛之地，必定是森林茂密之所。佛教中人与自然的这种相互平等的观念就是现代生态文明中人对森林的环境伦理核心。

佛教作为一种宗教，不但在教义禁忌中对森林倍加保护，而且提倡知行合一的品格，一旦意识到森林破坏后，通过相应的伦理规范来加以修正。历代佛庙僧徒植树造林的事迹屡见不鲜，这些都深刻地影响到了信佛的少数民族的森林伦理行为。

佛教中的素食对森林动物的保护具有非常积极的意义。这种宗教行为演化为人类动物伦理。在少数民族的佛教中，一般而言据研究不是非常的严格，比如诵经作课、吃斋念佛等，而是在民族习俗中融合了佛教的基本教义，形成了独具特色的生态伦理观。

2.2　道教

道教是中国本土宗教，起源于古代巫术。在中国信仰道教的有白族、瑶族、壮族、侗族、黎族、仫佬族、毛南族和部分彝族、苗族、羌族。当然汉族很大部分信奉的也是道教。后来佛教传入后，还形成了合一的民间宗教形式。

道教尚造化之道，神明之本，天地之元，相信人得道拥德可以长生。在自然生态观中，对自然万物同样以积德之道待之。以阴阳解释自然进化历程，讲究自然生态的规律，所谓“道法自然”，要求人民必须遵守和维持自然规律，以求经济发展和生存环境保持平衡。道教主张“天人合一”的思想，一直指导着不同时期与阶段政府的森林政策，同时在民众中形成了一套积极的意识与行为规范。

2.3　伊斯兰教

伊斯兰教是西亚草原民族的一种宗教信仰。

在我国有回族、维吾尔族等 10 个民族信仰伊斯兰教。

伊斯兰教信奉真主，认为真主创造了自然万物，日月星辰，使整个自然气象万千，和谐美妙。伊斯兰教与其他宗教有所区别，尤其是原始宗教，伊斯兰认为包括森林在内的自然界并不神秘，因而它是真主创造的，因此，人类只能享受它而不能滥用它，人类接近自然，而不崇拜自然，对自然的开发要合理，消费要适度。正因为如此，穆圣还号召人们植树造林、绿化环境，“任何人植一棵树，并精心培育，使其成长，结果必将在后世受到真主的恩赐。”禁止人们对树木乱砍滥伐，对野生动物乱捕滥杀。“对一只动物之善行与对人之善行同样可贵；对一只动物之暴行与对人之暴行有同样的罪孽。”这些深刻地影响到信仰伊斯兰的少数民族的森林伦理观与森林生态观，我国信仰伊斯兰的少数民族多处于少林地区，对森林的爱护更为突出，在他们的生态伦理中森林就是他们生命的一部分。

2.4　基督教

基督教相对其他几大宗教而言在中国少数民族中流行有限，在中国信仰基督教的有怒族、景颇族、彝族、独龙族和佤族部分人民(主要以天主教为主)。

从基督教的教义分析，以人类为中心的伦理观，使得基督教徒较少关怀大自然和大森林，而是更多地关注人类本身的利益。

不过随着知识进步，环境保护呼声的提高，基督教也对传统教义作出了调整和新的诠释，在一定程度上参加环境保护运动，并且强调一切破坏地球环境的举动都是对发展概念的肢解(李培超)。另外，基督教由于是外来宗教，以及传教士习惯在教堂附近种植果树的习俗随基督教的传入，也带来了许多外来物种，同时也将国外的一些特有物种或花卉带出中国。在中国历史上，有许多物种是由传教士带出中国后命名的。

2.5　原始宗教

2.5.1　藏族原始宗教——苯教

在我国藏族生活区域，信奉一种原始宗教——苯教，在这种宗教中包含有神山崇拜和人与自然和谐相处的朦胧意识，佛教传入后，与行善不杀生，人生轮回等观念融合，在藏族地区形成了以神山崇拜为核心的森林生态文化。

藏族地区神山的出现，据史料记载与松赞干布有关，当年松赞干布到黄河与白河合流处察看，见到森林毁坏严重，使下令把山林分为两类：一类为神山，归佛祖所有，由寺院负责看管，严禁任何人侵犯，如有违者，格杀勿论。另一类为“公林”，属各部落共同管理使用。这恐怕是现代分类区划与分类经营的始祖。

2.5.2 萨满教

萨满教是我国北方阿尔泰语系中许多民族的信仰和原始宗教。在中国主要有满族、赫哲族、鄂温克族、达斡尔族、鄂伦春族、锡伯族等。

萨满教流行区域，由于历史上森林就较为稀少，故而对森林的保护在这种原始宗教更为突出。它以树神的名义进行森林保护。在它的教义里，既有观念层面的对森林破坏的预防措施；又有行为层面上的限制破坏森林的宗教禁忌。

2.5.3 其他原始多神教

除了萨满和苯教外，在中国少数民族地区，如部分普米族信仰汉归教，纳西族信仰东巴教，地处偏远山区的独龙、怒族、、佤族、苗族、瑶族、彝族、基诺族、景颇族等，因长期处于封闭状态，保留了原始宗教，他们多有自然崇拜，动物崇拜，植物树木崇拜，精灵神仙崇拜，祖先崇拜，圣贤崇拜以及图腾崇拜等。

原始宗教的人民，大部分生活在林区，吃、住、生活用具均来自森林，他们与森林树木构成了千丝万缕的联系。他们认为一草一木，一树一花均有灵魂，因而倍加崇拜或爱护，从不肆意破坏。

2.5.4 原始宗教与少数森林文化实例

分布地域和人数来统计，信仰原始宗教或在其他宗教中了解原始宗教内容的少数民族可能占多数，对历史上人类森林生态文化观的形成影响最大，这些宗教教义具体在森林文化中体现了以下内涵。

(1)崇拜与图腾

·云南的部分彝族认为松树是其始祖，对松树严禁砍伐采枝。

·云南、广西交界处彝族对“竹”崇拜，每年农历四月二十日要举行祭竹大典。

·楚雄的彝族崇拜马缨花。

·福贡县木古甲村怒族认为自己从“图郎树”演变而来。

·大理州的每户都有一株山神树，任何人都不得动。

(2)禁忌

大部分少数民族禁伐神山上的树木，禁伐寨树、神树和社林、寺庙风水林，独龙族忌砍桃树。

(3)祭祀

·每年一定时期，许多少数民族都要祭祀树神。

·红河州弥勒县彝族农历三月祭龟树，农历七月祭“密枝”——村寨附近的一片树木(由村里长者主持，严禁砍伐和妇女入内)。

·玉溪彝族农历二月第一个属牛日祭“树神”以祈风调雨顺，人畜平安。

· 澄江彝族三月三日祭松树。

· 傣族每年农历十月或婚丧都要到林中进行祭祀。

· 许多民族凡耕种、开荒、砍树、盖房、生病都要向森林中某些事物进行祭祀，以祈求佑护。

· 兰坪县的普米族对山神和林神有封祭、族祭、户祭三种类型，一般在村寨附近选定一片树林作为神树林，家庭和农户则有各自的神树。

3　少数民族的植物种植与利用风俗与技术——民族森林植物文化

学者把“研究土著民族对植物的利用”定义为民族植物学，通过对土著民族利用植物的研究，从而提示人类与植物的依存关系。

自 1895 年出现“民族植物学”一词以来，科学家作了大量调查研究，积累了大量丰富的民族植物学资料，中国自 1982 年以开始设立专门机构开展民族植物学研究，并且从文化利用、民族植物经济利用和生态作用三个方面取得了发展。

笔者认为在民族植物（主要是森林植物）学领域中包含有丰富的民族森林植物文化，它涉及到：

· 民族栽培森林植物的特点；

· 民族聚居森林环境的营构；

· 民族森林植物的药用价值开发；

· 民族森林植物的文化生活象征与宗教象征；

· 民族的文化信仰与森林环境；

· 民族非木材的植物产品利用等。

关于民族植物学与文化的研究四川、云南、贵州的学者研究较多。

4　少数民族的林地经营技术——混林农文化

由于大部分少数民族生活在山区，林地是他们生活的根本，对林地的合理使用，不仅是少数民族文化的体现，而且是关乎生存的问题。

无论在历史上还是现代，无论什么区域的少数民族主动地大肆砍伐森林的事例还不多见，由于文化、宗教的影响，保护多于破坏。这一点反映在他们合理使用林地上。

少数民族对林地的使用，除了以前研究中分析的刀耕火种轮息作业以外，采用混合经营、多种用途经营是其另一个显著特点。

据曾觉民（2000 年）对云南少数民族山区林农结合模式研究结果：在林地开发上具有六种特点：

· 多用途的树木种类多；
· 多种生物结合的类群多；
· 多种组分、多样结构、多种功能的生态系统及其内容多；
· 多种生物产品及产出多；
· 多种生产部门多层次、多渠道、多方面的经营系统多。

对林地的复合经营模式，有林农、林牧、林花、林菌、林药等轮作，混作、套作和结合的不同形式。事实证明其复杂的经营利用系统，是一种自然的选择，非常符合生态保护和持续经营的基本准则，在文化上体现了一种“所谓落后民族(现在称弱势群体、弱势民族)的先进文化”特征。

对少数民族的这种混合林地生态经营文化的研究和推广，有益于对自然环境的保护。

5　少数民族森林文化艺术

大部分少数民族都有自己的语言，有的有自己的文字，有的还有自己的文学，各民族都有各自丰富的文学艺术，这些艺术形式有口头与文学传说，歌曲、舞蹈以及雕刻等。

在少数民族民间传说中，很多故事情节发生在森林中，有些森林与森林动植物就是这些传说和故事中的主角。

少数民族的诗歌丰富多彩，既有描述祖先渊源的叙事史诗，有反映民族人文习俗的情歌与生产的诗歌，更有不少反映森林演化规律和森林动物故事和自然风光的抒情诗。

在少数民族服饰上进行的装饰多为树形纹、花纹和山字纹，以及各种森林动物有关的鸟兽纹。

在中国大地上的少数民族就是这样通过各种艺术形式表现对森林的珍爱，森林生态伦理。将森林的神秘一代又一代地流传下去，形成灿烂的少数民族森林文化艺术。在这种文化伦理指导下，为中国保存了大面积的原始或次生森林。

对少数民族森林文化有待研究的课题和内容还很多，对少数民族森林文化的深入研究，有助于丰富中华民族森林文化的内涵，尤其是原始的朴素的森林生态观森林文化伦理对当前构建森林可持续经营理论体系具有十分重要的借鉴意义。

第二部分
森林生态文化体系

第 7 章　森林生态文化体系架构

和谐的生态文化是生产力发展、社会进步的产物，是生态文明、社会繁荣的标志。把繁荣的生态文化体系纳入现代林业建设，充分体现了经济社会和现代文明的不断发展，体现了当今时代的文化内涵，拓宽了林业的发展空间，丰富了林业的建设内容。

生态文化体系作为林业三大体系之一，在全面落实科学发展观、构建社会主义和谐社会、建设社会主义新农村、推动现代文明建设中具有重要作用。

1　文化、生态文化与森林文化的关系

文化是人与社会、自然相互关系的总和。从图 7-1 文化的图释可以看到以下关系：

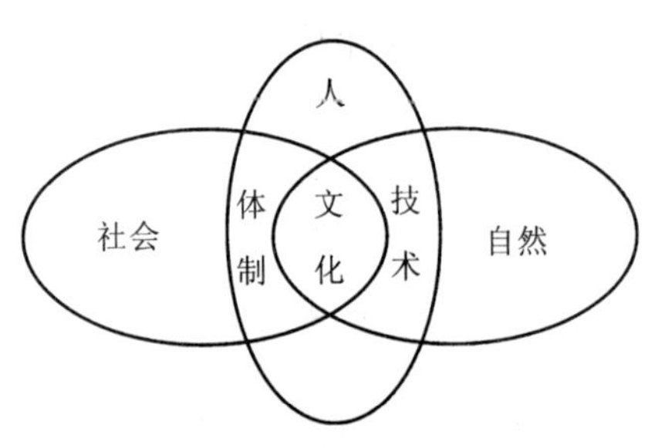

图 7-1　文化的图释

人与自然产生技术、衍生艺术；人与社会产生体制；技术与社会和人产生法律；人与技术产生科学、衍生教育；人与体制产生伦理、道德。它们的相互关系的总和——就是文化！

生态文化是文化的主流，森林是陆地生态系统的主体，是生态建设的主体，因此，如图 7-2 森林文化也就是生态文化的主体。

笔者认为，森林文化是指人类在社会实践中，对森林及其环境的需求和认识以及相互关系的总和。森林文化亦如其他文化现象一样是精神和物质的相互联系，具有社会特征、经济特征、系统特征。具有时间与空间的差异、特定的表现形式和自身发展的规律。

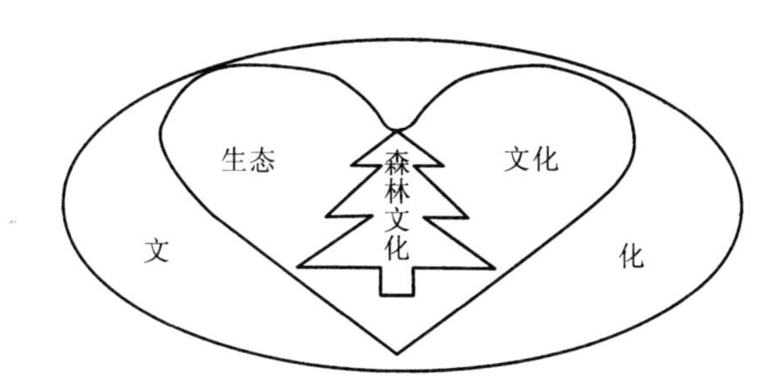

图 7-2　文化、生态文化、森林文化之间的关系（引自张国庆，2007）

2　对生态文化的一些认识

2.1　生态文化是"人—社会—自然"和谐相处关系的文化

生态文化既是人类现代社会物质文明与精神文明和谐共进的客观需要，也是人与自然良性互动、和谐发展的内在要求。生态文化的意义就在于，它以和谐为价值基础，为人类的和谐发展，为和谐社会的建构提供精神支持。生态文化作为一种以"和谐"为价值观的文化，不仅强调人与自然、人与人自身关系的协调和优化，更强调以人的精神文化品格调整人类内部生态平衡，尤其是通过人的精神生态的调适促进人与自然生态的平衡，实现人与自然的共生共荣，把社会和谐寓于人与自然的和谐之中，实现人类社会的和谐发展。神圣文化也强调人与人、人与自然的和谐，但它讲的和谐主要是一种静态的和谐，而生态文化讲的是动态中的和谐。如果和谐处于静态之中，事物就不能获得全面发展。

生态文化就是以人为本，协调人与自然和谐相处关系的文化，它反映了事物发展的客观规律，是一种启迪天人合一思想的生态境界，是诱导健康、文明的生产生活消费方式的文化。生态文化是吸取各种文化精华的现代文化，是物质文明与生态文明在人与自然生态关系上的具体表现，是要求人与自然和谐共存并稳定发展的文化。

因此，生态文化是和谐社会的文化基础。生态文化建设也是建设和谐社会的基础建设工作。

2.2　生态文化的系统性

生态文化由生态精神文化、生态制度文化和生态物质文化等子系统构成，其中每一个子系统又包含着更低层次的子系统，这些系统之间彼此交叉，相互影响，组成了整个生态文化体系，共同塑造和影响着人类的生存方式。

2.3　生态文化的要素与形态

生态文化的要素就其形态而言可划分为形态要素（包括产品、设施、设备、工具和景观)、似形态要素(包括表意、行为、艺术与技术)、非形态要素(包括思维、情感、制度等)。因此生态文化可以划分为三种形态:

形态要素——物态文化——物质文化

似形态要素——行为文化——精神文化

非形态要素——体制文化——制度文化

2.4 生态文化的层次——真、善、美

生态文化作为新时代的一种先进文化,它表现在文化的三个主要层次上。

(1)生态文化的物质层次。生态文化要求摒弃传统的掠夺自然的生产方式和消费方式,学习自然界的智慧,开发新技术,寻找新的替代资源,采用生态技术和生态工艺,进行无废料生产,既实现文化价值、保护价值,又为社会提供足够多的产品。在消费中提倡节约、循环利用意识,促使人们的消费心理向崇尚自然、追求健康的理性状态转变。

(2)生态文化的精神层次。生态文化,确立自然价值观,摒弃"反自然"的文化,走出人类中心主义;建设"尊重自然"的文化,按照"人与自然和谐"的价值观,实现精神领域的一系列转变。

(3)生态文化的制度层次。生态文化,通过社会关系和社会体制改革,改革和完善社会制度和规范,完善法律体系,按照公正和平等的原则,建立新的人类社会共同体,以及人与生物和自然界伙伴共同体。使公正和平等的原则制度化,环境保护和生态保护制度化,使社会具有自觉的保护所有公民利益的机制,具有自觉的保护环境的机制,实现社会全面进步。

生态文化的三大层次的相互关系——真、善、美的结合。

·生态精神文化影响生态制度文化的形成,是追求生态物质文化的动力。它的目标是追求美。

·生态制度文化在一定程度上是生态精神文化的发展方向,它的目标是追求善。

·生态物质文化是生态精神文化与生态制度文化相互结合的产物,它的目标是追求真。

3 生态文化体系基本的架构

生态文化由生态物质文化、生态制度文化、生态精神文化组成。详细架构见图 7-3 生态文化体系的构成。

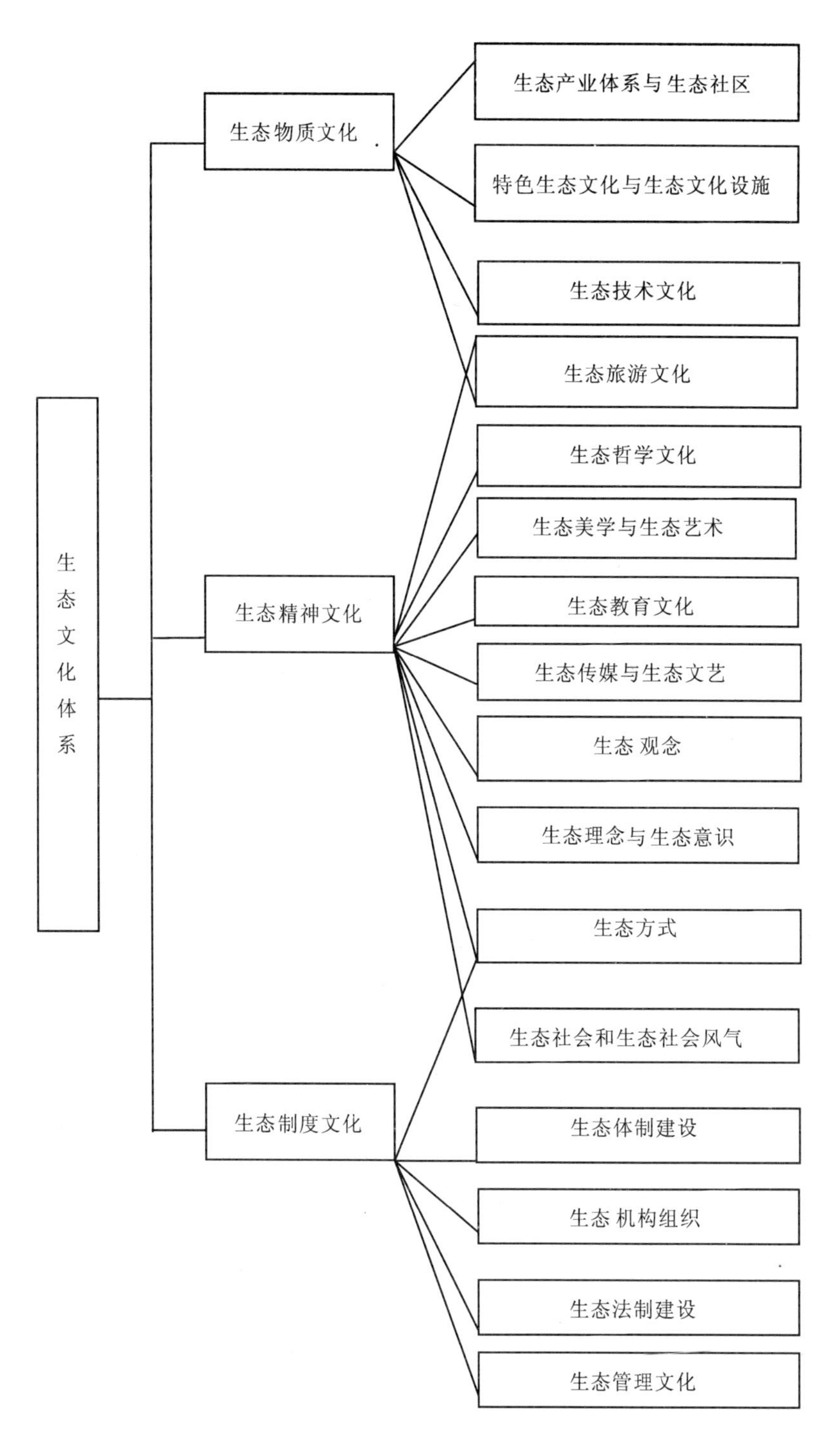

图 7-3　生态文化体系的构成

依据系统的原则，生态文化体系的建构，必须把文化的三个组成部分真正视为一个有机整体、一个系统，注意文化各层次之间的关联性、互动性、整体性、系统性特征，从相互联系中把握文化内涵，建构起基本的文化体系。

3.1　生态物态文化——生态物质文化

生态文化的形态要素包括产品、设施、设备、工具和景观；是一种物态文化，属于物质文化的范畴。

物质层次的生态文化通过对生产方式的生态化选择，不但为生态文化理念的普及提供物质保障，而且，也对生态科学的发展以及生态人的培育提出了更高的要求。

在物质产品领域，主要建设各种生态产业体系和森林博物馆、自然保护区、城市园林等一批生态文化设施。

生态产业体系建设：生态产业体系建设包括：建立生态草原体系、生态农业体系、生态林业体系、生态水利体系、生态旅游体系、生态工业体系、生态人居环境体系、生态能源体系、生态式土地开发体系。生态产业体系建设的基本要求是真、善、美兼顾。生态建设要以真为基础，遵循生态规律；要以善为灵魂，力求美善合一；要以美为主旨，追求和谐之美。

生态文化设施：生态文化设施建设包括森林博物馆、森林城市、森林标本馆、自然保护区、森林公园、湿地公园、林业科技馆、城市园林等森林文化设施。

生态社区建设：生态社区建设主要行动有：建设热心社区活动的环保志愿者队伍；创建绿色家庭；开展丰富多彩的环保活动，形成“保护环境、人人有责”的社区生态文化氛围。这里也包括了生态林区建设。

特色生态文化建设：特色生态文化建设包括森林文化、花文化、竹文化、茶文化、湿地文化、野生动物文化建设。

3.2　生态行为文化——生态精神文化

生态文化似形态要素包括表意、行为、艺术与技术，是一种行为文化，属于精神文化的范畴。

精神层次的生态文化主要包括生态哲学、生态伦理、生态科技、生态教育、生态传媒、生态文艺、生态美学文化等要素。

生态科技文化：通过对生态现象的科学研究，不断增加对生态现象的认知，深入揭示出生态规律的运行机制，获取更多的生态知识。

生态哲学文化、生态伦理文化、生态美学文化：则从人文社会科学的视角出发，对生态科学成果加以阐发，使生态科技文化所蕴含的理性、生态、求真、批判、创新、和谐、共赢等精神气质更加清晰、明确和完善，使生态科技文化从物质层次、制度层次和行为规范与价值观层次都获得新的生命力，并在此基础上将科学知识转化为一种具有普遍意义的文化样态。

生态教育文化、生态文艺文化：通过有目的的文化选择，为生态理念、生态知识的普及和大众化提供阶梯，造成一种气氛，形成一种力量，并通过多种渠道，使这种观念在个人心中内化，成为每一个人的价值取向。

在行为文化产品领域，主要包括生态理论文化、生态技术、生态艺术。行为文化中还包括属于心智文化的生态观念、生态文化理念与生态意识、生态哲学、生态美学、生态艺术、生态伦理等诸多方面。

3.3　生态体制文化——生态制度文化

生态在实质上可分为自然生态——人类生存的物质环境，社会生态——人类生存的外在制度，以及文化生态——人类生存的内在意识。外在制度即人类对待自然的物质性机制，内在意识指人类审视自然的精神性态度。

生态文化的非形态要素包括思维、情感、制度、科学等，是一种体制文化，属于制度文化，主要通过制度文化、生态社会和生态社会风气、生态法制、生态管理文化来体现。

制度层次的生态文化则从制度规范上入手，为生态文化理念提供制度保证，形成生态文化的政策诱导和法律规范。

制度文化：制度文化是生态文化建设的保障体系，它是指管理社会、经济和自然生态关系的体制、制度、政策、法规、机构、组织等，生态体制建设是生态精神文明和政治文明的基础。一个国家，必须形成科学的生态政治空气，制定出保护环境的政策、法制、法规，这个国家的环境和可持续发展才会有希望。而一个国家的环境政策是一个国家保护环境的大政方针，直接关系到这个国家的环境立法和环境管理，也直接关系到这个国家的环境整体状况。

生态社会和生态社会风气：从人与自然的关系来看，人类社会形态可以分为四种：采集与狩猎社会、农牧社会、工业社会、生态社会。人类社会不断发展、演变、进步，任何一种社会形态都终将由更新、更先进的社会形态所替代。工业社会大规模的工业化生产，无限制地增加生产量，无限制地向自然索取，其"反自然"的不可持续发展的方式，必将为坚持人与自然和谐共存的可持续发展的生态社会所取代。生态社会要求人类形成"人—自然"的主体价值观和生态经济价值观。

生态社会和生态社会风气是构建和谐社会的重要任务。把生态意识上升为全民意识和全球意识，倡导生态伦理和生态行为，提倡生态善美观，生态良心，生态正义和生态义务，建设生态文化社区。一个社会，只有人民具有了生态道德和生态行为，只有全民和全社会的公众参与，构建和谐社会才不会是一句空话，因为，环境和生态安全是和谐社会的根基。

生态社会的主要特征应该有以下几个方面：①社会公民普遍具有较高的环保意识；②经济增长走新型工业化道路，实现了资源节约，环境友好，可持续发展；③社会制度公正合理，使生产发展、生活富裕、生态良好；④人与自然和谐相处。

生态机构组织：生态机构组织包括高效的林业行政机构(体制方面)、合理设置林业组织机构。

生态法制建设：生态法制建设主要有：加强区域生态环境保护立法，制定一系列地方法律法规条例。

生态管理文化：生态管理文化是以绿色 GDP 为主的经济核算体系，以生态建设指标为核心的政府政绩考核制度；生态优先的政府科学决策机制；广大人民共同参与的生态建设格局。

4 如何构建繁荣的生态文化体系

4.1 构建繁荣的生态物质文化(文明)体系

(1)构建繁荣的生态产业体系——包括建立生态草原体系、生态农业体系、生态林业体系、生态水利体系、生态旅游体系、生态工业体系、生态人居环境体系、生态能源体系、生态式土地开发体系。

(2)广泛地开展社会主义生态社区建设——创建绿色学校、绿色社区、绿色企业、绿色医院、绿色商场、绿色宾馆。

(3)构建繁荣的生态文化设施——包括森林博物馆、森林城市、森林标本馆、自然保护区、森林公园、湿地公园、林业科技馆、城市园林等森林文化设施建设。

(4)构建繁荣的特色生态文化——包括森林文化、花文化、竹文化、茶文化、湿地文化、野生动物文化的建设。

4.2 构建先进的生态精神文化(文明)体系

(1)大力推广生态技术：发展“绿色”理念，进一步推广森林分类经营论、国家公益林理论、多样性保护、自然保护区与自然公园、全民植树绿化与公众参与、生态工程、可持续经营、森林休闲与森林生态旅游、和谐森林理论、现代林业理论在社会与林业发展中的作用。

(2)大力推广生态艺术——大力发展森林文学、森林音乐、森林绘画等精神文化产品。尤其大力推广原生态艺术文化。

(3)大力推广生态旅游——建立系统的生态旅游行为守则。

(4)开展生态哲学、生态美学研究。

(5)建立社会主义生态伦理、生态观念、生态理念与生态意识。通过生态教育，培养社会主义生态伦理、生态观念、生态理念与生态意识。

(6)建立生态方式——通过普及社会主义生态伦理，建立绿色生态生活方式。

(7)建立生态教育体系——必须坚持把生态教育作为全民教育、全程教育和终生教育，以政府导向，学校教育为主导，通过媒体、网络普及宣传公众生态环境意识和责任感。包括生态文化人才队伍的建设培养和建设全国生态文化教育基地。

4.3 构建和谐的生态制度文化(文明)体系

(1)构建合适的生态制度——形成与生态文化相适应的管理体制、政治制度、政策、法规、机构、组织等，形成科学的生态政治空气，制定出保护环境的政策、法制、法规。

(2)建设生态社会与促进生态社会风气(社区制度)的形成——把生态意识上升为全民意识和全球意识，倡导生态伦理和生态行为，提倡生态善美观，生态良心，生态正义和生态义务。

(3)建立合适的生态机构组织——包括高效的林业行政机构(体制方面)、合理设置林业组织机构。

(4)建立合适的生态法制——加强区域生态环境保护立法，制定一系列地方法律法规条例。

(5)建立合适的生态管理文化——建立以绿色 GDP 为主的经济核算体系，以生态建设指标为核心的政府政绩考核制度，以生态优先的政府科学决策机制和广大人民共同参与的生态建设格局。

参考文献

[1]张国庆. 森林文化与中国森林文化体系建设[J/OL]，和谐学刊，2006，2(6)，(2006-4-11)[2006-4-15]http：//zhguoqin. fangwen. com/xiaoshu1. asp? id =201865

[2]王杏玲. 构建社会主义和谐社会与现代生态文化建设[J]. 江南大学学报(人文科学版)，2006，4：34~36

[3]周鸿. 生态文化建设的理论思考[J]. 思想路线，2005，5：78~82

第 8 章　森林物质文化：形成过程与形态组成

笔者认为森林文化是人、社会与森林关系的总和。森林物质文化是人、社会与森林相互关系所产生的一切物化形态。而人与森林的基本关系，主要有二种，一种是认知，一种是经营利用。认知是经营利用的基础，而通过经营利用又会促进认知。因此研究森林物质文化产生必经从二种基本关系着手进行研究。

1　森林生态物质文化的形成过程

不同阶层人的聚合形成了群体，不同群体形成了阶层，社会各阶层组成了社会，但基本的单元是人。人与森林的基本关系是认知和基于认知的行为影响，或者称之为响应。人在对森林的认知过程中会产生情感，从而从意识形态上产生一定的伦理以及行为守则；如果放大到一定的群体，会产生部落或者阶层的共同行为守则与集体认知，这些是产生精神文化的基本过程。

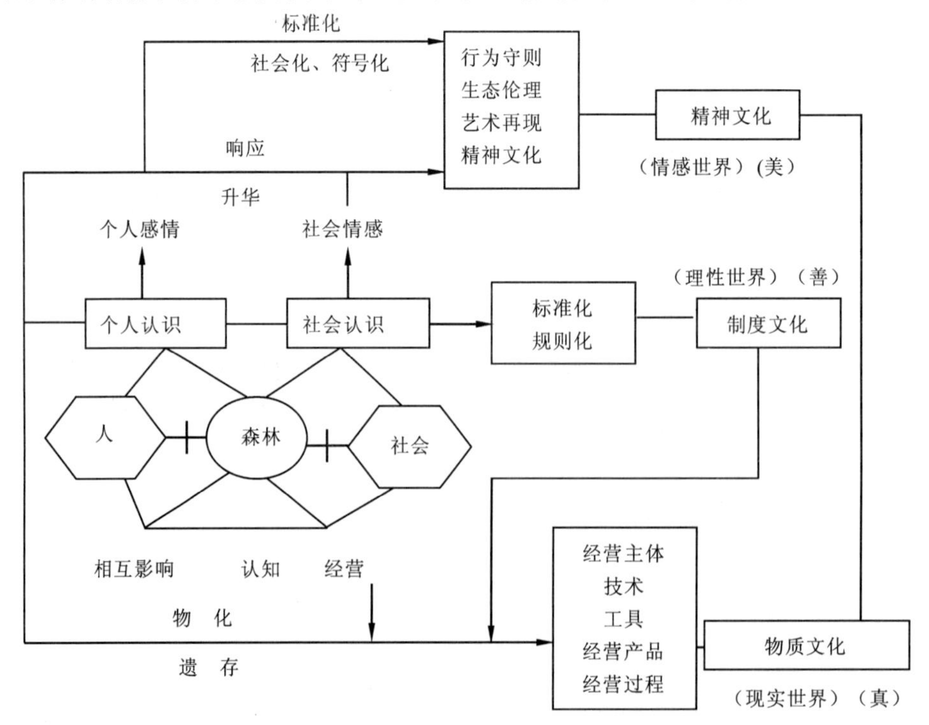

图 8-1　森林文化层次与形成过程示意图

把个人或者群体所形成的精神文化，进一步上升到阶级、阶层以至国家层面上，形成了一些需公众共同执行的行为守则，或者有一定的机构(政权)来监督、约束这些行为，这就产生了制度文化。

无论是精神文化还是制度文化，其物化部分可称之为物质文化，非物化部分可称之为非物质文化。

因此，人基于个人对森林的认知，在一定的伦理道德指导和一定的行为守则框架限制下影响森林、利用森林，从而产生了在人的干预下，森林(及衍生品)不同的物化形态，这就是森林物质文化形成的基本过程(图8-1)。

2　人与森林基本关系与森林物质文化形态

人与森林的相互关系从本质上为二种：一是森林认知，二是森林经营与利用。

2.1　森林认知

人类的发展过程就是人对自然的不断认知过程。笔者曾经分析过人对森林的基本认知过程，并将森林文化发展分为若干阶段。不同的社会发展阶段，因为认知的不同，而森林物质文化的表现形式是不同的。如森林猎场，是人对森林提供野生动物产品的基本认知而产生的一种森林物质文化形态，是把人置于依赖森林的认知上产生的，现在这种森林物质文化产品，随着社会发展，正在逐渐退出。另一个例子是“碳汇森林”，碳汇森林是基于现代社会对森林的碳汇功能的科学认知，而产生的一种物质文化形态，它产生的背景依赖于科学技术的发展和社会自然环境的变化，是基于人类认识到森林碳汇功能影响到人类生存，此时人类对森林的理解和认知，由森林本身而扩展至森林的生长过程。

人对森林的认知也有三个层面，一是基于个人层面对森林的认知，主要是从个人生活物质生产角度来认识森林；因而有了木材生产、经济林等文化产品。另一个层面是个人从群体或者社会阶层角度对森林的认知与理解，在一定程度上是从生活层面来认知的，人类生活依赖森林的主要有食品、居住、游憩文化等各方面的基本要求。第三个层面则是从社会的角度来认知森林，这时人的视野更加宽广，把森林的环境功能作为人类生存的支撑来认知，因而有了碳汇林、生态公益林诸如此类的森林文化形态。

因此，人对森林的认知过程主要通过个人、群体、社会三个角度分别从生产、生活、生存三个层面来进行。这种过程，应该也是由低级向高级发展的，人首先是从个人角度上，从基本的生活资料层面上来认知森林；继而发展到从群体角度上，从生活层面上来认知森林；最后才会从社会角度上，从人类生存层面来认知森林。人类从三个不同角度、三个不同层面来认知森林、影响森林，这样也就产生了三个不同层面上的森林文化形态。基于认知的物质文化分析如图 8-2。

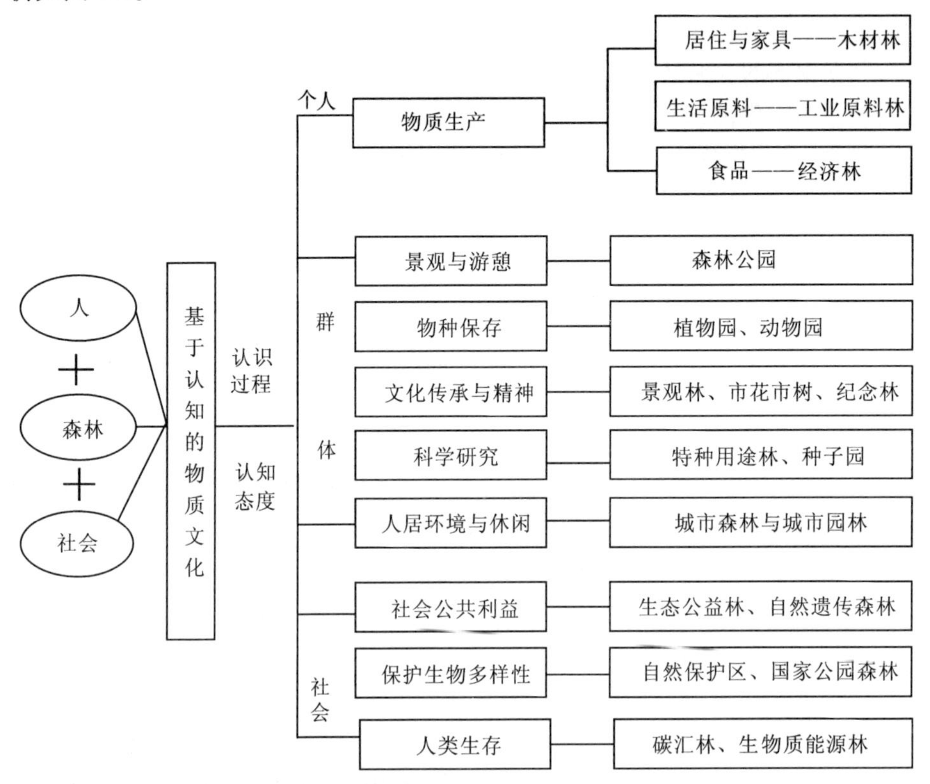

图 8-2　基于认知的森林文化形成与物质文化组成分析图

2.1.1　基于个人角度和生产层面的森林物质文化

人类对森林的利用，最早可溯至上古时期，当时大地森林茂密，从有巢氏構木为巢、燧氏钻木取火，到神龙氏斩木为耜，揉木为耒。森林文化自此始现曙光。但真正意义上的森林文化诞生应该是人类有意识地改造森林、营造森林，因此，个人认为人工林的出现是森林文化发展的一个标志。

(1)居住与家具——木材林——人工林：人工林的出现是人类对森林物质生产进行人工干预，使之朝人类需求方向发展的产物。体现了人类由森林崇拜向主宰森林的转变，是森林文化史上的一个里程碑。它的意义不亚于农耕文化中的水稻(包括其他农作物)栽培和野生动物驯养。

最早的人工林现在无从考据，陈植(1964 年)在《中国林业技术史料初步研究》中认为，我国在远古就已经有了人工用材林、特种经济林和果木林。这与人类从森林中走出，最早是利用森林，然后转入农耕文明、工业文明时期的人类发展推测是相符的。据此，个人甚至可以认为人类发展应该划分一个史前原始森林文明期。当时人类利用的工具是木头和石头，有简单的培育人工林的意识和行动。当时的人工林应该是适合于种植繁殖的果木或油料树，更多的应该是由妇女生产的。中国的油茶、茶叶、油桐、漆树也有着悠久的历史。甚至形成了独立的文化，如：茶文化、油茶文化、油桐文化等。

(2)生产与生活物质原料——商品林——工业原料林：商品林是社会发展到一定阶段和商品经济发展到一定阶段的产物。是经济社会发展到一定阶段的森林文化产品。其典型的文化案例是工业原料林、短轮伐期工业原料林。这种文化产物，体现了人类对森林商品属性的一种认知。

(3)食品——经济林：经济林实际上也是一种人工林，有时也是商品林和工业原料林。基于它的强度劳动力投入而渗入其中很多的历史、风俗和人的情感，其文化形态更加丰富、内涵更加深刻，有些还形成了独立的文化体系。其文化的形成贯穿整个生产加工到使用的过程。如茶文化、油桐文化，所以在进行森林文化研究时，经济林文化研究前景广阔。

2.1.2　基于群体角度和生活需求层面的森林物质文化

显然，前述的物质生产也属于生活需求，而且是基本个人生活需求，如：食物、居住木材、文化用纸等，这里讨论的是指除此以外的个人与社会需求。主要是社会需求、保护需求、景观与游憩需求、物种保护需求、生物多样性、文化传承、科学研究、人居环境与休闲、社会公共利益等。

(1)森林公园、森林风景区——景观与游憩：人类对森林的认识产生变更的一个重要里程碑事件是全世界城市化。人类越来越远离森林，人居环境越来越恶劣，全球环境恶化趋势和结果已经给人类生存造成威胁。从而产生了人类回归自然、回归森林的渴望，因此森林的景观与游憩功能与价值得到充分挖掘。因此，在全世界森林公园这一独特的森林物质文化形态普遍存在。

(2)森林植物园、森林动物园——物种保存：任何物种要处于一种自然生态位中才能得以生存，而森林生态系统是全球大部分物种生存的基础。依托森林为基础的森林动物园、森林植物园就是人类对森林生态系统和物种科学保护的科学认知的产物。是属于一种特定的森林物质文化形态。

(3)风水林、纪念林、市树市花公园、宗教林——人类文化传承与精神寄托：人类之于森林、大自然有着特定的情愫，往往碰到心灵和精神的困惑时或借助于神灵或寄助于大自然万物。其中森林就是人类寄托某些情感的重要媒介。像“生命树”、景观树、纪念树以及宗教胜地的森林，就是这种文化现象的典型体现。

(4)特种用途林、母树林、种子园——科学研究：当一种自然物融入了人的因素，便有了文化内涵。当然，如果融入了某种技术在里面，也有了文化的要素在其中。在森林的特种类型中，如母树林、种子园、苗圃、采穗林、种质保存林，便是一种特有的文化森林或者技术文化森林。

(5)城市森林、城市园林——人居环境与休闲：随着城市工业的快速发展。城市环境适居度迅速下降。人们开始关注城市健康发展，现在最流行和备受关注的是城市森林。这是一种倾注了城市文化与性格，寄托城市居民精神文化需求的森林类型。是一种新型的森林文化类型(产品)。

2.1.3 基于社会角度和人类生存层面的森林物质文化

(1)生物多样性、自然保护区、自然保护小区、国家公园森林——可持续利用的资源：大部分人从社会和人类生存角度来认知森林在一定意义上是国家森林文化意识。这些认知依赖于科学与社会的发展。比如在现阶段，全世界对森林的主流认知，主要集中在森林培育与未来材料供给、木本粮油与未来粮食安全、生物物质能源、森林碳汇、多样性保护、水土资源保护等方面。

自然保护区建设，作为生物多样性保护的主要措施，主要反映了人类对自然资源的一种态度(认知)，理应属于文化范畴，而且是社会发展到一定阶段的产物。体现了森林作为生物多样性保护主体，作为一种可持续利用的资源、作为后代人的生存条件进行保护是当代人和当代社会对森林的一种态度与认知。

(2)生态公益林——社会公共利益：在中国，生态公益林的划分和森林生态效益补偿，反映了大众和政府对森林的一种态度，在森林认知上是一个质的飞跃。首先，从形式和法制上认可了森林的公益性，在行动上反映了森林的公共效益的国家补偿行为，在一定意义上是森林文化发展的又一个里程碑。

(3)碳汇林——全球气候变化下的森林行动：基于全球科学研究成果和对森林碳汇功能和缓解全球变化的影响的统一认知，在全球范围内推广的碳汇造林和碳汇林认定，是新时期的一种森林文化行为。其碳汇森林是一种新型的森林物质文化形态。

(4)生物质能源林——全球能源危机和清洁能源机制下的森林行动：当前，另外一种森林——生物质能源林在全球普遍推广。这种森林的出现是人们应对全球能源危机和清洁能源策略下的全球森林行动，是全球层面上的森林文化现象。

2.2 森林经营与利用

人类对森林的利用，基于人类对森林的认知的不同而不同。这种认知随着社会发展与技术发展，其利用态度、方式、强度是明显不同的，笔者也曾依据人对森林的利用方式与态度的不同，对森林文化发展过程做过一些探讨。在此主要从经营利用的主体、工具、技术、过程和最终产品，分析不同的森林物质文化形态。

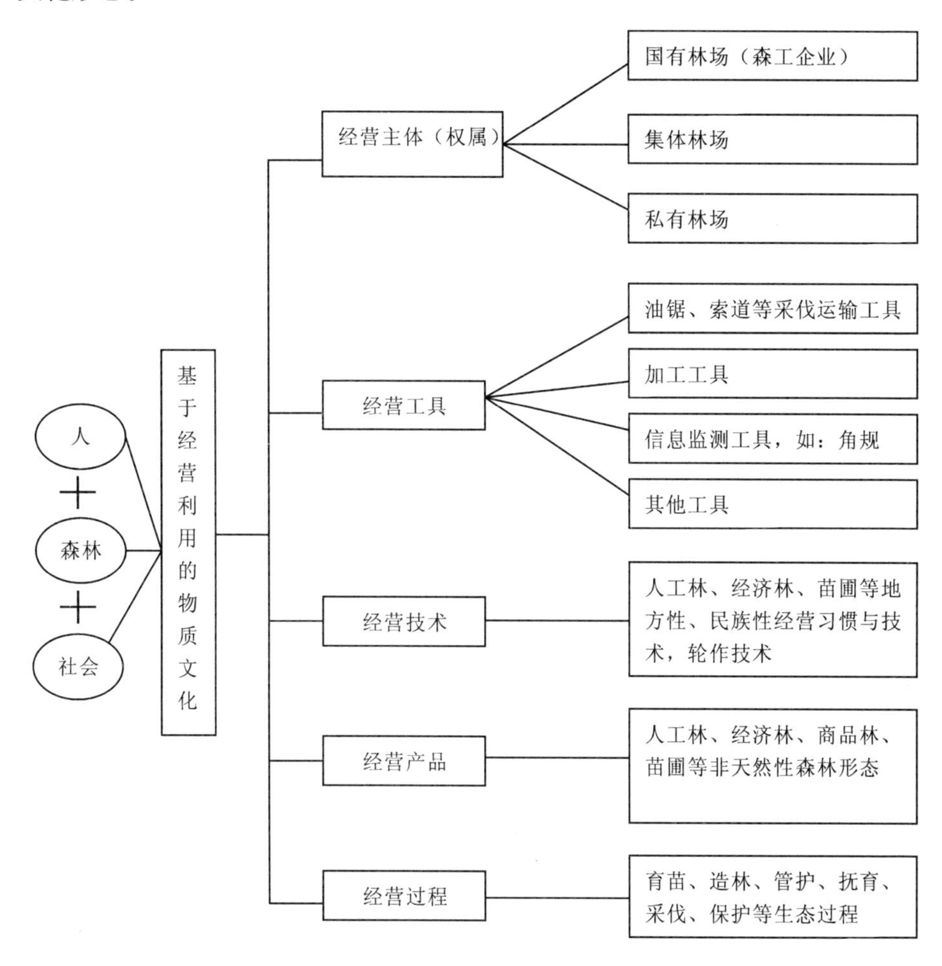

图8-3 基于经营利用的森林文化形成与物质组成分析图

2.2.1 基于经营利用主体(权属)的物质文化形态

人们对森林的所有权属的认定，以及不同权属森林管理、利用的规定，应该属于制度文化的内容。但是，基于这种制度下的不同的经营体。如：国有林场、国有森工企业、集体林场、私有林场，应该可以归属到物质文化范畴。尽管这种文化形态非常复杂，也难以有一个固定的物态的形式，但它们确实是一个综合的既有物质，又有制度、又有精神载体的文化综合体。笔者暂且将它们归到物质文化一类加以讨论。

所有权是阶级社会的产物，是社会文化的基本形态。就森林而言这种权属认定和变化，具有明显的阶段性。在原始社会(阶级社会)之前，森林是无主的，一种纯自然物质。自从产生阶级社会，尤其是部落国家产生之后，森林作为一种财富，被烙上社会发展的印记。除国家森林之外，最早的私有林恐怕出现在当时的权贵阶层。他们占有森林以狩猎、娱乐和开垦为农地。随着资本主义的出现，则出现了一个企业占用大片森林，大肆砍伐，生产木质商品的现象。企业森林应运而生。

在我国现阶段，基于权属的森林文化形态主要有：

(1)国有森林：国有森林的存在反映了国家对森林的一种权属认定态度。自从产生国家以来，在任何时期，任何国家，国家政权都把森林作为国家财富的一部分。有的甚至作为一种战略资源。而且有专门从事森林保护经营的国家权力机构。因此，国有森林一定程度上是政府把森林作为国家财富和资源的一种反映。我国现有国有森工企业和国有林场组成了我国国有森林的主体。在以往很长一段时间内，担负着国家木材生产任务，而现在又成为国家森林生态安全的主体。在长期的经营生产过程中，形成了国有森工企业文化和国有林场文化。这些文化也是我国森林文化的重要组成部分，有待进一步认真研究。

(2)私有林：在新中国成立以前，数量众多的私有森林、私有土地是封建社会的文化标志产物。自我国社会主义制度建立开始，很长一段时间私有林几乎绝迹。这也是社会主义初级或者称试验阶段的文化标志，此阶段表现为社会财富和生产资料归集体所有。随着社会主义市场经济的发展，现有私有林已成为现阶段最为活跃的文化现象。不但拥有私有商品林，也开始出现私有的公益林、游憩林等。私有企业的工业原料林在广东沿海一带发展迅速，形式多样。他们在生产的同时也极为关注森林的环境功能的发挥。

(3)集体林：在之前50多年中，我国的集体林场一度非常庞大，在集体林场建设的早期曾经为地方社会发展提供了极大的经济支持。但由于各方面原因，这一部分森林由于管理和技术的缺失，使其生产和管理水平低下，以致后来慢慢衰落，现在真正意义上的集体林场，随着集体林权制度改革，基本退去了历史舞台。

2.2.2 森林经营工具文化

人类能够直立的主要驱动力是人类需要从高大树木上采集果实而生存。而要采集果实需要木制工具以辅助。其实木质或以木质为主的农耕工具，是人类文明的曙光。有专家认为，人类在经过石器时期之前应该有一个漫长的木器时代和木—石时代，只是因为缺乏文字和实物遗存难以确认。现代社会中人类还在大量使用木制工具，如现代的犁、耙，现代农村的手工农用工具中绝大部分还是以木质为主的。包括乡村的居住材料，甚至现代家庭，仍以实木家具为时尚。

斧的出现是标志着人类从敬畏森林进入利用森林的转变。斧作为一种伐木工具，可以说是森林经营物质文化产生的一个标志物。考古材料显示，在中国百色右江河谷，近几十年来先后发现了距今 80 万年的石斧、石器 4000 多件[5]，证明中国大地上的古人类很早就使用了斧这一种专业砍木伐木工具来进行狩猎和生产。当然石斧还不能算是真正意义上的伐木工具，一直到了青铜斧的出现，人类才真正主宰森林、伐木开垦、种植定居。自此，人类从史前原始森林文明期步入了原始农耕文明期。

随着人们对森林利用深度和广度的变化，森林经营工具不断出现，如油锯、索道的出现是工业文明时代森林利用的特征。

关于森林经营工具文化可以贯穿到整个森林经营过程，而且不同时期，出现了不同的经营工具。人类就是在利用这些工具来影响森林。工具是人类文明发展的标志，因此，森林经营工具文化及其发展有待进一步深入研究。

2.2.3 森林经营产品文化

人类对森林经营的产品其实贯穿于整个经营过程中，木材的采伐只是一株树木生命的终结。其实在其生长过程中，不断提供果实、树叶以及其他产品。因此要对森林产品进行分类其实非常困难。笔者暂且将森林产品定义为人们在经营森林过程中，不断产出的符合人们需求的物质。

以木材为主，包括原木、木条板材。

以全树为主的森林产品包括纸。

以经营生产过程产生的森林产品包括果实、森林蔬菜、森林药材、苗木、花卉等。

森林公园在一定意义上也是森林经营产品，而且是以全林为基础的森林利用。

2.2.4 基于森林经营技术的物质文化

正如前述，森林技术无疑是一种文化，但其隶属于物质文化、精神文化或者制度文化，都有一定的难度。实际上正是它的这种综合性，在森林文化研究中，有待进一步深入分析。本文讨论作为物质文化层次的森林经营技术，以及其中的文化内涵。

比如人工林，就是人们采用科学经营技术而产生的一种与自然林相对的森林形态，也可认为是一种综合了经营技术的森林文化产品。苗圃、母树林，还有一种混农林都是一定时代森林经营技术的森林物质文化形态。笔者认为现在残存于西南地区的一种农林轮作，也是体现少数民族森林经营技术文化的形态。

2.2.5 基于森林经营过程的物质文化

经营森林是森林文化产生的基础，如果没有人的参与，森林只是一种自然物，一种自然资源，只有融入了人的活动，产生了相互影响，才会产生文化。人在经营森林过程中遗存和产生的物态产品，属于物质文化，融入其中的精神伦理，属于精神文化。脱胎而成的行为守则、国家法规，属于制度文化。

经营森林的过程，主要有育苗、造林、管护、抚育、采伐、保护等行为过程，从而产生了丰富的经营文化。如在护林过程中产生的护林碑刻、宣传标语。森林防火了望台、防火林带等。在采伐过程中形成的集材索道、集材道、水运工具、贮木场等，这些文化随着经营技术的发展，有些已成为历史、成为一种文化遗存。总结在历史时期人类在经营森林过程中形成的文化，对其进行保护与利用，具有很高的文化研究价值和社会意义。

3 探讨

人与森林的相互关系，从本质上是二种。一是认知，二是基于认知的行为。这是一个过程，而且是不断交叉的过程，基于一定的认知会产生相应的生态响应(行为)，在经营森林过程中，又会产生不同或进步的认知。正是这种相互的过程叠进，促进了森林文化的发展。分析不同时期，基于不同认知的森林物质文化形态，可以分析人类认知森林的过程，从而指导人类进一步科学经营森林。同时深入分析人类经营森林而产生的物质文化形成过程和最终形态，将会产生新的生态文化认知，加深对森林的理解。

同时，分别从认知和影响(经营利用)二个层次来考察森林物质文化，能够指导我们进行森林生态文化建设。研究显示我们可以从提高对森林的科学认知和对森林进行科学的经营利用二个层面来进行森林物质文化建设。

笔者研究森林文化的系统层次、结构已有若干年，关于森林精神文化、制度文化已有浅显的论述。关于森林物质文化研究持续了五六年之久，正因为其复杂性和与精神文化、制度文化的相互渗透性。一直未能完成系统总结。今据近期思考，从人与森林的二种基本关系进行梳理和总结，希望能为森林物质文化研究提供一条思路和深入研究的途径。

参考文献

[1]但新球．森林文化与森林景观审美．贵阳：贵州人民出版社
[2]陈嵘．中国森林史料．中华农学会(南京)，1934. 12
[3]陈植．中国林业技术史料初步研究．北京：中国农业出版社，1964
[4]胡德平．森林与人类．北京：科学普及出版社，2007

[5]吕济煦．中国农耕文化．时代文艺出版社(长春)，2006
[6]但新球，李晓明．生态文化体系架构的初步设想．中南林业调查规划，2008年03期
[7]但新球，但维宇，巫柳兰．森林生态精神文化：层次·内涵·建设——以国家森林城市创建中生态精神文化建设为例．中南林业调查规划．2009.4
[8]但新球，但维宇，张义．森林生态制度文化：机构·法律·行为守则．中南林业调查规划，2010年01期

第9章　森林精神文化：层次·内涵·建设

森林文化的层次，笔者曾将其分析为三个层次：物质文化、精神文化和制度文化。

物质文化建设进一步可分为产业体系文化建设，生态体系文化建设和文化产品体系建设，即现代林业三大体系建设中具体的物化产品部分。

制度文化建设，则是保障物质文化建设的组织、机构、法制建设，在一定程度上偏重于政府和组织。

而精神文化建设，相对是较复杂的指标，是一种无形的文化现象。在生态文化体系中，精神文化的具体内涵是什么，它有什么样的层次、结构，如何来建设生态精神文化，一直是困扰建设者和规划者，甚至理论工作者的问题，精神文化仿佛就在我们周边，却怎样也抓不到它的本质，我们明明感觉到精神文化的存在，却又不能体会它的具体形态。

笔者通过研究森林文化的层次结构，尤其是结合现代林业建设规划、国家森林城市的规划等，试图从认知、情感及行为响应三个层次来解读生态精神文化。

1　现代森林精神文化层次与结构

人与森林社会共同产生的文化现象是森林文化。人和社会首先在感知与认识森林的过程中会对森林产生一定的了解，形成一定的知识，这就是认知。人与社会在对森林的不断认知过程中会产生一定的情感，如喜爱、厌恶、依赖等，这些就是情感。人与社会对森林的认知和情感会在个人与社会行为中产生响应，首先是形成一定的伦理和道德，这些伦理和道德又会影响人与社会的行为决策和价值观形成，这就是对认知和情感的行为响应。这种认知、情感和响应就组成了精神文化。可见森林精神文化是由森林认知、森林情感和森林响应三个层次组成的。

由森林生态认知、森林生态情感和森林生态响应组成的森林精神文化系统以及它们的相互关系、产生过程分析如图9-1。

如图所示，由人、森林、社会组成了森林生态现实世界；由生态认知、生态情感和生态响应、生态伦理、生态道德组成了森林生态精神世界。它们通过生态响应把森林生态现实世界与森林生态精神世界联系在一起。

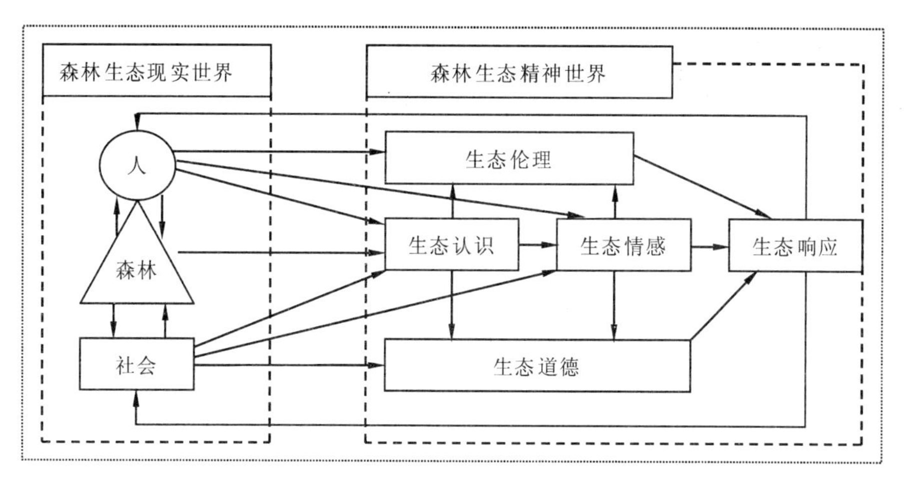

图9-1　森林精神文化系统分析图

1.1　森林生态认知

生态认知指人和社会通过对生态资源的了解，形成的对生态资源的认识和科学知识。

森林生态认知，是指在一段时间上，人们对森林主体的物质形态、精神形态、文化形态的科学认识。比如人们对森林的认知就经过了原始社会的生存层次认知，到农耕时期的生产认知到工业时期的木材商品认知，以及发展到当今的生态系统认知。

当然，不同的社会主体(人、政府、企业)对森林的认知在不同时期也是不同的，因为它们对森林的需求不一样。

1.2　森林生态情感

人和社会对生态资源产生认识和科学态度的进一步升华，就会对生态资源产生情感，把人与生态资源看成同一个系统，而形成人与资源的生态相互位置的确认，比如生态平等，从而产生各种情感。

人们对森林产生认知后，从内心会产生一种情感。比如对森林的深邃和难以了解，会产生惧怕，尤其是如果发生了一些与森林相关的现象，而人类又难以科学认知的前提下，会产生崇拜，这些在少数民族地区、欠发达地区多有森林的崇拜现象产生。

进一步对森林的了解与相处，人类逐渐会对森林产生依赖，甚至将森林作为情感的依托。市树、市花，国树、国花从一定程度上就反映了人类的这种情感，森林已经成为某一类群(社会团体)的情感象征。

失去森林、人类会产生渴望，过去有一句口号叫“回归森林”“渴望森林”，实际上就是一种森林生态情感表现。

1.3 森林生态响应

人与生态资源形成的生态认知，产生生态情感，进一步会自觉不自觉地把这种认知与情感体现在生产生活生存中，这样就产生了生态行为响应，形成具体的生态行为。

所谓森林生态响应，就是人们对森林的认知与情感在人们生产生活上的一种外在综合表现，包括生活态度和生活行为。这种态度和行为是发自内心的，不自觉的行为而非受法律法规指导的行为，所以笔者将其纳入精神文化范畴。

同样，不同的社会文化对森林有不同的生态认识和生态情感，体现在行为上就有不同的生态感应，笔者曾经就政府、个人、旅游管理者在生态旅游中的行为守则作过研究，这种生态行为守则，如果停留在个人内心则属于精神文化范畴，如果进一步上升为政府文件，就有可能列为制度文化范围。

2 城市森林建设中的生态精神文化

城市里的森林与城市外的森林无论是在结构组成等物质层次，还是在文化表征层次均有很大差异，城市人群的社会文化、属性与非城市人群的社会文化属性也不尽相同。

本研究旨在分析城市森林精神文化在认识、情感和响应三个层次的表现，并且从个人、政府、企业三个不同的社会主体来进行分析。从而探讨个人、政府、企业在创建国家森林城市过程中如何建设健康的生态精神文化，详见下表9-1。

表9-1 森林生态精神文化体系与国家森林城市生态精神文化建设内容一览表

	精神文化	个人	政府	企业
森林精神文化体系	认知	1. 森林不仅是木材，而是人类生存、文化的源泉 2. 森林不仅是树木，还包括土壤、生物 3. 森林不仅是环境，而且是文化与景观	1. 森林不仅是城市经济增长来源，也是城市环境主体 2. 管理森林是政府重要职责 3. 应该把原始的森林、古树名木永久保存给后代人 4. 森林保护管理是各种干部政绩考核的重要内容	1. 森林是企业的主要环境基础 2. 森林环境与厂房、机器同样重要 3. 企业对区域森林保护负有责任
	情感	1. 森林是城市的组成部分，它与街道、学校、市场、银行一样重要 2. 森林是家的延伸 3. 林木花卉、野生动物的生命与人类生命价值同等(友好的情感)	1. 森林是城市的肺，湿地是城市之肾 2. 森林是城市生命所在，文化所依 3. 森林是城市的环境主体 4. 森林动植物也是城市居民，它们应享受同等待遇	1. 企业内部的森林如同职工一样重要，需细心呵护 2. 森林环境有益提高职工工作积极性，是企业重要的资源 3. 森林文化是企业文化的组成部分

续表

	精神文化	个 人	政 府	企 业
森林精神文化体系	响应	1. 经常到森林中休闲，度假 2. 经常主动接受生态教育 3. 经常参与植树造林活动，义务植树 4. 经常关注周边森林变化，关注国家森林政策 5. 主动制止破坏森林的行为 6. 个人认领绿地与林木 7. 不食用野生动物、不使用一次性木竹用品、减少纸张浪费	1. 政府投资中有一部分用来保护和恢复森林 2. 有专门的职能机构保护管理森林 3. 有绿色 GDP 考核 4. 干部离职考核有森林指标考核与审计 5. 有提供给企业认领、认建、个人认领的场所，有义务植树基地 6. 把居民森林休闲放在与城市建设同等地位	1. 有资金预算提高企业区域内部森林质量 2. 参与企业认领认建 3. 创建企业自己的绿色环境 4. 给职工带薪休假，到森林中休闲 5. 购买森林碳汇，参与碳汇造林，倡导清洁生产 6. 积极主动地推广森林认证

2.1 个人

人是社会的基本单元，对于城市而言，城市里的人是一个城市结构组成和文化组成中最重要的单元，人的素质决定了城市的性格与特点，也决定了城市发展的方向，人的性格和文化聚合就是城市文化与城市的性格。

2.1.1 个人对城市森林的认知

城市的森林对城市里的个人而言，其作用与城市外的人的认知是明显不同的，这取决于城市森林的所有权属性，城市森林的所有权往往大部分属于国家或者集体所有，因而对于个人而言，在形式上它不属于自己，但是在情感上它是属于每一个人的，是一种公共财产，他们往往认为城市里的森林代表的是一种文化，一种公有环境，一种休闲资源。森林不仅是树木，而是一种公共资源综合体，包括土壤、动物以及林中的草地。

2.1.2 个人对森林的情感

基于上述个人对森林的认知，因而从感情归属上，他们认为森林是每个人所共同拥有的资源，因而认为它们是城市环境中的一部分，如房屋、街道、路灯、学校、银行一样，并要求政府扩大和保护森林。因此，如果在城市扩建需要砍伐城市林木时，有许多市民自发地昼夜保护、露宿树旁，阻止工程开工的事例时有发生，就是个人森林生态情感的表达。风水林和社林就是一种明显的个人——社会的森林生态情感产物。

为什么有一些个人会去认领树木，认领后把这些树木作为他们家庭的成员，这就是一种城市森林生态情感的表现。

2.1.3 个人的生态响应

城市人群基于对森林的认知和情感，会在他们的生产生活中产生与之相适应的行为，如，经常到森林中去休闲，并成为习惯和生活必需；会主动关注城市森林建设，甚至要求政府有更多的财政预算去扩大和保护森林；会主动地参与义务植树，认领草地和林木；发展到一定的阶段，或者说在一定生态认知层次上的人，会主动减少使用一次性木竹用品如筷子，会减少纸张的使用，拒绝食用野生动物，有的城市还经过裸体游行，以抗议采用动物毛皮制作衣服的政府和企业行为。

2.2 政府

2.2.1 政府的森林生态认知

政府对森林的态度和认知有时并不局限于这些森林是否为政府所有。一个生态的政府与一个非生态的政府对城市森林的认知态度是截然不同的，非生态的政府把森林看成了一个可供开发的土地，想方设法将其变成工厂、企业、房地产开发用地，有的看成是城市经济增长的来源，而非文化与情感载体。

一个生态的政府，尤其是要创建国家森林城市的政府，应将其区域内的森林认知为城市环境，是生态文化的载体。保护森林是政府的主要职责，应该是各级政府日常工作和政绩考核的主要内容。

2.2.2 政府对森林的情感

一个城市的政府，无疑他们应该对自己的城市有深厚的感情，同时他们也应该对城市里面的森林有深厚的感情。爱国名将冯玉祥驻兵徐州时，带兵种植大量树木，并写一首护林诗喻示军民："老冯驻徐州，大树绿油油；谁砍我的树，我砍谁的头。"在一定程度上就体现了当时的驻兵政府对城市森林的情感。

一个森林城市的政府，对其城市里的森林情感应该更加深厚，他们应该把森林作为城市之肺、湿地作为城市之肾来对待，森林是他们管理的城市的文化之脉，精神所依，他们应该把城市中的每一株树，每一丛草认同为城市的居民，它们也应该与城市的人类一样同享一个太阳，共有一片蓝天。

2.2.3 政府对森林的生态响应

政府的森林认知、情感体现在其生态行为上，如果形成了固定的行为模式，稳定的规章制度，就成为制度文化。本文探讨的是政府在形成制度文化过程中的精神文化行为。

森林城市的政府的森林生态响应主要体现在以下方面：在决策形成过程中要有扩大与保护森林的财政预算，主动进行绿色 GDP 计算，离职绿色审计等；在日常管理行为中把森林的扩大与保护，城市居民森林休闲放在重要的位置；在引进企业与项目的过程中，有绿色门坎与绿色许可过程。

2.3 企业

2.3.1 企业的森林生态认知

传统的企业关注重心是企业的经济收益，以至工业化的过程引发了全球的环境危机，这种危机的漫延反过来制约了企业的发展，引起了政府的警觉和公众的不满，这种现象现在逐渐在改变，许多现代企业已经有了崭新的生态文化认知，如在全世界推行的绿色认证，清洁生产，降污减排，森林认证就是这种反映。是否有绿色生态文化，现在已经成为区别现代企业与传统企业的试金石和分水岭。而企业森林文化是其绿色企业生态文化的主体。

在一个森林城市里的企业，它们对森林的认知更应该比其他企业认识更加深刻。这种认知，个人认为主要体现在企业把创建以森林为主的绿色企业认为是企业的主要任务；森林环境是企业生产环境的主体；森林同其他生产资料如厂房、机器一样重要；森林文化是企业绿色文化的重要组成。

2.3.2　企业的森林生态情感

认知决定情感，情感决定行为，就企业而言，企业森林生态情感取决于对森林的认知。

在一个森林城市的企业管理者，应该把城市里的森林看成企业环境的一部分，企业内部的森林环境是企业重要的环境资源，它们与职工一样重要，需要精心呵护。

2.3.3　企业森林生态响应

企业对森林的认知和情感引导企业对森林的态度和行为，产生适当的、积极的生态响应。

对于森林城市中的企业，基于森林是企业，环境是主体，因而应该有主动建设以森林为主的企业生产生活的环境行为；基于森林是企业外部环境保障的认知和情感，会诱导企业管理者主动认领绿地与树木；基于企业对森林在全球环境的主导地位的认知，则会主动引入产品的绿色认证，以森林为生产资料的企业，如造纸厂，则会主动进行森林认证；基于森林文化是企业文化的组成的认知，则会主动给职工带薪休假到森林中去休闲；提供资金资助与森林的有关环保组织、主动购买碳汇、倡导清洁生产、主动降污减排等，这些都是企业与森林生态认知情感的一种生态响应。

3　探讨

森林生态精神文化是森林生态文化体系中的重要组成和核心，分析其生态精神文化的层次、结构与组成及表现形式，不但有助于深刻认识森林生态文化的内涵，也能指导森林生态文化体系建设。

国家森林城市是现时我国森林文化建设与城市林业发展相结合的产物，是解放思想、落实科学发展观的一项具体实践，也是现代林业建设理论在城市林业建设中的具体实践。而生态文化建设不但是国家城市创建的评定标准和指标，同时也是建设的重点。对于森林城市创建而言，倡导个人、政府、企业对森林有科学的认识，对森林有真挚的情感，并且有积极的生态响应，从而形成健康的森林精神文化，是国家森林城市生态文化建设的核心。

参考文献

[1]李晓勇，甄学宁．森林文化结构体系的研究[J]．北京林业大学学报(社会科学版)，2006，(04)

[2]但新球，李晓明．生态文化体系架构的初步设想[J]．中南林业调查规划，2008，(03)：50-53，58

[3]周光辉，周学武，但新球，吴后建．现代林业建设的基础理论与应用[J]．中南林业调查规划，2008，(01)：1-5

[4]但新球．原始社会的森林文化[J]．中南林业调查规划，2004，(01)

[5]但新球．农耕时期的森林文化[J]．中南林业调查规划，2004，(02)

[6]但新球．现代森林文化特征初探[J]．北京林业大学学报(社会科学版)，2007，(03)

[7]但新球．中国历史时期的森林文化及其发展[J]．中南林业调查规划，2003，(01)

[8]但新球．我国少数民族的森林文化[J]．中南林业调查规划，2004，(03)．

[9]郑芳芳，刘佳峰，武利玉．论森林文化和森林思想对民族性格的影响[J]．中国农学通报，2007，(05)

[10]但新球，熊智平．国家森林城市创建中的生态文化体系与建设内容探讨——以广州市国家森林城市创建为例，第十届中国科协年会论文集(二)，2008

第10章 森林制度文化：机构、法律、行为守则

政府机构，法律、管理制度以及行为习俗、宗教均属于社会文化的范畴，它们的具体形态和特征是社会文明的标志，当然，与森林管理相关的机构组织、法律法规、地方习俗等也属于森林文化的范畴，在文化层次中属于制度文化，如果这种制度文化体现了“生态”的意义，则可归属于生态制度文化。

不同国家或者一个国家不同时代，不同区域，社会各界(政府、企业、个人)对森林的认知和情感升华到一个大家必须遵从的准则层面，从而产生了相应的森林管理机构，制定了相应的法律法规，管理办法，形成了相应的行为守则，这样就产生了森林制度文化。

对森林生态制度文化的研究，可以明晰森林制度文明的组成、发展的脉络，明确森林制度文化发展的方向，同时也丰富森林生态文化研究的内涵。

1 森林生态文化的层次结构分析

1.1 森林制度文化概念

生态制度：是指以保护和建设生态环境为中心，调整人与生态环境关系的制度规范的总称。

生态制度文化：个人认为是个人、政府、企业通过对森林物质文化的认知，产生生态情感，从而产生生态响应，并将这些响应以一定的固定的行为模式要求，反过来要求政府、个人、企业必须遵守的法律、法规、行为守则和与之相适应的生态机构组织和管理机制。

生态制度文明：是生态环境保护和建设水平、生态环境保护制度规范建设的成果，它体现了人与自然和谐相处、共同发展的关系，反映了生态环境保护的水平，也是生态环境保护事业健康发展的根本保障。生态环境保护和建设的水平，是生态制度文明的外化，是衡量生态制度文明程度的标尺。

1.2 森林文化的系统层次

森林文化由森林物质文化、森林精神文化和森林制度文化组成，它们的相互关系如图10-1。

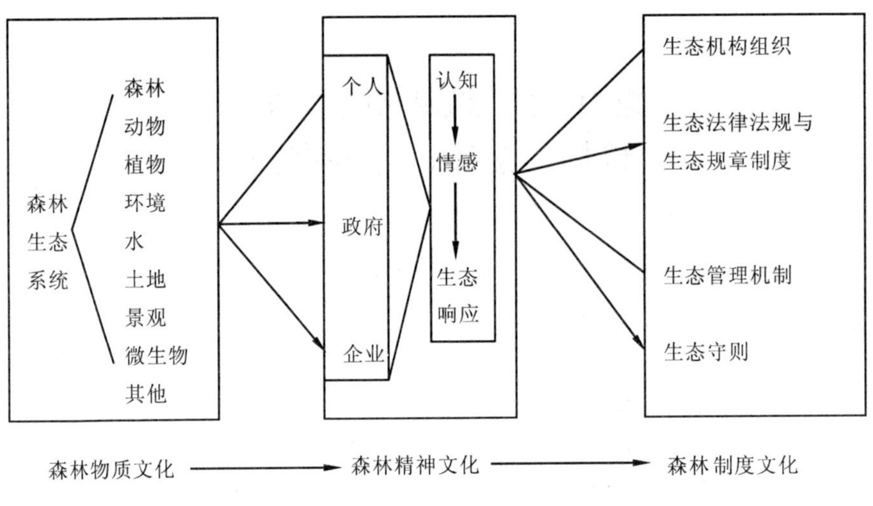

图 10-1 森林文化系统层次分析图

1.3 森林生态制度文化的层次结构

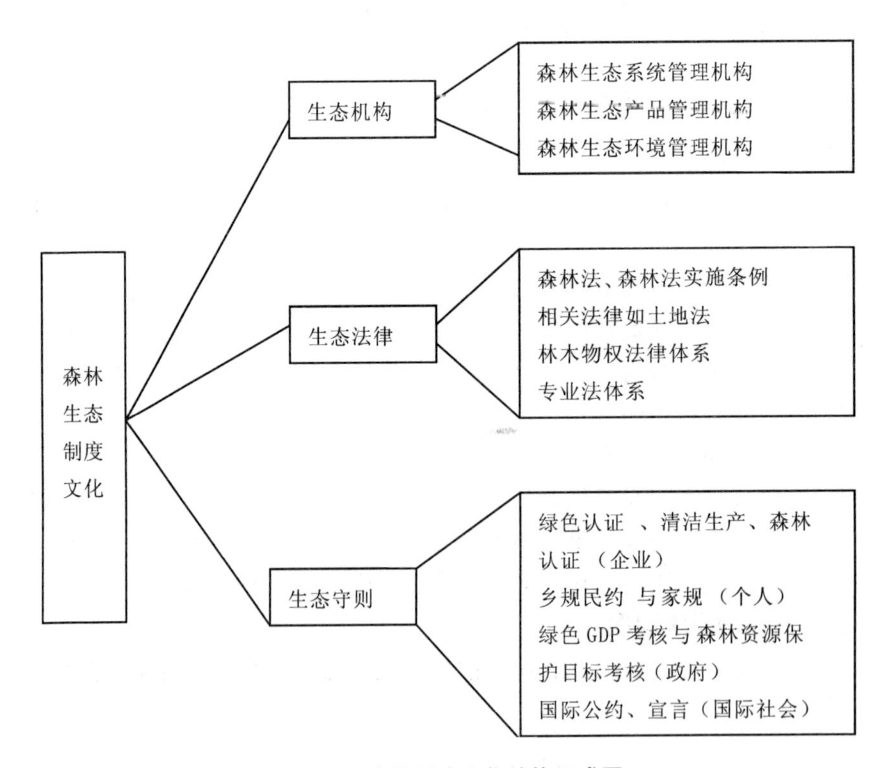

图 10-2 森林制度文化结构组成图

个人、政府、企业通过对森林物质文化的认知，产生生态情感，从而产生生态响应，并将这些响应以一定的固定的行为模式要求，反过来要求政府、个人、企业必须遵守的法律、法规、行为守则和与之相适应的生态机构组织和管理机制，这样就产生了森林生态制度文化。因此，森林生态制度文化是由生态机构组织、生态法律与法规、生态行为守则组成的。

森林生态制度文化的层次结构如图10-2。

2　森林生态机构组织体系

一个地区，一个国家管理森林的机构组织在很大程度上反映了政府对森林的态度和认知。这种认知和态度反映在机构组织的设置、行政级别的确定，职能的确定，人员数额的确定等各方面，这种机构设置是否高效，行政经费是否列入政府预算，是否赋予了行政权限，都体现了一种政府层面上的文化。这也是国家政治文明的重要组成。

我国林业生态管理组织体系有一个从国家——省市级——地市级——县市区——基层林业生产、生态管理机构体系；同时还有一个从国家——省市级——地市级——县市区林业的公安、检察、法庭的林业执法机构体系；还有从国家——省市级的保护森林的部队体系。

2.1　国家层面上的森林生态机构组织

根据《国务院关于机构设置的通知》(国发[2008]11号)，设立国家林业局，为国务院直属机构。在国家林业局的主要职责中明确了其承担林业生态文明建设的有关工作。这个从国家层面上明确了国家林业局的森林生态机构组织地位。

国家林业管理机构与职能也历经变动、撤并，在一定程度上反映了政府在不同时期对林业工作的重视程度。现在林业管理机构虽然比较齐全，职责界线明确，预算经费也逐年在增加，但是，由于仅是国务院直属机构，在一定程度上限制了林业在国家建设中作用的发挥。

全国政协委员，民建中央秘书长兼办公厅主任张皎在《关于尽快调整涉及生态建设、生态安全的国家行政机构的建议》提出“在以往的机构调整中，林业部几次被整合，最后改为林业局，严重削弱了林业部门的行政能力；同时，涉及生态建设、生态安全的其他国家行政机构却不断强化，又不能取代林业部门的行政职责，在实际工作中造成许多不顺，隐患正在积聚，不能适应加强生态建设、维护生态安全的国家大局”。

2.2　省市级林业生态机构

全国各省市级林业生态机构组织基本上根据国家林业局的机构进行设置。

但是，由于全国各省市政府对林业重要地位认识的不同，设置的机构、确定的行政级别也不同。目前保留政府组成部门的厅只有 8 个省。其他属于政府直属机构，与中央政府林业机制一样存在行政级别低，不利于工作协调、在政府中缺乏话语权的问题。

2.3 地市级生态管理机构

目前各地均有林业机构，这是与政府主流组成相适应的，但目前，这一层面机构无项目实施能力，无管理权限，属于上传下达和监督结构。存在管理权限有限，管理层次增多，管理成本增加等诸多弊端。以后随着体制改革，这一层级可能逐步消失。

2.4 县市(森)林业生态管理机构

目前，全国大部分县市区进行森林生态管理的组织机构有：林业局、湿地管理局、农林局、国林局、林业园林局、农办、国营林场、国家森林公园管理局、自然保护区管理局、湿地公园管理局等机构。

县级林业主管部门的行政地位，基本与林业在当地社会经济发展中的作用、重要程度相适应。在林区，林业主管部门行政地位高，配制齐全，而在少林地区，则林业主管部门地位低下，人员机构配置不全。

2.5 基层林业生态管理机构

基层(乡镇、街道)都有林业站、街道绿办、企业林业科、保护区管理站、林场工区(分场)、木材检查站、街道护绿队、林业乡村合作组织、集体林场、合作林场等林业生态管理机构。

但是，基层林业工作站，几十年来没有列入国家编制，直到 2008 年，在中共中央、国务院关于全面推进集体林权制度改革的意见的文件中，才明确，基层林业工作站要列入当地政府财政编制范围，才从根本上标志着我国林业管理从国家到地方实行了统一管理，标志着我国林业生态管理机构的完善，标志着我国森林与生态管理机构向发达国家靠拢，标志着我国森林制度文明又上了一个新台阶。

2.6 在现代林业建设中对生态机构组织的要求

2.6.1 机构组织的设置必须体现林业在国家生态安全体系中的主导地位

现在仍有部分地区对林业在国家生态安全体系中的主导地位认识不清，重视不够，各级政府的林业主管部门机构不全，人员不齐，设备陈旧，经费不够，尤其是林业主管部门有许多不是政府组成部门，不利于现代林业的发展。

2.6.2 机构组织应该相对稳定，以适应林业生产周期长的特点

十年树木，百年树人，林业生产周期长，如果机构、人员不稳定，势必影响区域森林的管理，笔者曾在国家林业重点工程核查中发现一些地方工程实施

成效不好的重要原因之一是当地林业主管部门行政领导与技术人员不稳定，基层技术人员也不稳定，导致工程管理不到位。

2.6.3 把基层林政管理人员纳入公务员系列，以体现森林的生态公益性

任何一棵树、一丛草都在影响着全球的环境，在影响国家的生态安全。它们应该是真正的全球公民（地球公民），当然对于一个国家而言，其国属性地位，公众地位更显突出。因此，由于它们的全民属性，理应将其管理纳入国家行政管理。现在虽然大部分解决了编制问题，但由于林业站是近期才纳入国家财政管理，仍然存在经费不够，编制偏少的问题。

3 生态法律

法律法规是国家机构的另一种形式，是国家行政管理的主要工具，所以是社会文化的重要构成，对于森林管理而言，与森林相关的法律法规是森林制度文化的核心内容。

3.1 国家林业法律法规体系

1978年以来，国家为林业制定了一系列法律、法规，是环境资源方面立法最早、最多、最快的部门。现在，我国林业法律法规已基本覆盖了林业建设的主要领域，基本做到了有法可依、有章可循，有力地促进了林业各项事业的发展。

现在林业部门是森林法、防沙治沙法、野生动物保护法等7部法律和野生植物保护条例、濒危野生动植物进出口管理条例、自然保护区条例等10多部法规的执法主体。国家法律、法规设定由林业部门实行的行政执法行为已由过去的133项增加到200多项。国家林业局计划到2010年，基本建立起由“森林法”等10部法律、30部法规、100部部门规章、500部地方法规和政府规章组成的覆盖林业建设各个方面的林业法律法规体系。

现在，中国森林生态补偿制度已经正式建立，正在实现无偿使用森林生态效益向有偿使用森林生态效益的历史性转变，在森林生态制度建设上树立了一块重要的里程碑，它不但在中国林业史上，也在世界林业史上写下了重要的一页。

3.2 地方林业法律法规体系

地方性林业法规体系也日趋完善。2004年依据各省区市统计，各地根据当地实际，已经公布施行了300多件地方性林业法规和规章。

3.3 关于森林管理的法律体系

3.3.1 森林所有权管理的法律体系

对于权属的认定和管理，是文化的重要组成。因此，在不同时代，对森林

(资产)的权属管理，向来是政府的一个制法、立法重点。这种法律体系随着人们对森林的认知不同，也有不同。这种变化在一定程度上也反映了人们对森林认知的进步或者倒退。

目前在我国对于所有权的管理，除了普遍意义上的宪法、国土法、森林法外，还有专门的关于国有林、集体林、以及生态公益林的法规。尤其是当前林权制度改革的相关政策，体现了林权管理的一种趋势。制订明确的权属生态法规的核心，一是符合社会发展的要求，二是体现森林的公共产品属性，满足可持续发展的要求。中华人民共和国《森林法》、《土地管理法》、《农村土地承包法》、《合同法》、《物权法》、《民法通则》是现阶段森林所有权管理的重要法律依据。

3.3.2 森林生产、保护管理的法律体系

对于森林的管理，包括了林地、林木、野生动物、林区水资源、保护、采伐利用流转等各种生产管理环节。建立上述生态法规的核心，首先要科学合理，其次要用系统的、发展的、和谐的理念来制订这些法规，这才符合生态管理法规的要求。现在我国关于森林生产、保护管理的法律体系主要有：

关于森林的单品种资源的林业法律法规：如国务院森林和野生动物类型自然保护区管理办法、中华人民共和国野生动物保护法、中华人民共和国野生植物保护条例、中华人民共和国植物新品种保护条例、中华人民共和国种子法。

关于森林管理各工作环节的林业法律法规：森林采伐更新管理办法、森林防火条例、植物检疫条例、植物检疫条例实施细则(林业部分)、占用征用林地审核审批管理办法、中华人民共和国进出境动植物检疫法实施条例、中华人民共和国森林病虫害防治条例、中华人民共和国自然保护区条例等森林和野生动物类型自然保护区管理办法。

关于森林管理机构工作的林业法律法规：如林业工作站管理办法等

关于行政执法工作的林业法律法规：林业行政处罚程序规定、林业行政执法监督办法、林业行政执法证件管理办法、国家林业局印发关于造林质量事故行政责任追究制度的规定、林木种子生产经营许可证年检制度规定、天然林资源保护工程“四到省”考核办法(试行)、引进林木种子苗木及其他繁殖材料检疫审批和监管规定。

3.4 现代林业建设所要求的森林生态法律法规

3.4.1 体现森林的生态属性

生态属性是森林区别于其他自然资源的要点，在管理森林的法律法规中，要全面体现这种特征，当今的公益林与商品林，以及对商品林的采伐生态管理，限额管理在一定程度上就是这种体现。生态林业、生态系统经营是现代林

业的发展方向。所以现代林业建设中所要求的法规必须是生态的法律法规。

3.4.2　体现可持续发展要求

可持续发展是当代社会经济、生态协同发展，并兼顾当代后代人利益、全球区域平衡协调发展而出现的一种理论。它体现在技术层次上是可持续发展技术，体现在文化上是可持续发展文化。体现在法制上应该是可持续发展的法律、法则，因此在管理森林的法规上也应体现这种理念。因为可持续发展是现代林业发展的核心。

3.4.3　体现和谐与科学发展理论

和谐和科学发展观是指导中国社会进步和发展努力的主要理论，林业建设是中国社会经济发展的重要组成，所以其法律法规也应遵循和谐和科学发展观的要求。

3.4.4　与社会发展水平相适应

社会发展是循序渐进的过程，经济建设应与社会发展水平相适应，由于全球社会经济发展层次不均衡，我们与发达国家在许多方面差距还很大，现在在国内不同区域社会发展水平也不一致，因此，在制订法律法规时，应考虑这些差异，这才是实事求是和科学发展的态度，比如在划定公益林和商品林的问题上，就存在这种问题。既要考虑生态保护的要求，又要保护当地人的生存权力。

3.4.5　体现科学性与系统性

森林和管理森林都需要科学技术支撑，同时又是系统的多层次管理，它们既涉及到保护，又涉及到利用，在生产程序上有育苗、植树、保护、抚育、采伐、更新等多个环节，还有流通、加工过程，每一个过程、每一个环节都有不同的科学技术要求，各环节之间形成了不同的系统。

因此，制订的森林管理的法律法规不仅要有科学性，更需要系统性，要涵盖林业生产的各个过程和环节。任何环节的法律缺失，都会导致管理的失败。

4　生态守则

生态守则是指不同层次(政府、企业、个人)对森林的态度上的一种行为守则，这种守则在国际层面上采用国际公约、森林宣言形式体系，在国家层面上采用指导意见，奖罚条例和政府政绩考核办法等。在个人层面上采用乡规民约，家教家训等形式来规范个人行为。在企业生产上在于以绿色生产，清洁生产，绿色认证，森林认证等形式来倡导生态文明。

4.1　国际上的森林生态行为守则——国际公约

由于国际间，政府之间不存在相互隶属关系，因而就没有一种国际法律来约束各国政府间的行为，只有依据一些诸如公约、宣言形式来规范各国政府的生态行为。现在涉及到森林与湿地的主要国际公约有：《濒危野生动植物种国际贸易公约》、《关于特别是作为水禽栖息地的国际重要湿地公约》、《联合国防治荒漠化公约》、《生物多样性公约》、《联合国气候变化框架公约》和《关于森林问题的原则声明》、《京都议定书》、《国际热带木材协定》、《国际竹藤组织协定》、《国际植物新品种保护公约》、《保护野生动物迁徙物种公约》等国际公约与协定。

但是，这些国际公约并不是全世界所有国家都签署认同了的。这也反映了当今世界各国政府的生态认知有程度的不同和差别。

4.2 政府层面上的森林生态行为守则

政府对森林管理主要通过法规法律来实现。但是对法律规定之外的行为，尤其是对政府和行政干部则采用了另一种形式进行规范，如绿色 GDP 考核与森林资源保护目标考核(政府)。这样从制度上规范和约束政府本身的行政干部的行政行为，衡量这些行为是否符合生态规范。往往这种行为的考核和审计由政府的另外一些组织如人大、审计、纪检来执行，在以后也许有可能由一些独立的机构，如会计师事物所来进行政府绿色 GDP 考核，干部离职生态审计等。

4.3 在地方和个人层面上的行为守则——乡规民约与家规

对于普遍的个人而言，在对待森林的态度上，在尊重国家法律法规的前提下，还应遵循习俗法，所谓习俗法就是地方上的乡规民约和家族的家规。乡规民约和家规家训在中国历史时期对保护森林起到了积极的作用，有很多学者还专门做过研究。

4.4 在企业层面上的行为守则

过去企业以追求最大利润为目的，不惜大量地浪费和消费环境资源，而现代企业的生态意识不断增强，主要体现在采用绿色认证，清洁生产、森林认证，碳汇造林等，它们以上述形式来表示其企业的生态观念，并恪守这些企业文化原则。

5 结语

森林制度文化是森林管理文化的核心，是国家管理森林的主要工具，而且这种文化在不同历史时期，不同区域，不同国家有明显的不同。这种制度文化有时能体现先进的生态文化特征，有时或者有些部分会落后于社会文明。有时还会存在机构设置不合理，法律不健全，企业急功近利等问题。

研究森林制度文化，发现其薄弱环节，落后因素，并且加以改进，有助于建设先进、和谐、科学的森林制度文化。

参考文献

[1]生态制度文明 http：//www. hb12369. net/shengtai/shengtai5. htm
[2]但新球．森林生态精神文化．中南林业调查规划，2009. 4
[3]党国英．《制度、环境与人类文明——关于环境文明的观察与思考》，《新京报》，2005年2月13日
[4]常丽霞，叶进．向生态文明转型的政府环境管理职能刍议[A]，“构建和谐社会与深化行政管理体制改革”研讨会暨中国行政管理学会2007年年会论文集[C]，2007
[5]张皎．关于尽快调整涉及生态建设、生态安全的国家行政机构的建议，http：//www. cenews. com. cn/xwzx/zhxw/klh/dbwybk/200903/t20090310_ 599587. html
[6]中共中央，国务院关于全面推进集体林权制度改革的意见〔2008年6月8日，中发〔2008〕10号〕
[7]许榛．我国森林生态效益补偿法律制度研究[D]，昆明理工大学，2008
[8]李茂春．生态文明视野下的生态补偿法律制度探析[J]．辽宁行政学院学报，2009，(11)：45-47
[9]贾治邦．加强生态建设与保护，共建人类美好家园．
http：//www. lystwh. com. cn/show-news. asp？news_ id =53

第三部分
森林生态文化设计

第11章　文化设计的理念与应用

随着科学技术的发展，设计的手段与技术可谓日新月异，设计的流派也是体系繁杂。但是，时至今日，逐渐有一股革命性的设计思想及设计理念正在浮现，那就是文化设计理论。笔者在长期设计实践中感到文化设计理念的强大生命力，运用这些理念能给设计带来质的进步与飞跃。

1　文化设计理念的提出

文化的发展随着信息的交融和技术的发展呈现出快速的变化特征，一方面是文化多元性，各种各样文化的出现和迅速地消亡，一方面是地方的、民族的、传统的文化被同化，文化的异质特征也越来越弱化，同时，“文化”的词义被快速地、十分广泛地应用于社会生活的层层面面。文化的诠释也就多样化，但有一个总的趋势，即就是人们越来越注重文化，不管文化被贴上什么标签，以标志一个人的身份、地位，或者一个产品的价值，文化已经渗入了人类生活的深层次。文化需求随着社会发展，已经成为当今人类生存生活的重要需求之一。

所谓设计，就是把人们的思想、文化、需求以一定的符合人类理解和认知的形式或者符号表达出来。设计的潮流、设计的理念、设计的手段与方法也在迅速地发展。有唯美主义的设计，有功利性设计，有虚幻设计，也有现实设计。设计的区域性特征、阶段性特征也十分明显，笔者曾对设计的基本理念分别从需求功利和审美等多方面进行过一些探索，但仍然停留在纯设计技术与方法层面，未能深入其设计的本质与精髓(文化)。

文化是一切设计的灵魂。因此，基于这种认识，笔者审视了所有经久不衰的经典设计作品，从建筑到艺术品遗存，都反映了这一个基本认识，凡是倾注和体现了文化—不管是有意识还是无意识的作品，才能够成为经久不衰的设计作品。

随着对文化和设计研究的深入，笔者在规划设计中加重了对文化的关注，加重文化设计要素。为了体现文化主题，并自觉地应用“文化设计”的技术与手段，以提高设计水平，使设计产(作)品符合人类(使用者)的文化需求。具体地说，在一切实际的设计中，增加了一个文化设计阶段，也就是过去模糊的如概念性设计、理念设计、方向性设计等内涵。这是一切设计的初始阶段，也就是注定以后设计的方向与灵魂的阶段。可以说文化是现代设计的灵魂。

2　文化设计理念体系框架

对于具体的设计，如何体现和应用文化设计理念，从设计的阶段性分析，主要有以下步骤，首先应对设计对象进行文化分析，包括文化差异性，展示技术与手段，表现文化的基本形式，其次是确定文化表现基本内容，即主题思想的美与爱。然后对文化表现的基本内容采用不同设计符号体系。最后用各种不同技术与手法来表现设计者的文化取向和文化价值理念，具体总结如图11-1。

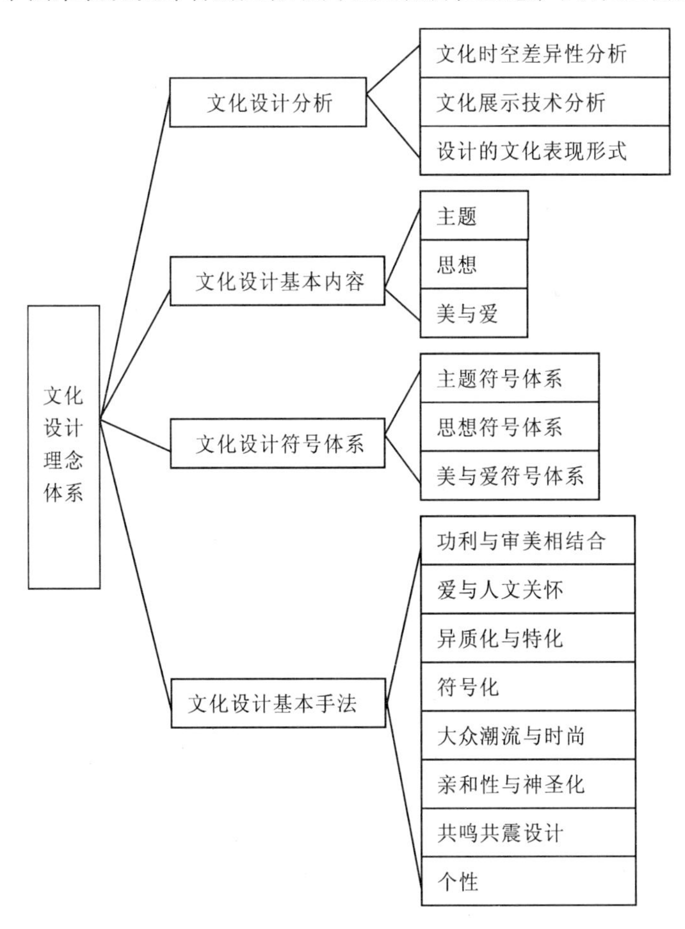

图11-1　文化设计理念体系图

2.1　文化设计分析

2.1.1　文化需求分析

从马斯洛心理需求理论分析，文化需求是一种高层次需求。但据笔者考察分析，文化已经渗透到各阶层，各阶段，文化需求是所有人的需求，只是人类群体不一样，他们的文化归属性不一样，对文化中某些要素的需求不一样而已。笔者考察和分析了马斯洛的心理需求理论，认为文化需求并不是许多人认为的是一种高层次的需求，而是一种广泛的需求，只是在不同的层次上，对文化需求的表现形式不一样而已。以一个人一生为例(有时也代表了从低级向高级需求的变化)，在婴幼儿阶段需要的是基本生理需求，在文化层面上体现出对爱的追求。到了青少年阶段，就有了对安全和社会的需求，从文化上体现为对社会团体归属和社会关爱的文化需求。随着收入、文化、地位的提高，最后会过渡到对人的尊重和自我实现需求阶段，从文化层面上表现为爱的给予，爱的创造，主动地有意识地创造美的文化需求阶段。文化需求层次与马斯洛基本需求层次对比分析如图 11-2。

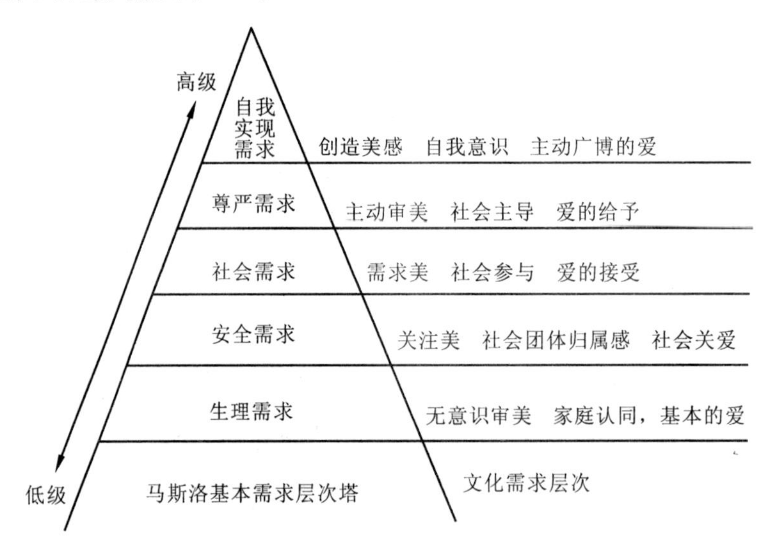

图 11-2　基本需求与文化需求层次对比图

进行文化需求层次分析，有助于分析或满足设计服务对方的需求，而有的放矢地在主题、思想、审美与爱三个不同层次来进行文化设计。以一个森林公园规划为例，在场地规划上我们会把不同层次需求的人在场地上分隔开来。如儿童游乐场是最低层次的需求。而探险、探险区域为满足有社会需求和安全需求层次的游客而设计。汽车野营地则是高层次的需求层面，因而汽车野营在现阶段就是一种身份显示，是自我实现与尊严的需求。

同样，在项目规划上对于低层次的项目，如老年与低幼区的项目，在设计中应该给予更多的人文关爱，如路标、服务设计；而对较高层次，设计项目则应该有利于他们显示爱，给予爱，如名人植树园、树木爱护认领园等就是为了满足这些人对爱的付出需求。如前例，在低幼老年活动区，在管理上我们会设计很多的人员与设备，而在汽车野营区，则基本是自我管理的无人服务区。相反，后者的自愿支付和实际支付费用或者收费都会高于前者。

2.1.2 文化的时空差异性分析

文化的时空差异是指因文化在不同时空会有不同的表现，相反，不同时空会有不同的文化现象。文化的区域性则是指属于文化范畴的某些要素会在不同区域表现不同的状况，或者相同的要素会在不同的社会背景下，会产生文化差异。这种例子俯拾皆是，尤其是属于社会习惯礼仪等文化现象。时空的距离会产生文化隔离。同样一个社会习俗或者一件艺术品在不同的文化区域，从美与爱上会产生巨大的差异，比如在唐朝以胖为美，汉以瘦为美，现代又以性感为骄傲，这是时间的不同；汉族以“双数”为吉利，部分苗族人以“单数”为吉祥，这是民族的不同。

2.1.3 文化展示设计技术

一部分文化是随着社会经济技术发展而自然形成的，比如社会制度，社会伦理、习俗，一部分文化是设计而成的，如城市建筑、艺术品等，对于后者，文化的设计就非常重要。本文重点探讨的是基于旅游艺术观赏目的的文化设计。过去笔者就雷公山森林公园的苗族文化展示设计做过一些探讨。

虽然像建筑和城市，其设计的主要目的是功能的体现，从文化角度上也是一种文化展示。像雕塑、绘画、音乐、诗歌等艺术品则纯粹是一种文化(思想)的展示。这些艺术品的寿命和艺术价值，则完全取决于这种文化设计的手段。文化设计的表现形式，也就是体现文化的思想、爱与美是否符合人类对文化的需求。让人了解文化的设计就是文化展示设计。

2.1.4 基于规划设计的文化表现形式

对于设计而言，文化的表现形式多种多样，本文以一个湿地公园为例，文化的形式以三个大方面来体现。

用地规划——基于主题的公园性质规划

景观规划——基于思想的公园建设规划

项目规划——基于审美与关爱的公园游憩项目规划

用地规划中的文化设计主要是要把握对用地的态度。在文化的诸种形态中，人类对土地的利用态度就是一个典型的文化现象。

笔者在规划生涯中碰到一个典型的土地利用文化设计就是南京新济洲群湿地的土地利用，这一块变为洲滩湿地的土地，在2000年实行生态移民后，面临三种土地利用方向，一是恢复为自然状态下的湿地，把大部分空间归还给湿地水禽，二是开发为高档娱乐场所供少数人享用，三是开发为大众湿地公园，供南京市民享用。在规划中从文化角度上，个人趋向于第一种和第三种利用方向，更趋向于资源应为大众服务。虽然后来这块湿地在今后很长一段时间是以第一方案在实施，但终究因其在城市边缘，以后终将成为广大市民的一块生态休闲地，形成一个人与水禽和谐相处的典范场所。

基于审美的景观规划，在文化的角度主要是体现何种审美需求，并且以一种什么样形式美感出现。以前者为例，我们就提出了湿地园林化的理念，就是以审美角度进行设计。具体而言就是把设计者的主题取向，思想、审美与人文关爱用设计符合和语言通过景观、建设项目、建设风格等一系列形式表达出来。基于爱的文化设计——实际上就体现一种人文关怀，如笔者在规划设计中，始终把握无论是从设施还是项目上，都要考虑青少年、老年人和残疾人的需求，这实际上是一种文化取向，这也是文化设计所必须考虑的内容。从人文关怀和爱的角度进行设计，在各种设计上始终都是设计人员应把握的设计尺度，从理论上这就是一种“文化设计”。

2.2　文化设计的基本内涵

从对文化的需求，展示技术和时空差异，表现形式分析结果得知，体现文化的主要层次可以从三个方面概括，即主题、思想、美与爱。任何设计无论是有形还是无形的作品，从文化的角度，都是从上述三个层次来体现文化。

· 主题——形式上的“真”

· 思想——认知上的“善”

· 美与爱——感知上的“美”

主题：文化设计的精髓，它是形式的语言与符号载体，从设计角度就是体现设计的功利性、目的性，在设计形式上是一种“真”的表现形式，在设计的形式上有“真”与“假”的对立。

思想：它是形式的外延与内涵，即隐藏于设计形式之后的语言，这是设计者的思想，判别一件设计作品的优劣，或者作品的寿命，其思想是主要要素。因而在认知领域是“善”的表现，在设计表现上有“善”与“恶”的分别。

美与爱：它是思想的升华，是设计作品与观众(受众)之间的桥梁，因为有美，因为有爱，才把设计者与民众联系起来，使设计作品更易被民众接受。“美与爱”的设计在感知上则是“美”的范畴，在设计手法上有对“美”与“丑”的表现区分。

考察现今遗存的设计作品，为什么我们要强调设计材料的自然性，即使采用其他材料也要仿石、仿木、仿生、仿古？那是我们在文化层次上一种对“真”的追求。为什么我们设计的作品要贴近生活，体现民族特征，区域特征，时间特征，要让大多数人理解和熟识？使用设计的产品，能表明使用者的身份，满足其情趣，那是一种对"思想"的追求，一种思想上的认同感追求！一种"善"的表现。可见真与善的设计是文化设计的基础。

为什么设计者要在墙角设计一角绿草花坛？那是对生命的关爱。为什么设计者要保留城市中一段残墙？那是体现对历史的关爱。为什么设计者要把墙角的线条用花坛围绕圆形或曲线，那是基于对美的追求。在文化设计中，美与爱是设计的两只翅膀，因为有这两只翅膀，艺术才会飞翔，设计的生命才能延续。所以美与爱的设计是文化设计的灵魂。

综上所述，文化设计的基本内涵是主题、思想、美与爱三个层次，在文化设计目的层次上是真、善、美的体现。而且三者完美结合的文化设计也就是真善美完美结合的设计，是产生一切完美或优秀设计的基础。

2.3　文化设计的符号体系

对文化设计的符号体系进行研究，主要是为了更好地使用设计语言和设计符号来诠释文化。

2.3.1　主题符号体系

从文化角度上，主题往往是其功利性表现形式，以森林公园一座休息凉亭为例，在公园游道上设计一座凉亭，它横跨游道，位于上下山游路中途，其主题符号是"休息使用物"，而且是短暂休息，因而在能避风雨的条件下采用了敞开式。从这方面考察，文化设计的主题符号对设计形式的确立，是设计对应功利性表现方式。用凉亭来体现的游览途中的短暂休息功能，这是一种功利性主题，采用简朴亭，敞开式的符号表现简朴实用就是一种设计语言或称设计符号。象上例采用了设计符号或语言还有许多，如简朴形式、简约的构造、质朴自然的材料……当然这一切符号都是围绕"休息凉亭"这一主题来设计的。

2.3.2　思想符号体系

以上为例，我们把凉亭设计成简单的形式，采用的木石材料仿自然，或者仿古装饰，甚至为了体现我们进一步的思想，会在亭柱上镌刻一些对联，为凉亭取一个名字，如"听松亭""望月亭""思梅亭"之类，这便是文化设计中思想符号，通过这些符号传达设计者的思想，审美情趣，文化的归属与层次，如上例，该凉亭可能取名为"听松望月亭"，以志之雅，也可取名"停樵问道亭"以标之趣。在设计中，一般而言，表达主题的符号中就包含有设计者的思想语言与符号，不同的是，思想符号体系做得更多的是一种升华，是设计者与使用者交流的媒介，设计者通过这些语言与符号与使用者进行沟通。以期引起设计者与使用者思想上的共震、共鸣与共识。

2.3.3　美与爱主题符号体系

文化设计的灵魂是美与爱。依上例，我们在凉亭边立一指路牌，以标往来之远近；设计一些舒适休息凳椅，以慰遥步之劳；或引一股清泉至亭，能解旅途之饥渴，这些都属于爱的符号与语言。

在南京新济洲湿地建设项目中，设计者对其河流的形状采用自然化曲线化处理，就是一种美的设计语言表达，而在湿地沼泽重建设计中，设计了大小不同的树石桩和树丛，有利于水禽栖息，体现对鸟类关怀，就是一种爱的设计语言形式。

最简单的一个例子，在危险地段设计保护围栏和警示标牌，就是一种爱的设计语言与形式。将冷峻的围墙设计成不同形状，增设壁画、雕塑，则是一种对美的追求。因而爱的符号包括了对弱势群体的关注、对自然产品的关怀、对人和动物的关爱、引导与警示设计等等。在设计中，时刻关注“爱与人文关怀”，这是一个设计者所必须具有的文化设计素质。

2.4 文化设计的基本手法

文化设计的基本手法应是围绕文化设计三要素，即主题、思想、美与爱来展开，主要可以从以下八个方面来增加文化设计内涵：

2.4.1 功利与审美相结合

自从人类开始使用生产劳动工具至今，所有的，只要是经过人类设计的一切事物，都是功利与审美的双重功能结合。流传至今的艺术品，在过去可能就是一种功利性很强的工器具，如艺术收藏中的陶瓷。纯粹的审美作品往往是一段时期内审美前沿与潮流的反映、但不具有恒久的生命力，它们会随历史发展的潮流而消亡。

有一些设计流派，尤其是一些唯美主义者，一味追求形式美，而忽视了设计作品的功利性，事实证明，其寿命也非常有限，那唯美的绘画、音乐，这种纯艺术的形式，往往也带有一定的功利性，摇篮曲是为了哄小孩子入睡，很多优美的旋律有助于病人康复等等。

又如我国历史上的画像砖，首先它应该是砖，能砌墙筑屋，其次上有像，又达到传情达意之功能，所以至今才有那么多人来使用和收藏。所以，功利和审美二者缺其一，都不会是完美的结局。

2.4.2 爱与人文关怀

爱与人文关怀设计实际上是一种对爱的设计诠释，任何一件不能传达爱的设计作品可以说是根本没有意义或者不能持久的作品，不是一件成功的设计。笔者曾审视过一个公园的观景不瞭望台，在顶层设计了了望围栏，由于高度过高，只能是大人才能了望，小孩就只能望墙兴叹，遥望蓝天了，那就是一件典型的缺少“爱”的语言的设计作品，在后来的修正中，对已砌墙体开挖观景窗，以适合儿童的观景需要。

笔者在许多公园规划设计中，对大众的聚集游戏场所，都要设计残疾人通道，设计幼儿活动区域。实际上就是从文化角度上，增加“爱”的设计语言。

2.4.3　异质化与特化

在旅游动机研究中发现，文化的异质性是吸引游客出游的一个重要动机，突出例证是少数民族旅游，就是为了欣赏文化的异质性，为什么城里人向往乡村的淳朴，而乡里人憧憬城市里的繁华。为什么人们一而再、再而三地出国、出境旅游，就在于享受文化异质性带来的旅游愉悦。

异质化与特化的另一目的是为了让设计对象源于生活而高于生活，而达到在形式上是有审美价值，在内涵上具有爱的意义，这就是文化设计的目的。在文化异质化与特化设计中，对于设计者而言，应该考虑设计对象的服务目标，了解服务目标的需求，另外特化与异质化如过度会成为诡异或者神秘化，会因为一时不被大众接受而遭冷遇，虽然这种冷遇不一定代表它们就没有文化价值，突出的例子如毕加索、凡高的作品，和爱菲尔铁塔，现在成为不朽的艺术作品，但当时并不为所有的世人所接受。

2.4.4　符号化

在设计中切忌采用直裸语言，要采用含蓄和抽象语言，以激起人类想象的翅膀，而产生审美愉悦，一个简单的例子，一个女人裸体，给人激发的可能是情欲，而同样一个女人的裸体画像则激发了大多数观众的各种审美感受，人们从肌肤质感、色泽线条上去审视，而不是从性别上去审视，这就是符号的魅力。

2.4.5　大众潮流与时尚

对于设计者，艺术创作者，几乎没有人不为世俗和潮流所左右，有些是因为生存，有的是屈服于内心的奴媚，如建筑师明明知道有过多单元组合的建筑，在采光、通风上不但不符合功利的需要，同时也不符合审美的需求，但为了屈服于投资者使用最小化的投资来构建最大的建筑面积而进行设计。在这些方面，除了世俗文化外，还有经济利益，政治对设计与制作的影响。

可是从另外一个方面，从文化角度上进行审视，这些设计时尚与潮流，追赶大众文化潮流的设计风格也属于文化设计范畴。因此，设计师从文化角度上同时也应是时代的弄潮儿，应牢牢把握时尚文化的发展方向，不断提高设计产品的文化内涵。

2.4.6　亲和性与神圣化

从文化设计角度，亲和性就是设计作品的可接受性，可接近性。亲和性文化设计最大应用领域是材料工程中的材料质地，为什么玉石是那样永远使人着迷，就是玉的那种质地让人感受到的亲和感，温馨而神秘。在旅游设计中，我们有意识地设计一些参与性项目，如浅水戏憩区，让人与水、山、石、路、林进行亲近，从文化的角度上就是一种亲和性设计。

与亲和性相对的是另一极端，人们无法接近，在形式空间上无法接近，造成了不可及性，在思想交流上无法接近形成了神圣感。

在庙宇、神坛设计中，往往就采用了极端的装饰，如鎏金，就是让人无法接近而显豪华，另一个典型事例就是一般人无法接近的佛像和塔、庙建筑都是因为在形式上无法接近，在思想上产生距离而呈现神秘、神圣，使人顶礼膜拜。

2.4.7 共鸣共震设计(归属与认同感)

共鸣共震虽然是一个物理学的名词，但在文化设计中也相当重要，因为我们设计的目的就是为了让人们认同，认同的形式之一就是共鸣与共震。

在形式上认同产生美感，在情感上共鸣会诱发爱意，比如某某人对某人说你好像我以前的朋友(爱人)，实际上就是产生了共震，是一种爱意表达，某人在大自然中，产生了与自然融为一体，所谓人天合一的感受，即也是产生了共鸣共震，那是一种美的升华，所谓人天合一的境界，使设计作品在文化认知上与感受者产生共鸣共震共知共识，是设计者追求的设计目标之一。

对同一类文化的认同就产生了文化群体，他们追求同类风格，同样的价值对具有同一文化特征的事物会产生认同感。对于设计者而言，就是要面对不同设计服务对象，设计和强调一些会被认同的文化要素。使之产生归属感，从而对你设计的产品产生钟爱。

2.4.8 个性

个性是设计者个人的标签，在形式上的个性是设计者的风格，在思想和文化上的个性代表了设计者的流派，任何设计者，孜孜一生追求的是个性，越是个性的东西，犹如越是民族的东西一样，越有价值。

作为设计者张扬个性是天经地义的事，但这些个性必须置于社会发展的大潮流中，是一种有辨识的个性发展，脱离了大方向的个性犹如脱轨的列车，无法前行。

在设计形式上，个性就是设计者个人水平学识的体现。

在文化层次上，就是设计者思想、审美品德和爱商(高于智商、情商的一种智力)的体现，比如说笔者的设计更倾向于尊重大自然或关注弱势群体，从爱商角度上说，是一种对自然与弱势群体的爱，当然也有一些设计者热衷于设计高档娱乐消费，更多地关注权力与财富，也是一种爱商，那是对权力与财富的热爱。这不是爱商高低之分，也不是文化高低不同，而是个性的不同。

3 结束与探讨

设计学发展至今天，可谓流派纷呈，理论百样，有唯美的审美主义设计流派，也有倾心于情感心理学设计流派。但真正意义上的设计要从文化的角度上进行深入理论分析。从文化设计角度上丰富设计的技术与手段，才能真正带来一场设计的革命。笔者刚刚涉及文化设计领域就感觉到其无比强大的生命力，应用文化设计理念来指导设计工作，能大大提高设计的水平。但是，从文化角度、技术角度、理论角度来研究文化设计的道路还很长，需要进行深入分析、总结、提炼，才能形成系统的、科学的文化设计技术与理论体系。

参考文献

[1]邸柱．谈旅游纪念品的文化设计．韶关学院学报，2004，(10)
[2]季倩．旅游纪念品设计——基于感性消费基础上的理性设计．苏州工艺美术职业技术学院学报，2004，(02)
[3]宫崎清，李伟．民族地域文化的营造与设计．四川大学学报(哲学社会科学版)，1999，(06)
[4]陈雪清．设计与设计文化的内涵与外沿．福建商业高等专科学校学报，2005，(01)
[5]但新球．森林文化与森林景观审美．贵阳：贵州人民出版社，2005.9
[6]但新球．雷公山森林公园的苗族文化与旅游展示设计．北京林业大学学报(社会科学版)，2006(02)
[7]王平．文化及其价值在现代设计中的体现．艺术设计论坛，2004，(12)

第12章　森林文化展示设计

“文化”是迄今为止最为人们所熟悉，同时又是最为陌生的一个词，似乎什么都可以套上“文化”一词，但谁也不能准确诠释“文化”的真正意义，以及分辨与文化相近的词如文明、伦理、艺术、精神等的区别。正是文化的这种模糊性和大众性，才使得其魅力无穷。

文化存在于我们的视觉中而被感知，存在于心灵中而被感应，存在于历史长河中而被挖掘，存在于现实中而被享受，由于它具有生命而能传承。文化由于时间、地域不同而有明显的差异，差异到了一定程度而成为异质，而异质文化是促使人们出外旅游的最大动机。

森林文化同样具有时空异质特性，正是这种特征，才使得森林旅游得以兴旺。因此对于森林旅游而言，传播与展示森林文化是其最根本的目的。本文笔者就是基于森林旅游的管理者如何展示森林文化，森林旅游的规划设计者如何进行森林文化的展示设计二个主题进行探讨，目的是有利于森林文化传播与森林旅游设计技术的提高。

1　森林文化展示概念与展示目的

1.1　森林文化展示的概念

1.1.1　展示

“展示”与“展览”(Exhibition)都是以其直观、形象、系统、通俗易懂、生动有趣的艺术魅力，使观众流连万象之际、行吟于视听之时，在不知不觉之中领受真善美的潜移默化，接受当代潮涌般的市场信息，获取社会科学、自然科学的知识，陶冶美好高尚的道德情操、启迪不尽的智慧和创造力。

从这个概念可以得出，展示的目的是让观众感受真善美，接受信息，获取知识，陶冶情操，启迪智慧。因此，展示是传播的最重要方式之一。

1.1.2　森林文化展示

“森林文化展示”可以定义为“利用展示技术与手段，采用直观形象的方式，向人们表现森林文化的内涵，从而传播森林文化知识与技术；传播森林政策与伦理、传播森林艺术与美术”。

1.2　森林文化展示的目的

森林文化展示狭义的目的是为了旅游，广义的目的主要是传承文明。森林文化展示的目的主要有：

(1)让领受者或称旅游者，享受森林独特的美，如色彩美，形态美。

(2)让领受者了解关于森林的历史，现状及发展，从历史中了解教训，从现状中感受警觉，从了解未来以增加责任。

(3)让领受者了解森林中丰富的自然知识以及生物生态哲理，尤其从异质的环境中感受新鲜事物的刺激而享受舒悦，增加知识。丰富经验是游览性旅游的最高境界。

(4)让领受者参与森林的各种经营与游乐活动，从森林的博大中，陶冶情操，建立起人与自然和谐的伦理观，达到人与自然的合一，从而享受参与性旅游的最高境界。

(5)使领受者融入森林之中，沐浴在森林文化的浩瀚海洋里，从中体验人类生存最初的森林环境，就像回到童年，享受人类早年所有的那些宁静，让心灵完全回归到森林之中。这些短暂的心灵与精神的超脱与回归，非常有益于人类的健康与心灵的净化，从而达到体验性旅游的最高境界——天人合一。

2　森林文化展示与森林文化展示设计的特点

2.1　森林文化展示的特点

森林文化展示与其他诸如艺术品展示比较有明显不同，除其共性外，森林文化展示的特点在于它的时空特征，在空间上的变化与时间上的变化。在空间上，它是实物有限生长空间的展示，在时间上，它是流动连续序列变化的展示。在这一特征上分析，森林文化展示是一种生命形式的展示。除此以外，森林文化展示具有以下特征：

(1)以信息传递与交流为宗旨：森林文化展示是以信息传递与交流为宗旨，基本上以实物为载体，领受者通过与展示品交流而获取信息。当然适当的解释是必须的。

(2)实用功能和审美功能：森林文化展示必须符合两个功能，即：森林文化的展示，最基本的要求是森林本身，因此，展示的森林及与森林相关的事物，必须是实用的，当然同时具有审美价值。

(3)明确的目的性：森林文化展示品必须有明确的目的性，即有功能、技术工艺、艺术形象三要素。森林文化是人与森林关系的总和。因此，展示的森林必须与人类活动有关。从目的上反映的是人类的利用功能；从关系上是人类活动的工艺；从心理上是展示物所代表的寓言和象征，即文化信息。

(4)互动与交流：在时空上可以相互交流，因为森林文化展示的最大目的是旅游。因为必须满足旅游不同层次的需要，如游览观光、参与、体验。

(5)科学与艺术的结合：展示是经过精心科学设计的产品。森林文化展示依据其目的与主题，多以景区、线路等产品形式出现。因此，森林文化展示是科学与艺术的结合，是一门森林空间与场地的规划艺术，是在人与森林之间创造出一个彼此交往的中介。

2.2 森林文化展示设计的特点

2.2.1 "视觉传达"是森林文化展示设计的基础

森林的视觉信息是十分丰富而变化多姿的。设计者必须以科学方式来传达这些信息，从而满足领受者审美和体验的需求。

2.2.2 审美愉悦和环境文化体验是设计的根本目的

展示的所有技术，都必须以审美和参与游览、体验等旅游行为作为基础。

2.2.3 有机和谐设计是森林文化展示设计的基本方法

有机设计就是要追求有机形态、有机交流、有机环境。森林本身就是一个最大的有机系统。问题是设计者如何进行系统整合与组合。通过动线规划，把"无序"变为相对"有序"，最终实现人与森林的和谐融合。

2.2.4 特色与突出主题是森林文化设计的灵魂

不可企望一条线路、一片森林、一个景区，就可以彰显森林文化的全部。因此在设计时，就必须牢牢把握特点与主题两个宗旨。

2.2.5 自然的展示是森林文化展示设计的最高境界

在森林文化展示中，尽量减少人为的痕迹，让感受者在自然的展示中领受森林文化的熏陶，是森林文化展示设计者追求的最高境界。

3 森林文化展示设计分类

3.1 按对象划分

森林文化展示设计按其对象不同可以分为两种类型，一是面向森林旅游管理者的设计，如景区设计、景点设计。其任务是把森林文化要以景点、景物形式表示出来，并辅以适当的解说设计。

二是面向森林旅游者的设计，其任务是把体现森林文化要素的景点、景物以适当形式，在适当场所展示出来，并以一定的主题，按旅游的体验理论，组织具有时空序列和情感体验序列的景观(点)组合，如景区、游路、线路等。

3.2 按内容划分

森林文化具有明显的社会表现模式，经济表现模式和系统表现模式。

3.2.1 森林文化的社会表现展示设计

森林文化处于社会大文化系统之中，是其中的一个子系统。在人类社会生活中，它作为物质载体，为人类提供了生存空间、建筑材料与燃料、造纸原料及其他工业原料和中药材基因库等；作为精神载体，它提供了绿色环境、认识与学习、探索与探险的机会，以及户外游憩的主要场所；同时它给其他艺术形成和创作提供了灵感和源泉。

森林文化的社会表现展示设计表现模式大致可以从森林文化的精神、物质和信息三个层次进行设计。

3.2.2　森林文化的经济特征展示设计

森林文化的经济表现模式可以有不同的划分方法：以货币形式来划分，分为货币表现和非货币表现两种；以其特点和功能来区分有实用经济、生态经济与社会经济三种模式。随着人类文明的发展，这三种模式的侧重点亦有不同。在森林利用的早期，主要注重于实用经济模式，而在后期则慢慢地注意和重视森林的生态和社会经济两种模式。

森林文化的经济特征展示设计主要是要展示森林的实用经济特征、生态经济特征和社会经济特征。

3.2.3　森林文化的系统特征展示设计

森林文化作为一种环境文化、生态文化，与人类活动和生存紧密相关，在大众文化中它独成体系，有自己的功能、结构、层次和效益。森林文化的要素就其形态而言可划分为形态要素(包括产品、设施、设备、工具和景观)、似形态要素(包括表意、行为、艺术与技术)、非形态要素(包括思维、情感、制度、科学等)。从功能系统上可区分为实用功能、认知功能和审美功能，森林文化作为一种系统，有它自己的功能、结构、层次和效益。

森林文化的系统特征展示设计就是通过展示森林文化的形态要素(包括产品、设施、设备、工具和景观)，来体现森林文化似形态要素(包括表意、行为、艺术与技术)和非形态要素(包括思维、情感、制度、科学等)。

4　森林文化要素与展示设计

文化概念就是人与物(社会)的相互关系的总和，而森林文化就是“人与森林相互关系的总和”，笔者曾就森林文化的主要要素(特点)进行过分析。概括为八方面，即：居住、食物、生产工具、休闲、技术、艺术、认识与实践区域特征。并在许多森林公园设计中，自觉地从上述八个方向来展示森林文化。

4.1　居住

现代人关注与向往森林，这也许是人类祖先最早的居住环境与森林有关。人类是从树巢洞穴生活而至今形成村落定居的习俗的。在以往的设计实践中，笔者主要通过设计：①野营，尤其是木屋野营；②树巢野营；③森林民居等形式来体现这种森林居住文化。当然森林疗养保健，也是森林居住文化表现之一。

4.2 食物

据食物研究，人类至今仍有四分之一的人民生活物质依赖或间接依赖于森林。森林不但提供了直接的生活物资，水、衣饰、药品也直接或间接地来源于森林。在漫长的历史过程中形成了不同区域、不同民族、不同阶段的森林饮食文化。

表现森林食物文化，主要通过：①森林食品的开发；②森林食药植物展示解说，森林食物与药用的价值体现。

笔者在进行岳阳生态博览园设计中还单独规划了森林蔬菜园，以体现森林的食药文化。

4.3 生产工具

任何文化均与人类生产工具直接相关，离开了生产工具的文化特征，任何一种文化都会显示出自身发展的弱点。在中国，尤其是西部少数民族，木制生产工具、用具至今是不可替代的主要工具、用具。实用与艺术、民族装饰与地域差异在生产工具上又反映了与众不同的文化特征。许多早期的木制用具、工具已经成为文化收藏品进入了私人与国家博物馆。

森林工具文化大致可以分为两个层次。一个是以森林中有形物质，如木材制作的工具；另一个层面是森林生产工具，如斧、油锯等。在森林工具展示中，笔者在雷公山森林公园设计时，专门设计了一个森林农林工具展示项目，以展示丰富多彩的工具文化内容。

4.4 休闲

森林游憩作为人类生存的手段和方式，越来越显得重要，这也是人类本身生存与发展的要求。据世界旅游组织报道，旅游业已成为世界第一产业，旅游业收入占世界国民经济总产值的10.6%（1995年），而森林旅游在旅游业中占据30%。随着旅游的发展，森林旅游将在旅游业中占据60%～70%的份额，人类将有十分之一的时间在森林中游憩、休闲。

森林休闲文化已经成为当代休闲文化的主流。森林休闲文化产品根据游憩特征可以划分为：

· 游览观光型游憩

· 参与型游憩

· 体验型游憩

三个大的类别。当前流行的森林休闲游憩产品有40多种。

4.5 技术

森林经营技术，包括现阶段和历史时期的技术。森林技术文化作为旅游使用目的来进行展示相对比较困难。根据笔者的实践，主要通过设计一些旅游传单来定位绿色的技术手段和森林经营技术。有时也会用一些专题图片，如遥感影像、仿真模型、音影资料来展示森林技术文化。在旅游使用中，森林技术文化展示的对象多是大中专、中学等的实习旅游活动。

4.6　艺术

虽然，至今还未确认森林艺术的地位，与艺术相关的森林美学理论与实践历经100多年后，由于研究的匮乏，至今仍然没有形成完整的理论技术体系。但许多森林艺术，不同程度地在实践，如园林就是森林树木与建筑艺术相结合的艺术产品。现代人工林在一定程度上也可认为是一种现代森林艺术品。同时，反映森林及森林文化的艺术品，在近期得到迅猛发展，如诗歌、绘画、散文等。中国绿色时报甚至组织了专门的森林文学组织。湖南长沙的陈希平曾创作了一幅水彩长卷《森林大地》，全长134米。这可能是迄今反映森林主题的规模最大的艺术品。从古代原始的森林岩画到现代森林绘画，简直可以形成一部专门的森林绘画艺术史。

森林艺术包括自然与人工的艺术，是森林文化的重要组成部分。森林中一棵树、一片树叶、一朵花，都可以看成是一种艺术品，是大自然的艺术创作。而森林人工艺术品，主要包括木质雕刻、绘画、诗歌、园林小品等。

在以往的设计实践中，对于森林人工艺术文化展示，曾经设计过专门的森林诗会、森林艺术品展览、森林歌舞会等。在公园中设计过生物哲理宣传、林中道路的艺术拼凑等。但还没有进行过系统的艺术化展示专项设计。也未在规划中进行过专项森林艺术文化设计。

4.7　认识与实践

随着人们认识的提高，人们在对森林认识与实践过程中形成了不同的文化特点，如森林与食物，森林与医药，森林与工具，森林与居住，森林与宗教图腾等。人们在对森林的利用改造经营过程中，形成了许多经营模式，实际上也是一种艺术模式。如生态林经营、农田防护林经营、风景林经营模式，以及具体的林农间作、林农混种、林农轮作、林茶套种、林农套作、林牧结合、林药结合、林花结合、林果农套作等，这些均与现代农耕文明、现代农耕文化密切相关，是人们在对森林认识与实践过程中形成的森林文化现象。

人类对森林的认识与实践是森林文化的核心。比如人类对森林的认识过程，笔者在“森林文化及其分期”中作过详细论述。但问题是如何在旅游使用中展示这种文化，展示现时代的森林认识比较容易。比如现阶段的生态公益林、商品林、自然保护区林、退耕地林、国防林、林农混作、林农轮作等都是现阶段的森林认识与实践文化的体现，在设计中对这些进行适当解说就可以了。问题是对历史时期的人类对森林认识与实践展示的方法，则通过导游解说，在适当的时机(景点)采用回顾、对比等，向游客解释以前的森林认识与实践特征。

4.8 区域特征

对于森林的认识与需求与社会经济文化的发展密切相关。发达地区与发展中地区对森林的认识和需求不尽相同，因此，反映在森林文化上其发展阶段和表现也有所差异。发达国家如瑞典、日本、德国、芬兰等国家，其森林文化呈现出近自然的生态文化特征；而在中国西部、东南亚及热带地区由于贫困，森林文化仍然停留在农耕文化的阶段。

对森林的认识与实践的区域文化不但有时间序列的文化差异，而且有文化的空间差异。

在文化展示上有两个层面。一是地域文化的差异，二是民族文化差异。在旅游使用中森林文化的这种地域和文化差异的强化设计，有益于增加旅游地的吸引力。笔者在以往的设计中非常重视这种差异的强化。比如在地域差异上，强调特有、特征、特点。如雷公山森林公园设计了一个雷公山特有植物园，收集和展示雷公山特有的七种植物。在广西大瑶山森林公园中就设计了瑶山森林药浴，强化民族森林文化特点。结果这些都成为公园最强有力的卖点。

参考文献

[1]韩斌．展示设计学．哈尔滨：黑龙江美术出版社，1996

[2]但新球．森林文化的社会、经济及系统特征，第21卷第3期2002年8月．中南林业调查规划

[3]但新球．中国历史时期的森林文化，第21卷第1期2002年3月．中南林业调查规划

[4]何丕坤，于德江，李维长．森林树木与少数民族[M]．昆明：云南民族出版社，2000.[3]

第13章　森林民族(苗族)文化展示设计
——以雷公山国家森林公园为例

进入20世纪以来，林业正在经历着一场由以木材生产为主向以生态建设为主转变的极其深刻的历史性变革。人类逐渐从长期对自然的索取、破坏而遭受的惩罚中觉醒，一个从征服自然、破坏自然到回归自然、珍爱自然的新理念正在形成。作为地方生态建设的重要组成——森林公园的出现，不但体现了新的理念，也体现了一种新的伦理与文明。贵州雷公山国家森林公园的建立正是这种新的理念、伦理与文明的具体实践。

笔者有幸主持了《雷公山国家森林公园总体规划》和《雷公山国家森林公园详细规划》。为了充分反映雷公山国家森林公园的“原始森林生态与苗族文化旅游”主题，对公园内的苗族文化资源进行了认真调查，为了多层面地呈现出苗族原始文化的色彩斑谰和神秘，充分体现雷公山作为“苗疆圣地”、“苗疆民族中心”和“自然人文博物馆”的古朴淳厚、绚丽多彩的民族风情和资源地位，通过深入研究，设计了开发利用的具体方案与措施。

1　苗族文化旅游资源

1.1　基本概况

雷公山国家森林公园，位于贵州省黔东南苗族、侗族自治州雷山县中部，苗岭西坡。地理坐标为东经108°9′~108°23′，北纬26°16′~26°24′，主要为高、中山峡谷地貌。

雷公山的苗族，是由苗族先祖聚居地“左洞庭，右彭蠡”的区域西迁，逆都柳江北上古州(今榕江)，最后定居于此。据推算已有1800年左右历史，自秦汉以来，为了生存和繁衍，他们在这块土地上团结互助，开疆拓土，沐雨栉风，创家立业，垦殖连天的层层梯田，抚育郁郁苍苍的成片森林，与大自然和谐相处，创造了丰富多彩的民族文化。不但保存了苗族原始习俗与民族文明，而且在与大自然搏斗中又继承和创造了新的生态文明。

1.2　雷公山的苗族文化

经过认真调查与分析，雷公山的苗族文化主要有：

属于物质文明的民族服饰文化、苗锦艺术、蜡染艺术、银饰艺术、手工艺艺术、民居建筑文化、饮食文化、医药文化、森林与农耕文化；

属于精神文明的宗教与民俗文化、歌舞文化、节日文化、娱乐与体育竞技文化、民间传说文化；

属于政治文明的苗族社会组织文化和栽岩文化。

2 苗族文化展示设计

2.1 民族服饰文化展示

苗族服饰反映了苗族历史悠久、居住分散、风俗多样的特点，苗族支系与支系、县与县、寨与寨之间在服饰上都有严格区别。其服装的主要色调亦不尽一致，所谓“白苗”、“黑苗”、“花苗”、“汉苗”等就是依据所着服色或服式而来的自称或他称，也有根据妇女的裙样，称为“长裙苗”和“短裙苗”。

苗族服装大多遍施图案，刺绣、挑花、蜡染、编织、镶衬等多种方式并用，做工十分考究，令人眼花缭乱。尤其从刺绣图案中往往可以寻出苗族的历史和象征意蕴。被专家们称为“穿在身上的史书”。

(1)按服饰造型、青少年服饰、婚礼服饰、节日庆典服饰、老年服饰、服饰工艺、服饰图案等主题，均用实物，按博物馆陈列方式，在苗博馆中列专区进行展示。

(2)所有服务、导游、演员均应穿着苗族服饰，以形成一个活动的展馆。

(3)定期举行专业苗族服饰表演队。

(4)每年举行苗族传统服饰设计制作大赛，刺激苗族服饰文化的发展。

2.2 苗绣苗锦艺术展示

苗绣苗锦是一种独具特色的艺术，以色彩凝重鲜艳，图案以花草为主为其特色。雷山苗绣苗锦艺术 2003 年在新加坡展览后，已引起广大海内外民众关注。

(1)在民族服饰中设计一些经典图案的苗绣苗锦服饰来展示苗绣艺术。

(2)设计苗绣苗锦艺术馆，除了展示古今苗绣苗锦艺术精品，现场还展示苗绣苗锦工艺。

(3)设计苗绣苗锦艺术展销专门商店，以服饰、绣片等多种形式宣传和展示苗绣苗锦艺术。

(4)陈列苗绣苗锦工具、作坊。

2.3 苗族蜡染艺术展示

苗族的蜡染，盛行于不同的苗族生活地区，尤以湘西、黔东南一带为盛。1982～1983 年，贵州有两位苗族妇女分别到加拿大和美国表演蜡绘，被赞为奇迹。蜡染工艺品已经成为国内外游客采购纪念品的主要目标。因而在苗族中心一雷公山，设计展示苗族蜡染艺术，有利于提高公园旅游的文化品位与档次。

(1)设计苗族蜡染艺术馆，分别展示蜡染的历史、蜡染工艺、古今蜡染艺术品。

(2)筹划举行蜡染艺术节，利用艺术节形式展示神奇的苗族蜡染艺术，展销民族蜡染产品，培养苗族蜡染艺术家。

(3)规划蜡染艺术品专柜，展销雷公山苗族蜡染艺术，并可依据市场分别在凯里、贵阳，甚至北京、上海、广州等地开辟“雷公山蜡染艺术品专柜”，把蜡染艺术品当作一种标志性旅游商品来开发。

(4)筹划出版苗族织绣、织锦、蜡染艺术宣传画册和光盘，广泛宣传苗族民族艺术精华。

2.4 苗族银饰艺术展示

实际上苗族银饰艺术是苗族服饰文化的组成部分，但苗族相对其他民族而言是特别喜好银饰的民族，几乎一辈子就跟银饰结下不解情缘。正是这种喜好银色的特征，使得苗族文化神秘而瑰丽。

(1)苗族百银馆，在苗博园展示一百件有代表性的苗族古今银饰。

(2)定期举办苗族银饰博览展销会。

(3)设计既体现苗族文化，又代表公园形象的银制证章或纪念品。

(4)发行苗族银饰、服装、公园景点、歌舞、短裙苗等内容的特色邮票。

2.5 苗族手工艺艺术展示

聪明勤劳的苗族人民在过去的生活中凭着自身对艺术的理解，创作了许多手工艺艺术品。从竹木雕刻、傩面、竹衣到巫师法具；从银饰、刺绣到芦笙竹号；从风车、竹楼模型到各种动物雕塑、编制用品，琳琅满目，而且大多是凭着经验手工制作，每一件几乎都是独一无二的艺术品，随着旅游的开发建设，给他们提供了更加广阔与自由创作的舞台。

(1)建立苗族手工艺艺术制作与展示中心，现场展示、制作、销售苗族手工艺艺术品。

(2)在旅馆、饭店采用苗族不同的手工艺艺术品进行装饰，如木贴画、木雕等。

(3)举行手工艺制作品大赛，扩大苗族手工艺影响，培育苗族艺术家。

(4)采用分散制作、集中经营、整体营销，将苗族手工艺品作为一个品牌，逐步打入国内外旅游纪念品市场。

2.6 苗族民居建筑文化展示

苗族民居建筑一方面体现了它的功利性，如吊脚结构以适应潮湿生境、木竹结构利于修理和适合居住；另一方面表现了它的社会性——群居，有的达上千户群居一起(如千户苗寨)。

(1)展示苗族民居建筑文化的主要途径是通过开发苗族民族村寨旅游来实现。同时，在公园其他服务设施建设中，尽量在风格体量上，从属于苗族民族建筑，切不可喧宾夺主，淡化民族建筑风格，但也不主张一成不变地照搬民族民居形式，以降低服务设施的功利性和耐用性。

(2)制订切实可行的苗族民居保护方案，对有保护价值的古老民居进行保护。对影响民族旅游的一些民居(如危房、烂房、脏房)予以拆除、维修或改造。

2.7 苗族饮食文化展示

苗族分布区域广阔，各地自然环境差异较大，因此农作物品种和人们的饮食习惯有所差别，但总体来说，苗族以大米、小麦、包谷等为主食。苗族喜食酸味，制作的酸食有酸辣椒、酸菜、酸汤、酸汤鱼等。苗族还常以酒示敬，以酒传情，不同时间、地点，不同的对象，饮酒的礼俗也有所不同，如拦路酒、进门酒、交杯酒，不一而足，体现了苗族人民丰富多彩的饮食与酒文化。

(1)开辟苗族特色饮食，以油茶、腊肉、串粑、酸鱼、干菜和当地野菜为主，但是不得使用野生动物。

(2)在苗博园特色餐厅不断推出体现苗族饮食文化的主题宴、绿色宴。

(3)培训所有服务接待人员能使用苗汉双语在酒席上唱民族劝酒歌、欢迎歌，充分体现苗族热情好客的民俗文化特征。

(4)开设苗族油茶楼，展示苗族油茶制作过程和喝茶礼制。

(5)生产制作苗族即食或耐贮藏的方便食品，作为旅游纪念品开发。

2.8 苗族医药文化展示

由于苗族文化的相对独立发展，苗族人民在与大自然抗争中积累了丰富而神奇的医药知识。

(1)在住宿接待服务中，开发苗族药浴休闲保健项目。

(2)在民族饮食展示中，开发苗族保健餐饮服务。

(3)可在苗族土特产中增加非治疗性的保健医药产品，供游客采购。

(4)公园内可开设苗药苗医服务机构。

(5)结合绿化，可开辟观赏苗药园。

2.9 苗族森林与农耕文化展示

苗族在长期经营森林与农作中形成了与之生活环境相适应的独特的文化。通过展示这些文化中先进的、科学的、独特的要素，使游客更加了解苗族。

(1)在苗博文化馆中，展示苗族林农生产工具。

(2)通过图片、影像展示林农生产技术。

(3)通过参与农耕活动，体验农耕文明。

(4)通过参与犁田、插秧、割禾比赛，体验旅游参与的愉悦。

(5)通过与苗族人民短暂生活，体验农村生活居住习俗文化。

(6)通过品尝、购买农村生态农业产品，享受生态旅游快感。

2.10 苗族宗教与民俗文化展示

苗族在长期生产生活中，对苗族历史渊源、信仰、对自然现象解释、对生命的理解、对自然的态度以及人际关系形成了独特的文化体系。并且具有明显的异质文化特征，这是苗族文化独特神奇(秘)的根源。让苗族更加了解自己，让世界了解苗族，是进行苗族宗教与民俗文化展示的目的。

(1)建立苗祖殿。由于苗族的宗教大部分是自然宗教，对祖先和大自然的崇拜是他们的主流。因此，建立一个具有苗族标志性的苗祖殿，供奉苗族先祖——蚩尤，使之成为苗族人民祈祖认宗的中心，成为苗族人民心中的圣地。

设计蚩尤塑像，为了符合苗族传说，其底座采用3米宽九面底座，喻意九族联盟。树立蚩尤战神像，因为蚩尤英勇而被黄帝崇称为“战神”。九面分别浮雕九个民族像或苗族历史大事，蚩尤像以石质为宜，风格以抽象为佳，体量宜大不宜小，视具体位置进行设计。

用石柱和木鼓组成陶尤坪，是祈拜蚩尤的活动场所。“陶尤”在苗语中意为“等待蚩尤灵魂的地方”，木鼓是苗民祭祀蚩尤的主要法器，九个木鼓可环绕蚩尤像而立，祭祀时九鼓齐击，以召呼蚩尤的灵魂，祈求丰收与太平。

(2)每年在苗年重大传统节日举行大型祭祖仪式。

(3)通过苗族自然宗教展示，宣传苗族森林伦理与文明，有利于对自然环境和森林的保护。

(4)建立苗俗文化馆，展示苗族农器具。通过照片、影像，展示苗族生活、生产、婚丧习俗。

(5)制订民族文化保护计划，强化苗族村寨文化特征，在建筑与习俗上抑制其他文化的渗入。保留民族建筑、服饰、语言、歌舞、饮食起居的特征。

(6)建立苗族铜鼓艺术馆，通过仿制品，铜鼓图案拓片并将其以壁画、雕刻形式展示在东南亚影响深远的苗族铜鼓文化，设计小型铜鼓艺术品供游客选购，也可用适当形式展示铜鼓铸造工艺。

(7)用适当形式展示苗族青年自由、大胆、开放、热情、直爽的婚恋习俗。

2.11 苗族歌舞文化展示

苗族是一个典型的能歌善舞的民族。苗族歌舞与苗族银饰、苗族服饰的结合，堪称世界艺术瑰宝。雷公山的民族歌舞又与节日、庆典、生产生活习俗习习相关。它们贯穿于苗族生活的方方面面。

(1)成立雷公山苗族歌舞艺术团，除了在本地演出外，也可争取到国内外巡回演出。

(2)培养苗族歌舞艺术家，并输送到省及国家有关部门。

(3)筹建公园歌舞、导游艺术旅游职业学校，通过教育培养苗族艺术人才，扩大苗族文化影响。

(4)结合苗族节日，在黔东南范围内，举办苗疆选美活动，从文化涵养、歌舞、形体、知识等多方面选拔苗族青年歌舞人才，扩大影响。一方面可充实公园服务队伍；另一方面可以促进苗族青年奋发向上，有利于民族的发展。

(5)在民族村寨，固定和保留一些经过改良的民族舞蹈，如板凳舞、木鼓舞、芦笙舞。

(6)所有民族餐饮、民族村寨，应有民歌致欢、劝酒、劝茶；集中饮食地点可以定时举行歌舞表演。

(7)民族住宿区，夜晚应有民族歌舞表演。

(8)发行苗族民族歌舞影像(可结合光盘门票进行)宣传资料。

(9)生产制作芦笙等歌舞器具品，供游客选购。

2.12 苗族节日文化展示

苗族素有“百节之族”之称，苗族居住区域也有“百节之乡”之称。主要原因是苗族人民常居深山，交通闭塞，为了交流的需要，因而形成了几乎均匀分布于全年的各种节日。人们利用节日进行文化信息的交流，它是民族繁衍发展的基础。因此形成了在世界上都独一无二的节日文化。由于地域不一样，苗族节日时间、庆典活动也不一致。公园在展示节日文化时，可在认真研究基础上逐步开发，对自发的节日庆典进行指导，以增加旅游观赏性、参与性。强化节日庆典中异质文化内涵，尤其是与宗教相关的节日庆典，突出其异质与神秘的要素，使其更具旅游价值。

(1)重点节日庆典活动，如芦笙节、三月三情人节。

(2)开发节日主题旅游促销计划。

(3)在民俗艺术展示馆中，专柜展示苗族节日文化内容。

2.13 苗族娱乐与体育竞技文化展示

除了民族歌舞外，苗族为了民族身体素质的提高和民族繁衍，在生产生活中形成了很多娱乐与体育竞技习俗，如苗拳、打泥脚、打禾鸡、挤油尖、踩高跷、斗牛、赛羊等。

(1)可在民族表演中进行上述活动演出，并让游客参加，增加观赏性与参与性。

(2)可与民族节日文化展示结合，举行斗牛、赛羊等大型竞技活动。

2.14　苗族民间传说文化展示

虽然苗族语言、音乐、舞蹈艺术都比较成熟，但没有自己的文字，在一定程度上限制了人们对苗族历史的了解。但是苗族人民在他们披荆斩棘，创造历史的长河中，同时也创作了浩如烟海的口头文学(民间传说)。这些世代相传的口头文学，有关于历史迁徙、战争与灾难，也有许多向往美好生活的民间故事、寓言，而且大部分以诗歌咏唱形式流传于今。浩瀚的苗族口头文学是中华文学中的瑰宝和重要组成部分，是苗族文化不可缺失的组成部分。

(1)建立苗族文史馆，展出并销售关于苗族历史、文学的史料、书籍和影像。

(2)用图画、影像方式重现苗族口头流传的最重要的一些民间故事。

(3)可以拍摄以苗族为题材的影视剧。

(4)收集出版雷公山苗族民间传说故事。

2.15　苗族社会组织文化展示

苗族社会组织由形成于原始社会的“江略”(又称鼓社)(氏族)组成，是苗族早期最高一级的社会组织形式。江略内部分设若干个职位，各司其职。居住在同一地域的胞族或若干村寨组成榔社。榔社如遇重大事件或军事行动，均要举行全榔会议，制定公约，苗语称“告榔”(议榔)。榔社有固定的议榔坪，坪上立有石柱，议榔时，在此杀牛饮血盟誓，制定榔规及违反榔规的处分办法。榔社可说是苗族的立法组织，议榔是原始的民主议事制度，榔规是不成文的法律，大多逐步形成后来的乡规民约。

(1)设计九个石柱

苗族九个部落曾立有九个石柱，代表九个部落。

(2)陈列代表江略的“玉碗”

(3)设计议榔坪

榔社有固定的议榔坪，坪上立有石柱。

(4)乡规民约

将乡规民约碑刻立于合适地点。

2.16　苗族独特栽岩文化展示

苗族自古无文字，在社会生活中，集会议事所产生的结果，只凭口传心记。为了体现民族意志，把内容公诸于众，对大众决定以及协议在某一地域、对某一事件的行规、公约、告诫等，得以遵守和实施，在苗族古代社会中便产生了“栽岩议事”的行为。由于这一活动涉及的村寨和人是相对固定的，这就产生了苗族的栽岩议事“组织”。每次集会、议事形成决议或规矩之后，一寨或几寨便在村口寨头或集会地点栽上一块岩石(半截露出地面)警示后人，这就是苗族历史上千古不朽的石头“文字”。“栽岩”记录了苗族历代波澜壮阔的斗争史，描述了苗族社会威严无比的法律文书，其丰富的内涵涉及了苗族社会的各个领域，制约着苗族社会人们的活动。

展示的方案为：在苗寨路途中的岔路口立大小、石质、薄厚不一的岩石。上刻“指路碑”和“将军箭”、“挡箭碑”之类文字和“长命富贵”、“长命宝贵”和“易养成人”等祝福词。

雷公山的苗族是一个能歌善舞、爱美的民族，因此，这里又是“民族歌舞之乡”、“中国民间艺术之乡”、“特色民居博物馆”、“苗族民族文化艺术馆”、“苗族文化中心”。勤劳勇敢的苗族人民以其带有原始苗族习俗的异质文化、丰富多彩的民间传说、悦耳的芦笙曲调、优美多姿的舞蹈、五彩缤纷的刺绣、光彩夺目的银饰、庄重古朴的铜鼓、以及威力强大的弩弓、火器等自卫狩猎工具、轻巧实用的农村生产器具、树巢遗风的吊脚木竹苗楼等，构建了一幅绚丽、神秘的苗族文化习俗画卷。

他们长期深居森林怀抱的山区，居住、饮食、服饰、生产和歌舞等文化生活，无不与森林相关，所以雷公山的苗族文明是我国森林文明的重要组成之一。

参考文献

[1]李廷贵. 雷公山的苗家[M]. 贵阳：贵州民族出版社，1991

第14章　森林医药文化设计
——以湖南龙山国家森林公园为例

中国林业在世界新的环境伦理与文化影响下，正处于一个继往开来，跨越式发展的新的历史时期，中国林业肩负新的历史重任：基本实现山川秀美的宏伟目标，满足经济社会发展和人们日益增长的对森林产品及服务的需求，同时以中国特色的森林文化为主体的生态文化体系正在孕育且逐渐走向成熟。而作为地方生态建设的重要组成——森林公园的出现，不但体现了新的森林经营理念，也体现了一种新的森林伦理与森林文明，是新时期森林文明的代表，是我国建设繁荣的生态文化体系的重要举措。湖南涟源龙山国家森林公园的建立，不但丰富了湖南湘中地区旅游风景资源，同时填补了我国以医药文化为核心的国家级森林公园，对完善我国森林公园与森林旅游体系，为国有林场及林民寻找脱贫致富，实现林业与区域经济的可持续发展，对当地森林与自然景观资源、生态文化资源的保护都具有非常重要的意义，也是弘扬森林生态文化，建设秀美山川的具体实践，是涟源市实施林业跨越式发展、构建现代林业和建设旅游强市的具体体现。

2006年底，国家林业局正式批准龙山森林公园为国家森林公园，森林公园管理局委托国家林业局中南林业调查规划设计院编制《湖南涟源龙山国家森林公园总体规划》，为了使森林公园开发建设更加科学合理，实现旅游资源的可持续发展，完善旅游服务设施，森林公园管理局于2007年3月委托国家林业局中南林业调查规划设计院编制《湖南涟源龙山国家森林公园龙山景区药王小区和铁狮坪小区控制性详细规划》，以指导森林公园近期的开发建设。

在设计中，笔者重点考虑了如何进行特色文化景观的营建以增加公园的吸引力和营造公园标志性的景点；重点考虑了在设计中体现森林文化，把森林文化与景观环境的营建两者结合起来进行设计。在湖南龙山国家森林公园药王小区特色景观设计中，笔者通过10个重要的特色文化景点营建，创建富有特色的文化景观，增加公园的景观价值，提高公园的文化品位。

1　设计背景

任何一个旅游区或旅游景点的开发成功与否，不决定于其投入有多少，亦不在于其规模有多大，根本的问题是在于是否体现了特色，有没有突出的个性。森林公园的规划建设就是要展示这些自然人文景观资源的特色，创造游览、休憩和科普教育的环境，形成公园吸引游人的地方特色和个性。龙山国家森林公园有着奇异的自然风光和深厚的中医药文化底蕴，要利用这些特色的医药植物，医药文化，风俗习惯等特色自然人文资源，做好景观开发，发挥其个性色彩，打造中医药文化之都，吸引各地游客。特色文化景观的营建便是公园规划建设的核心问题，显得尤为重要。

规划设计小区药王小区位于森林公园龙山景区的中部，面积 1068.7 公顷，海拔从 250.0 ~ 1514.0 米的岳坪峰，海拔垂直高差大，气候、植被垂直现象明显，山地气候舒适宜人，植物种类繁多，特别是药用植物资源、森林植被景观及自然景观均十分丰富，以药王孙思邈为主的人文景观资源历史悠久，在全国享有较高声誉。现有主要景观资源：药王殿、凤凰寺、石棺材、凤凰迎客、老龙潭、青龙桥、青龙桥瀑布、彩凤湖等景点，目前除药王殿及凤凰寺景点初具纳客条件外，其余景点建设亟需加强和完善。

该设计区域是集商贸、娱乐、休闲、管理等为一体的综合化功能小区，是龙山国家森林公园医药文化集中展示场所。

2 设计理念与原则

2.1 设计理念

药王小区是龙山国家森林公园的一个重要组成部分，是以前龙山林场场部所在地，这里居住着林场的大部分职工，同时它也是龙山国家森林公园旅游景区的一个起点。根据其所处的位置和环境，明确了其担任旅游、休闲、娱乐、购物、居住、集会、祭祀等一系列的功能和作用。在药王小区的规划建设在满足其功能的基础上，使各部分景观环境具有一致性，既要处理好自然与人工景观的协调，又要突出自然和人文景观的特色，使游客在享受视觉景观的同时，又能领略中华民族博大精深的中医药文化。因此在设计处理上，设计者遵循了以下的设计原则。

2.2 设计原则

(1) 自然生态设计原则

药王小区是龙山国家森林公园的核心景区，自然生态属性将会在这里得到继承和延伸，我们在选材上结合公园内丰富的自然资源，充分利用现状地形和龙山的植被资源，因地制宜，就地取材，把公园内的山石、水系、植被延伸到小区的设计上来。水是生态的体现，利用地形将森林公园的水，经东西两条小溪分别引入彩凤湖内，然后从彩凤湖末端处理形成跌水瀑布景观，再由入口停车场的环形溪沟流向山脚。通过这样自然和人工结合的方式形成了溪、谭、湖、瀑布、跌水等多种水景景观；这样的山、水、植被、地形等相互结合，形成山环水绕的自然生态小区，与自然的生态环境相呼应。

(2)协调发展和可持续发展设计原则

药王小区的规划体现了生态、社会和经济三大效益协调统一的原则，充分考虑公园的近期利益与长远发展的需求。例如，中医药商贸服务区以药王大道西部民居为基础，建筑的风格沿用民寨的古香古色，保持小区内环境的自然野趣；各建筑物或构筑物与自然环境和当地风格相协调。着眼于资源的可持续利用和发展，建设节约型的景区，就地取材。例如，考虑到湖面的养护费用，通过带状水面、跌落式设计等处理方式减少水量，利用溪水补充湖水，取消湖面夜景灯光景观设计。

(3)文化为特色的设计原则

药王小区的景观营建上突出了龙山特有的医药文化、森林与农耕文化，以增加公园的文化品位，树立公园的文化形象，尤其是突出龙山是华夏中华医药园所在地，医药文化属于华夏炎黄子孙，海峡同根生的民族文化主题。

(4)以人为本原则

药王小区的设计采用情感规划与体验设计的方法来规划设计游憩项目与景点，使不同群体能享受大自然给予的恩惠。在游步道、公共设施以及游憩项目设置上，充分考虑了中小学生、老年人和残疾人的特殊需求。

3 特色文化景观设计

(1)药王广场

药王广场位于药王小区中部偏北，是以纪念药王孙思邈为主题的文化广场，包括彩凤湖、医药文化墙和文化护栏、观景长廊、观景亭等，突显华夏悠久的中药文化、龙山丰富的中药材资源和药王孙思邈精湛的医术，打造龙山为中国的药山，华夏子孙的健康之山。

(2)岳坪峰药王文化观景长廊

该长廊以岳坪峰山体及自然植被和药王文化为景观带设计主体，在保留原有自然景观的前提下，对部分地段进行林下修整，补植药材树种，并沿上山游道布设既具休息、休闲功能又有原始观赏特色的亭、廊及椅等。

(3)游客生态文化展示服务中心

游客生态文化展示服务中心内设置多媒体演示系统和宣传资料发放台，全面宣传推荐森林公园风景与中药文化资源，为游客提供旅游导游服务。

(4)中药商贸一条街

商贸一条街设立中医药保健品加工作坊，展示绞股蓝茶、金银花茶等保健品的制作工艺，销售龙山原产中医药饮品、药膳等保健品，打造龙山特色中药产品。

(5)龙山药浴休闲长廊

对药王大道正对的小山冲沟内现有毛竹林进行改造更新，补植防火和观赏性树种，如木荷、杨梅及观赏树种银杏、玉兰、厚朴等高大药用乔木树种及灌草，合理配置药浴休闲木屋，砖混结构，木屋面积30～100平方米，总建筑面积为600平方米，高3.5米，一层，采用吊脚楼风格，外表用防腐木材进行装修，内部按现代化标准配置，共13套，分单人间和多人间；同时以本地中药材开发美体养颜型、放松型、疗养型、保健型等系列药浴产品，满足不同游客的需求。药浴作为森林公园的辅助性接待设施和游客参与性旅游项目，丰富游客的旅游生活，提升森林公园的旅游档次，发挥龙山作为中国药山的中药资源优势，打造独特的中药旅游产品。

(6)凤凰药食轩

拆除原林场场部办公楼和家属楼，新建一栋两层的弧形青砖结构的建筑作为凤凰药食轩，仿古构造。一层为药膳品尝和销售，二层为药茶，药酒的品尝和销售，打造龙山健康品牌。

(7)药王雕塑广场

药王广场作为游客的主要集散地和瞻仰药王孙思邈和中药文化集中展示区域。广场地面采用弧形放射状本地麻石地板装饰，利用其线条的扩张感来达到扩大广场视觉面积的效果。广场靠彩凤湖地铺为阴阳调和的图案，用鹅卵石铺装。阴阳眼处立有两根高5米的雕龙图腾柱。广场南部有一元宝形祭祀台，高120厘米，为石材构筑，祭祀台由一级大台阶登上，每阶高15厘米，进深30厘米，宽3米。祭祀台上雕刻高4米的药王孙思邈着布衣采药雕像，花岗岩石材建造，在药王封王日、出生日等纪念性的日子此处可作为祭祀药王的场所，平台由台阶登上，庄重肃穆。

药王广场东侧设立华夏中医药文化墙，花岗岩构筑，墙高2米，墙长4米，重点介绍有关中医药文化起源、药王孙思邈的生平、丰功伟绩以及与龙山的渊源历史。规划在广场中开辟一条小溪将药王广场分隔为东西两部分，设计五座小桥连接沟通广场，中间为拱形桥，其余均为平板桥，拱桥桥头靠东一侧为一圆形草药地被植物，中间树立台湾药王雕像，中心雕像两侧是两个大草药地被植物坪，每块草被上树立两座药王雕像，分别是曾到过龙山的另外3位药王(汉代的张仲景、明代的李时珍、清代的周学霆等)，海峡两岸药王同聚龙山药王广场，体现海峡两岸一家亲，中药文化无边界的理念。

广场外围采用间隔式守望柱石材栏杆环绕，栏杆侧面浮雕上刻有中药文化知识，让游客能在观赏中了解中华古老传承的医药治疗方式和中药悠久的历史文化。广场外围采用间隔式守望柱石材栏杆环绕，祭祀平台也用守望石材栏杆围绕，式样都与彩凤湖坝上的一样，栏杆侧面浮雕各式中医药治疗的图案、文字，例如针灸、拔火罐、中医药诗歌、中医药格言、药王名言、壁画等，让游客能在观赏中了解中华古老传承的医药治疗方式。

广场周边配置具有观赏价值的药用植物作为景观绿化植物的主调，体现药王广场的主题，如车前草、十大功劳、银杏、金钱松等。

(8) 中医药博物馆

在凤凰寺西南方向的山谷洼地建设中医药博物馆，依地形成弧形状，建筑面积 800 平方米，砖混结构，两层，仿古建筑，金色琉璃瓦覆顶、朱红色水泥粉刷墙体、彩色绘画修饰墙面，与凤凰寺的景观相协调。博物馆旨在展示博大精深的华夏中医药文化知识，以中医药名家典籍、中医药历史文物、少数民族医药文化、中医药用品等为展示对象，同时，利用现代高科技，借助声、光、电等高科技手段展示药王孙思邈在龙山留下的传奇故事。

(9) 中药材研究所

在张家坪规划建设中药材研究所，占地面积 3000 平方米，包括研究所办公楼和中医药专家楼，共两栋房屋，两层，砖混结构，木材装修，风格古朴。该研究所主要是组织国内外中药专家深入龙山开展中医药研究，以孙思邈药方为基础，研究和开发新型药剂、中药饮片，进一步挖掘中医药文化资源，发扬我国中药这一传统而博大精深的学科。

(10) 中药植物展示长廊

从老龙潭至药王殿游道两旁，依据龙山主要中药材植物的特性，布置益母草、乌头、川党参、金钱松、十大功劳、银杏等药用植物，并为每种植物配备以本地材质建造的介绍牌，阐述植物的有关属性和药用功能。

4　结语

在森林公园规划建设中，特色文化景观的营建是增加公园吸引力的重要元素，是营造公园标志性景点的重要手段。在设计中体现森林文化是突出森林公园特色的基本条件，在森林公园营造特色文化景观的过程中，需要把森林文化与景观环境的营建两者结合起来进行设计。

参考文献

[1] 但新球．文化设计理念在森林与湿地公园规划中的应用[J]．中南林业调查规划，2007(02).

[2]杨帆，熊智平．森林公园景观设计的基本内容与方法[J]．中南林业调查规划，2000.
[3]吴楚材．论生态旅游资源的开发与建设[J]．社会学家，2000，13.
[4]薛聪贤．景观植物造园应用实例：续编[M]．天津：天津科学技术出版社，1999.

第 15 章　森林生态文化体系建设项目设计
——以湖北省荆门市现代林业示范为例

现代林业，就是科学发展的林业，以人为本、全面协调可持续发展的林业，体现现代社会主要特征，具有较高生产力发展水平，能够最大限度拓展林业多种功能，满足社会多样化需求的林业。现代林业建设主要以可持续发展、近自然森林经营、景观生态学、生态经济学、循环型经济、碳汇理论、生态足迹理论、环境科学、和谐与小康社会建设理论作指导。

现代林业主要有三大体系建设：林业生态体系建设、林业产业体系建设、生态文化体系建设和基础支撑保障体系建设。

和谐的生态文化是生产力发展、社会进步的产物，是生态文明、社会繁荣的标志。把繁荣的生态文化体系纳入现代林业建设，充分体现了经济社会和现代文明的不断发展，体现了当今时代的文化内涵，拓宽了林业的发展空间，丰富了林业的建设内容。

生态文化体系作为林业三大体系之一，在全面落实科学发展观、构建社会主义和谐社会、建设社会主义新农村、推动现代文明建设中具有重要作用。努力提升林业在现代文明发展中的地位和作用，是积极开展生态文化体系建设的重要目标。

本文主要结合湖北省荆门市国家现代林业建设示范市总体规划实践，提出了国家现代林业建设体系中的生态文化建设项目体系与主要建设项目的内容与要求。

1　生态文化建设项目体系的构成

生态文化体系项目由生态物质文化、生态制度文化、生态精神文化建设项目组成。项目构成详见表 15-1“荆门市国家现代林业建设生态文化建设项目构成表”。

表 15-1　荆门市国家现代林业建设生态文化建设项目构成表

<table>
<tr><td rowspan="3">现代林业示范市建设中的生态文化体系</td><td rowspan="3">生态物质文化</td><td>花卉苗木产业建设</td></tr>
<tr><td>森林旅游产业建设</td></tr>
<tr><td>自然保护区与保护小区建设</td></tr>
</table>

续表

现代林业示范市建设中的生态文化体系	生态物质文化	森林公园与森林休闲小区建设
		森林文化广场与森林博物馆建设
		湿地文化广场与湿地博物馆建设
		林业科技馆、现代林业技术培训(中心)学校
		植物园建设
		种质资源保护
		古树名木保护
	生态制度文化	生态法制建设
		生态机构组织建设
		生态管理文化建设
		生态制度建设
	生态精神文化	生态文化理念宣教
		生态文化传播
		生态文化参与

2 生态文化主要建设项目

2.1 生态物质文化建设工程

生态物质文化建设目的是巩固、发展和完善以自然保护区、自然保护小区、森林公园、湿地公园、森林博物馆、森林文化广场、湿地文化广场、林业科技馆、城市林业以及旅游风景林、古树名木、纪念林和珍稀濒危物种种质资源为依托的生态物质文化建设，提高生态文化展示场所，为群众提供回归自然，享受生活的理想场所。构建起现代林业中繁荣的生态物质文化(文明)体系。主要建设项目有：

花卉苗木产业建设：以科技为动力，以市场为导向，以产业化经营为目标，以对节白蜡和湿地观赏植物为特色，强化207国道为主线，荆潜线、皂当线为两翼的花卉苗木总体格局，实施品牌发展战略，形成以国有苗圃为龙头，多层次、多种所有制协调发展的苗木花卉培育体系，形成一批有特色、区域化、集团化的种苗产业，打造荆门花卉苗木品牌。把荆门建成全国性的对节白蜡的苗木、盆景和盆栽生产中心和市场交易中心，湖北省著名的花卉苗木生产基地。主要建设以下三大基地：①对节白蜡盆景基地；②花卉苗木基地；③湿地观赏植物基地。

森林旅游产业建设：以国家级风景名胜区和国家森林公园为骨架，以省级森林公园、自然保护小区、湿地公园及森林旅游小区为网络，创新机制，重点建设森林公园、湿地公园等生态文化基础载体，发展独具地域特色的森林景区、景点，开发参与型、休闲型森林旅游产品，完善旅游基础设施和配套服务，打造精品旅游线路，促进森林旅游业快速发展，打造“世界文化遗产圣地，鄂中生态旅游走廊”——荆门，树立荆门森林生态旅游品牌。

自然保护区与保护小区建设：自然保护区建设在形式上是一种生态建设，根本上来说，它反映政府和大众对自然的一种认识与态度。因此，应该是文化建设的内涵，属于生态物质文化建设的内容。自然保护区建设主要以森林及野生动植物文化和湿地为主体的两大类。自然保护小区是对地带性珍稀植物、动物资源进行保护的场所，是生态文化在微观尺度的展示载体和创新平台，而且能够更加直观地对群众进行生态文化意识和观念的宣传教育。

森林公园与森林休闲小区建设：森林公园与森林休闲小区反映人类利用森林为主体而形成的森林文化和生态旅游文化，森林公园与森林休闲小区的建设，一方面可以让人们感受人类生存和进步的起源地；另一方面，作为创新生态文化的试验平台，把部分以木材生产为主的林场改建为森林公园或森林休闲小区，通过生产方式的改变来发展新林业经济，积极探索生态效益、社会效益和经济效益更好的新林业经济发展模式，以及由此衍生的新生态文化。

湿地公园与湿地休闲小区建设：湿地作为“地球之肾”，在人类文明的演变过程中起到极其重要的载体和推动作用，许多的人类文明都发源于湿地。湿地公园的出现，本质上就是新形势下生态文化创新的产品。因此，湿地公园和湿地休闲小区的建设，对促进人们对湿地文化和生态旅游文化的思考，积极探索生态效益、社会效益和经济效益良好的林业替代经济发展模式以及由此产生的新的生态文化体系具有重要意义。

森林文化广场与森林博物馆建设：以森林植被及植物为基调，以生态文化为内涵的高雅的市民广场。让缺乏与自然长时间接触的市民，通过森林文化广场的文化项目，真实感受生态文化、理解生态文化，并逐渐加入到生态文化建设中来。森林博览馆集中展示森林变迁与荆门近现代林业发展历程，让人们了解我国林业政策和制度，感受林业发展的轨迹。

湿地文化广场与湿地博物馆建设：湿地是孕育远古文明的源地，是生态文化的重要组成部分。荆门拥有丰富的湿地资源，湿地文化深厚。通过建立湿地文化广场和湿地博物馆，了解、认识、理解湿地文化，体会隐藏在湿地中独特的环境价值和文化价值。

林业科技馆、荆门市现代林业技术培训(中心)学校：以荆门近代林业和我国林业发展历程为依据，以高科技手段为依托，向大众展示林业科技文化的发展历史，以及由此带来的社会进步和人类文明的发展。同时展示由于生态文化建设的不足、生态环境与社会经济发展不一致等因素，而导致的生态灾难和古文明的消失。通过正反两面，给人以一定的联想和启迪。同时，集中展现我国现代林业示范市建设成就。

植物园建设：植物园是集中收集和保存植物种质资源的场所，植物采用园林化配置，融生态文化于植物之中，提升植物园的文化内涵。植物园作为大自然的缩影，采取集中的方式，对大众进行生态文化教育和科普宣传，提升群众的科普意识和保护意识。

种质资源保护：种质资源不但是人类的物质遗产，也是一种文化遗产，对种质资源的保护反映了人们对未来的一种态度，属于文化建设的内容。主要通过种质资源的保存和保护，向大众展示生态文化的核心内容——生物多样性保护，并提倡“生物和谐共处一个地球”的主题。

古树名木保护：2003 年，荆门市在荆门市范围内开展了古树名木普查工作，荆门市共有国家一级古树(500 年以上)65 株，二级古树(300 年以上)182 株，三级古树(100 年以上)485 株。主要树种包括皂荚树、朴树、香樟、银杏、冬青等。

通过对荆门市现有古树名木进行挂牌和划定保护区域，实行严格保护。

2.2 生态体制文化建设工程

体制制度文化是生态文化建设的保障体系，它是指管理社会、经济和自然生态关系的体制、制度、政策、法规、机构、组织等，生态体制建设是生态精神文明和政治文明的基础。加大生态体制文化和生态精神文化建设，普及生态知识，宣传生态典型，增强生态意识，繁荣生态文化，树立生态道德，弘扬生态文明，倡导人与自然和谐的重要价值观，努力构建主题突出、内容丰富、贴近生活、富有感染力的生态文化体系。构建起现代林业中和谐的生态体制文化(文明)体系。主要建设项目有：

生态法制建设：加强生态文化法制建设，依法管理。规划制定地方生态文化保护管理的法规、办法和规章制度，如《荆门漳河饮用水源保护条例》、《大洪山自然保护区保护条例》、《荆门长湖湿地保护管理条例》、《荆门城市林业保护管理办法》等。

生态机构组织建设：生态机构组织包括高效的林业行政机构(体制方面)、合理设置林业组织机构。如建设专门的生态文化培训中心、生态旅游服务中心等。

林业工作站建设：林业工作站是林业行业最基层的工作机构，肩负着林业工程建设、森林资源保护和林业法律法规、政策宣传的责任。充分发挥乡镇林业工作站“组织、管理、指导、服务”四大职能，优质高效地完成各项工作，全面推进现代林业建设。

木材检查站建设：木材检查站是设在重要林区或交通要道口的林业执法哨所，在严格执行林木采伐限额制度和采伐审批制度、凭证采伐制度，加强对木材流通的监管，严厉打击各类破坏森林资源的违法犯罪行为等方面发挥着极为重要的作用。

林业调查规划院(队)建设：林业调查规划院(队)负责对区域森林资源进行定期监测和生态工程绩效进行评价以及承担林业规划设计任务。规划主要解决目前荆门林业调查设计队存在专业技术人员缺乏，监测手段和基础装备落后等问题。

森林公安机构与队伍建设：森林公安机关是国家派驻林业机关和林区的具有武装性质的治安行政和刑事司法力量，承担着保卫森林和野生动植物资源、维护林区社会治安、保障林业改革和现代化建设事业顺利进行的光荣任务。针对荆门森林公安体系的现状，森林公安体系建设要按照“抓班子、带队伍、促工作、保平安”的总体思路，加强软硬件建设，推进森林公安正规化建设，全面提升森林公安的战斗力，为荆门现代林业建设保驾护航。

生态管理文化建设：生态管理文化是以绿色 GDP 为主的经济核算体系；以生态建设指标为核心的政府政绩考核制度；生态优先的政府科学决策机制；广大人民共同参与的生态建设格局。

生态制度建设：荆门市现代林业生态制度建设主要包括林业分类经营制度和林业生态产权制度建设。

林业分类经营制度：现代林业建设中，结合各地地貌特征和生态建设实际，合理分区域确定林业发展方向和建设重点，实行不同的经营机制、管理制度，形成主体功能定位清晰、区域发展目标明确、建设重点突出、政策措施得当的区域协调发展格局，推进森林分类经营管理。

林业生态产权制度：加速推进集体林权制度改革，明确林地使用权和森林、林木所有权，鼓励森林、林木和林地使用权的合理流转，重点推动国家和集体所有的宜林荒山荒地使用权的流转。

2.3　生态精神文化建设工程

生态文化的发展、传承都离不开宣传和教育。现代林业建设必须要求我们借助传统或现代的媒介——文学、影视、戏剧、书画、美术、音乐等多种形式进行大力宣传。大力宣传林业在加强生态建设、维护生态安全、弘扬生态文明、促进经济发展中的重要地位和作用，大力普及生态和林业知识，在全社会形成爱护森林资源、保护生态环境、崇尚生态文明的良好风尚，形成人与自然和谐的生产方式和生活方式。构建起现代林业中先进的生态体制文化(文明)体系。主要建设项目有：

生态文化理念宣教：落实科学发展观，树立环境友好观，培养资源节约观，发扬绿色消费观，培育创新型人才观，弘扬和谐伦理观。

生态文化传播：依靠屈家岭桃花节和桃花笔会、京山生态漂流文化节、荆门2008年首届现代林业论坛、中国荆门森林与健康论坛等方式进行生态文化传播。

生态文化参与：通过全民义务植树活动与"百千万"工程、绿色家园建设、新农村建设、生态人居环境体系建设、小康林业示范村、生态文明村、林业富民示范村建设、幸福林区建设等方式加大生态文化参与的力度。

3 结论

本文根据我国现代林业建设的要求，结合荆门林业实际，初步提出荆门现代林业建设中生态文化建设的总体构架和主要建设内容，为全国现代林业建设中的生态文化建设提供参考。

参考文献

[1]贾治邦. 坚持科学发展建设现代林业为构建社会主义和谐社会作贡献——在全国林业厅局长会议上的讲话，中国林业产业，2007，02

[2]江泽慧. 现代林业理论与生态良好途径[J]. 世界林业研究，2001，14(6)：1-6

[3]张永利. 现代林业发展理论及其实践研究[D]. 西安：西北农林科技大学研究生处，2004

[4]国家林业局中南林业调查规划设计院. 湖北省荆门市国家现代林业建设示范市总体规划(2007～2015)2007

第16章　森林植物文化设计
——以湖北省荆门市森林植物园为例

植物园是人们收集植物、认识和利用植物的重要基地，对植物科学的发展发挥了重要作用。世界各国植物园作为实现全球《植物保护全球战略》的重要力量，以达到遏止植物多样性的消失，维持地球的生态平衡，构建可持续发展的未来，已经成为了世界各国的普遍共识。以绿色植物为基础的植物园被列为城市公共园林绿地系统中最美的旅游景点。当今世界中，几乎所有的著名城市都建有植物园，并以此作为展示城市绿色文明的窗口。“一流的植物园与一流的剧院、一流的体育馆、一流的动物园”一起被公认为现代文明城市的四大标志。

我国十分重视植物园的建设。现有的植物园数量已达到240余个。根据对我国140处植物园的统计，共占地约24000公顷，收集保存的物种约17000种，占我国植物区系的50%～60%。随着社会、经济和文化的发展，人们越来越深刻地认识到植物园在科学技术和经济发展以及精神文明建设方面的意义，植物园成为了一个城市精神文明的窗口，是物质文明和精神文明发展水平的标志。

荆门市位居鄂中腹地，人称“荆楚门户，控制要冲”，地处我国南北地理气候过渡带和江汉平原向鄂西北山地、秦岭山脉过渡地带，植物资源非常丰富。据统计，荆门市共有野生种子植物128科、576属、1226种，荆门市占全国国土总面积的0.23%，却拥有全国种子植物的4.5%。丰富多样的植物区系类型、复杂的地理成分和丰富的生物多样性，为森林植物园的建设奠定了坚实的物质基础。

2007年，笔者受委托对森林植物园建设进行详细规划，在进行详细规划前，我们就植物园的文化进行了设计。

1　设计区基本情况

设计的湖北省荆门市森林植物园位于千佛洞国家森林公园东宝山景区内，地理位置为东经112°12′27″～112°13′27″，北纬30°59′27″～30°58′40″。土地总面积2652.6亩。

荆门市森林植物园是以我国亚热带常绿落叶阔叶林区植物为基础，以江汉平原向秦岭山脉、鄂西北山地过渡地带性珍稀与观赏植物收集保存为主，以园林布置展示为特色，集科普教育、生态旅游、科研推广与休憩娱乐饮食等功能于一体的中等观赏性森林植物园。

植物园建设的主要任务是：国家现代林业生态文化建设重点示范项目；湖北省生态文化建设、展示的窗口；湖北省植物生态文化建设、展示窗口；荆门市中小学生及市民的科普教育基地；建成荆门植物生态文化集中展示地，荆门市重要的生态科普与生态旅游目的地；荆门现代林业示范市的标志性工程，示范方向为社会公益性建设项目的融资渠道创新典范，经营运行模式的典范。

2 植物园的文化设计

植物园是城市文明的重要标志，体现着城市先进文化的前进方向。森林植物园建设以悠久的历史和丰富的人文景观积淀而成的荆楚文化为背景，多层次展示植物生态文化，如长寿文化、健康文化、森林文化、湿地文化、农耕文化等，丰富森林植物园文化内涵，提升荆门的城市文化氛围。

3 以观赏植物专类园展示中国传统文化

3.1 蔷薇园——中国爱情之花

蔷薇科的蔷薇属植物中最有名的是月季，它是经过人们对它长期的人工栽培和品种选育工作，最后培育出的，在一年中能反复开花的蔷薇，即月季。月季因月月季季鲜花盛开而得名。别名有：月季花、月月红、斗雪红、长春花、四季花、胜春、瘦客等。

月季花是中国传统十大名花之一。相传神农时代就已把野月季花移进家中栽培了。汉代宫廷花园中大量栽种，唐代更为普通。早在一千年多年前，月季就成了中国名花。它有“天下风流”的美称，其色、态、香俱佳，花期长达半年有余，能从5月一直开到11月，故有“月月红”、“月月开”、“长春花”、“四季蔷薇”等名称。月季以奇容异色、冷艳争春著称于世。18世纪末，中国月季经印度传入欧洲，在国外享有“花中皇后”的美誉。作为中国的名花之一，月季的别名叫“和平之花”。

红月季象征爱情和真挚纯洁的爱。人们多把它作为爱情的信物，爱的代名词，是情人节首选花卉。红月季蓓蕾还表示可爱。

白月季寓意尊敬和崇高。白玫瑰蓓蕾还象征少女。粉红月季：表示初恋。黑色月季：表示有个性和创意。蓝紫色月季表示珍贵、珍稀。橙黄色月季表示富有青春气息、美丽。黄色月季表示道歉。绿白色月季表示纯真、俭朴或赤子之心。双色月季表示矛盾或兴趣较多。三色月季表示博学多才、深情。在花卉市场上，月季、蔷薇、玫瑰三者通称为玫瑰。作切花用的玫瑰实为月季近交品种。因此，称它为玫瑰不如称它月季更为贴切。月季花姿秀美，花色绮丽，有“花中皇后”之美称。

月季历来为中国人民所喜爱，是中国传统名花之一。宋代大诗人苏辙在《所寓堂后月季再生》中写道：“何人纵千斧，害意肯留木卉，偶乘秋雨滋，冒土见微苗。猗猗抽条颖，颇欲傲寒冽。”表现出月季非常顽强的生命力和敢于与恶劣环境搏斗的精神。

月季是我国劳动人民栽培最普遍的“大众花卉”，在一年中“四季常开”。

“谁言造物无偏处，独遣春光住此中。叶里深藏云外碧，枝头长借日边红。曾陪桃李开时雨，仍伴梧桐落后风。费尽主人歌与酒，不教闲却买花翁。”宋代大诗人徐积的《长春花》这首咏月季，赞美月季的诗，从大处落笔，描写得绘声绘色，使读者诵读后赏心悦目。

在日常生活中，好花长开，好事常来，好人长在，是人们美好的盼望，宋代大诗人苏东坡有一首赞美月季的诗这样写到：

“花落花开不间断，春来春去不相关。牡丹最贵为春晚，芍药虽繁只夏初。惟有此花开不厌，一年长占四时春。”

在历代诗人中，赞美月季花美气香，四时常开的诗海里，最有名的是宋代大诗人杨万里的《腊前月季》这首诗，诗是这样描写的：

“只道花无十日红，此花无日不春风。一尖已剥胭脂笔，四破犹包翡翠茸。别有香超桃李外，更同梅斗雪霜中。折来喜作新年看，忘却今晨是冬季。”

这些历代赞美月季的诗篇，从侧面反映了月季在我国有着悠久的栽培历史和蕴涵的人文文化历史。

设计的蔷薇园建设总面积66.5亩，全园采用沉床式设计，轴线布局严整，中部是小广场，面积200平方米左右。广场为沉床式，圆形，沉床落差5米，上宽下窄，一边是以三层蔷薇花形图案铺装的缓坡台地式花环，逐渐向底部过渡。沉床周边是以疏林草地为基调的赏花区，樱花、碧桃、美人梅、蔷薇、玫瑰等蔷薇科植物或丛生密植为花海，或星罗棋布。一边是台阶式观赏休憩区，可供游客同时观赏和休憩。在广场轴线中央位置上矗立有蔷薇园主景石膏雕塑——花魂。

造型别致的花架、新颖的布置手法，容易形成良好的垂直绿化效果，故在园中设花架一座供蔓性蔷薇攀附，取名“百合架”，高约3米，长50米，供游人观赏。园区内造型别致的木椅、花架为游客提供了一个“疑是仙境非人间，醉花丛中不思返”的极佳休憩场所，使游客流连忘返，沉醉于这片花的海洋之中。每年3～5月，这里樱花吐蕊、海棠染霞，各种鲜花同时而开，纷呈妙姿，蔚为壮观。具体的植物配置注重乔、灌、草的搭配，以荆门野生园林蔷薇科观花植物为主，春季观花，秋季观果品果，该园收集主要的蔷薇科植物40种，根据建设发展需要，可尽量多收集其他蔷薇科植物进行引种。

3.2 菊花台

荆门拥有丰富的菊科植物资源，通过建菊花台方式向游客展示不同的菊科植物，既可起到展示作用，又可对游客起到科普作用。在欣赏美景的同时，又学到了知识。以菊花作为景点布置的主要植物材料，“菊色、菊香、菊韵”可为金秋十月增添无限乐趣和对美好生活的憧憬。沿干道进入菊花台园区，干道两边10米外布置以菊花为素材的长约150米的“五彩龙风”景观。在干道中央布置一硕果篮，作为菊花台的一寓意景观。

菊花台　建设地点为一山丘，对山顶进行小面积的硬化处理，硬化范围为直径为12米的圆形地基，在此地基上建一休息观景建筑菊花台，台高3米，木质结构，卷棚式台顶，台面六方形，面积36平方米，站在此台上可观四季花苑全景。在菊花台旁铺植面积约100平方米的草坪，在草坪中央放置一菊花石，以增添森林植物园的历史文化感。

3.3 山茶园——永恒的爱

山茶花的话语是永恒的爱。

中国是油茶的原产地。茶油是从山茶科油茶（*Camellia oleifera* Abel）树种子中获得的，是我国最古老的木本食用植物油之一。

油茶文化源远流长。据史料记载：楚汉之争，汉高组刘邦受伤，行至武陟，食之伤愈体健，遂封为宫廷御膳。唐代著名诗人李商隐食后，曾为油茶赋“芳香滋补味津津，一瓯冲出安昌春”的诗句。清代雍正皇帝到武陟视察黄河险工，知县吴世碌以油茶进奉，雍正食之大喜，称赞“怀庆油茶润如酥，山珍海味难媲美”，并传旨广开油茶馆，油茶由此盛名远扬。现代诗人卢一夫先生的一首《咏油茶》诗云：“梨花颜色梅花香，生就清容不待妆；独具英姿霜雪里，不同桃李斗春芳。”对油茶别有一番傲骨的慨叹！

荆门市京山县的山茶花种质资源圃有本地及引种的栽培品种100余种，山茶花资源丰富。以荆门现有山茶科植物品种为主建设山茶专类园，按不同的花色品种进行合理配置，供游客赏花，每种山茶科植物品种种植10～20株，山茶园总占地面积61.5亩。

山茶园以大面积茶树为背景，以谦和的建筑形象呼应环境。整齐的茶园，和谐的绿色点缀，以及茶文化气息的建筑小品，反映人性中拥抱自然的欲望，展示茶文化的起源与发展，茶与文化、茶与民族团结、茶与人类健康、茶的综合利用等内容。使人们在观光的同时，感受茶文化的熏陶，加深对茶文化的认识，体现茶文化的美学内涵，促进茶文化的传播。在园中高处建一亭，游人驻留此处，体会"云蒸霞蔚晨岚秀，长练天来清气存。绿浪翻腾香暗涌，一亭独望一山春"的意境。在展示茶文化特点的同时亦将成为游人驻足品茗观景的良好去处。

山茶堂山茶园中主要休息观景建筑，六角亭，仿古式建筑，建筑面积约20平方米。

品茶小筑　山茶园中休息、观景、品茶的小木屋，建设面积100平方米，在其周围设立茶文化墙，重点展示"茗流厅图"雕刻图。

"茗流厅图"雕刻图代表了中国茶文化5000年的历史。全图10个画面，第一幅反映神农尝百草，而有一种草救其命，这就是茶，说明茶能解毒；第二幅反映人类开始学习蒸茶、治病、解毒；第三幅反映一个种茶的场面，茶开始进入了人工栽培；第四幅反映了茶的药用、食用、饮用等功能；第五幅是一幅茶馆的劳作场面；第六幅讲述陆羽编写茶经；第七幅反映郑和下西洋时把茶叶与茶具带到海外；第八幅反映茶文化的传播；第九幅反映茶是文化的大使；第十幅反映各民族不同的茶文化的体现与显示。

3.4 木兰园——我国特有的名贵园林花木

木兰又名玉兰花、白玉兰、应春花；此花为我国特有的名贵园林花木之一，原产于长江流域，现在庐山、黄山、峨眉山等处尚有野生。

玉兰原产于我国中部，是中国著名的花木，北方早春重要的观花树木，上海市市花。在中国有2500年左右的栽培历史，为庭园中名贵的观赏树。分布于中国中部及西南地区，现世界各地均已引种栽培。

古时多在亭、台、楼、阁前栽植。现多见于园林、厂矿中孤植、散植，或于道路两侧作行道树。北方也有作桩景盆栽的。

玉兰花外形极似莲花，盛开时，花瓣展向四方，使庭院青白片片，白光耀眼，具有很高的观赏价值；再加上清香阵阵，沁人心脾，实为美化庭院之理想花卉。

文征明《玉兰》"绰约新妆玉有辉，素娥千队雪成围。我知姑射真仙子，天遣霓裳试羽衣。影落空阶初月冷，香生别院晚风微。玉环飞燕元相敌，笑比江梅不恨肥。"

玉兰是中国著名的观赏植物和传统花卉，广植于庭园中。其从树到花形俱美，且具浓香，是早春重要的观赏花木。玉兰花花朵硕大，洁白如玉。每当早春盛开时节，满树晶莹清丽，如冰似雪，远远望去，犹如雪山琼岛，美不胜收。

木兰科植物在园林中应用广泛，种类丰富，景观效果极佳。规划以荆门现有的园林木兰科观花观果植物为主建立木兰专类园，让游客更了解自己生活周围的观赏植物，具体建设位置详见森林植物园分区图。

木兰园采取规则式的设计手法，布局整齐，园路十字对称，园中央布一圆形水池，面积 80 平方米，控制水深 20～40 厘米，水池中央设置小喷泉，作为木兰园的一个景观小品。以水池为中心，十字对称，距中心 15 米的西北方向和东南方向分别布置一长约 30 米、宽 2 米的花架，攀附凌霄花、紫藤等藤本花卉植物，为整个园区增添活力。在距中心 15 米的东北方向和西南方向每边各布置 3 个矩形花坛，呈对称性布置。在园路两边布置大叶黄杨绿篱，园中地被物设计为高羊茅草坪草，四季常绿。在草坪上整齐地种植木兰科植物。每年 4 月初，木兰盛开，花香四溢，玉树银花，似碧玉雕成。

本园收集木兰科主要荆门本土植物 11 种，可适当引种其他木兰科观赏植物，总占地面积 87 亩。

3.5 蜡梅紫薇园——中华民族百折不挠，顽强奋斗精神的象征

蜡梅花金黄似蜡，迎霜傲雪，岁首冲寒而开，久放不凋，比梅花开得还早。真是轻黄缀雪，冻萼含霜，香气浓而清，艳而不俗。曾有诗赞美："枝横碧玉天然瘦，恋破黄金分外香"。蜡梅开于寒冬，若能从花店买来几枝，插入花瓶中，供于书案上，其清香弥漫室内，会使人感到幽香彻骨，心旷神怡。或送给慈祥的长者，寓意更深远。

蜡梅象征着高雅的风姿，生机勃勃，笑迎新春的刚强意志和高尚品格，以及不计名利，不怕困难，迎难而上的奋斗精神。

蜡梅树主干弯曲，枝杈稍长，浑身上下长满了针一般的小刺，枝杈上生长着椭圆型淡绿色的叶子。每当初春，枝杈上便全都绽开着许许多多粉红色的小花，每朵小花由密桃型的花瓣组成，中间伸出几根细细的黄色花蕊，每根花蕊的顶端都被花粉包裹着，凑上去闻一闻，一股香气就会沁人肺腑。

如果论摸样，蜡梅花并不出众，它既没有兰草那样清秀的枝叶，也没有玫瑰那样艳丽，但它却以那迎风傲雪的精神，给人们以奋发向上的力量。

每逢春夏白花盛开之时，蜡梅从不与其争艳，它总是默默无闻；而当隆冬季节，大地被冰雪覆盖，百花踪迹难觅，蜡梅却迎着凛冽的寒风越开越多，越开越旺，越开越艳，它浑身充满生机，昂首怒放。这意志坚强的蜡梅正是我们中华民族百折不挠，顽强奋斗精神的象征。

蜡梅花入冬初放，冬尽而结实，伴着冬天，故又名冬梅。蜡梅因其独特的个性，是冬季观花的最佳树种，也是城市美化、香化、净化空气的首选树种之一。在园中尽可能多地引种收集全国各地的蜡梅优良品种，如素心蜡梅、馨口蜡梅、小花蜡梅、米蜡梅、丛生蜡梅等，收集的品种数量不低于50种。

紫薇品种极多，花色各异，还有同树异花现象，花期长，景观效果极佳，主要收集紫薇与南紫薇等荆门乡土品种，尽可能地多引种全国其他各地的紫薇品种，如银薇、红薇、翠薇、小花紫薇等，收集的品种不低于20种。

蜡梅、紫薇两类植物采用块状种植，大面积种植，使游客体验“冬赏蜡梅，夏观紫薇”的震撼美景。蜡梅紫薇园地下被草坪草，在草坪草上种植蜡梅与紫薇品种，占地面积40.5亩。

主要景点设计：腊紫轩　蜡梅紫薇园中休息观景建筑，选址地势较高处，木亭，建筑面积16平方米，占地面积500平方米，并设置两长约100米，高程差10米的石阶。

3.6　合欢园——“合家欢乐”与“消怨合好”的吉祥象征

合欢在我国有着“合家欢乐”、“消怨合好”的吉祥象征，备受人们青睐。且合欢花叶繁茂，独具风韵，故其也是历代诗人赞美吟咏的主要对象之一。

合欢特性清奇，昼开夜合，知情而舒，耐人玩味，因此在它的不同名称中始终有一个“合”字，如“夜合”、“合昏”等。合欢作为一味中药，有安神解郁之效，据《神农本草经校正》记载：合欢能“安五脏，和心志，令人欢乐无忧”。因此古人以“欢”字来为它命名。合欢名美，树更美，给人们留下颇多的遐想。

根据翁有志、姜卫兵、翁忙玲等人的研究，合欢的文化主要体现在以下几个方面：

(1)以花养生。古人认为把合欢种在庭院里可使人消忿去忧，因此，常可见“夜合花开香满庭”的景象。古人还用合欢花来赠送友人，寄寓去嫌合好之意。《红楼梦》第38回记载：黛玉吃螃蟹后觉得心口微痛，要喝口热烧酒，宝玉便令将那“合欢花浸的烧酒”烫一壶来。可见合欢花不仅能祛除寒气，而且对黛玉的多愁善感、夜间失眠也有独特的功效。故自古就有的“萱草忘忧，合欢蠲忿”一说不无道理。

(2)爱情象征。合欢有情，传说4000多年前舜南巡时在苍梧逝世，他的2位妃子沿湘江两岸寻觅不到，长期悲伤流泪，泪尽滴血，血尽而亡，舜和妃子的灵魂互相感应，结合在一起成为合欢树。此树叶叶相对相合，枝枝交叉连理，象征着日日夜夜在一起，永不分离，被后人称为“爱情树”。中国古代民间爱情歌谣集《绝歌》中记载着一首隐喻男女情爱的《夜合花》：“约郎约到夜合开，那夜合花开弗见来，我只指望夜合花开夜夜合，罗道夜合花开夜夜开”。可见，合欢也是男女好合、美好爱情的象征。

(3)诗词歌赋，合欢寄情。合欢虽不名贵，但古人对它却充满了感情。唐代诗人元稹曾用“绿树满朝阳，融融有露光。雨多疑濯锦，风散似分妆。叶密烟蒙火，枝低绣拂墙。更怜当暑见，留咏日偏长。”这样的诗句将合欢描述成充满柔情的美丽少女。而明代王野的“远游消息断天涯，燕子空能到妾家，春色不知人独自，庭前开遍合欢花。”及杜甫诗中的“合欢尚知时，鸳鸯不独宿”等描述，则让合欢变成了断鸿零雁、云山万里、触动离痛的琴弦。白居易在京为官时，曾以盛开之合欢作诗“移晚校一月，花迟过半年。红开杪秋日，翠合欲昏天。白露滴未死，凉风吹更鲜”，以示其踌躇满志。在遭贬时，则以风折的合欢树作诗：“碧荑红缕今何在，风雨飘将去不回。惆怅去年墙下地，今春惟有荠花开”，以表身心凄凉之情，让人读后感受弥深。

由于合欢树势中等，枝叶优雅，栽植时应避免与高大观赏树混栽，同时，合欢蕴藏有深厚的文化内涵，与其他树种、花草进行巧妙搭配可创造富有人文特色的景点。

庭院观赏：“翠羽红缨醉夕阳，绵衣排云郁甜香”。合欢树姿优美，清秀潇洒，红花成簇，气味芳香，若在公园、机关、庭院单株或丛植数棵，可独成一景，树下置石桌石凳，纳凉赏月，不仅可供观赏及庇荫，更能清香阵阵，沁人心脾，健身提神。此外，合欢晨开暮合，知时而卷，知情而舒的特性，亦颇值玩赏，堪寄偶得之闲情。主要应用有：

街道列植：合欢，绿荫如伞，遮荫效果好，且合欢对二氧化硫、氯化氢等有害气体有较强的抗性，是污染较重的街坊绿地优先选择的绿化树种。相比其他热带树种而言，合欢御寒力较强，因此也可用于营造温带及寒温带城市街头别具情趣的热带风情。

风景区造景：合欢对生存环境要求不严，山、川皆可栽植。因此，合欢是风景区、景点造景的重要观赏树种。在崎岖山间，因地造型，斜态横生一枝曼妙细叶，可带来返璞归真的天然野趣。自古合欢就寓意着欢乐无忧的吉祥含义，因此有些景点就将喜树与合欢配置在一起营造“欢天喜地”的吉祥气氛。

滨水绿化：合欢耐瘠薄干旱，并稍耐盐碱，有固土之功能，可作江河、海滨护堤绿化树种。我国沿海城市威海、胶州就将“盛夏绿遮眼，此花满堂红”的合欢定为市树，在街头处处可见合欢随着微微海风轻舞的婀娜身影。

夫妻之间可互赠合欢花，或共同种下一些合欢花，伴随夫妻之间的爱情共同成长。合欢树叶和花蕊两两相对，象征永远恩爱，晚上合抱在一起，是夫妻好合的象征。唐朝诗人韦庄有诗赞合欢曰：“虞舜南巡去不归，二妃相誓死江湄。空留万古得魂在，结作双葩合一枝。”当花期来临时，它有一种独特的气质，花美，形似绒球，清香袭人；叶奇，日落而合，日出而开，给人以友好之象征，花叶清奇，绿荫如伞。所以合欢也寓意“言归于好，合家欢乐”。

荆门市豆科植物丰富，其中具有观赏价值的种类很多，如合欢、山槐、大叶合欢、紫荆、紫藤等。规划以荆门本土的豆科植物为基础，建设合欢园，以大面积的合欢、山槐为主景，每年3～6月，合欢、山槐的花开，红、白、黄三色花满枝，如成千上万的丝绒挂在树梢上，美丽之极，令人震撼。林下种植其他豆科的灌木、草本、藤本植物，合理搭配。这也向游客展示了不同生活型、不同形态的豆科植物。随着森林植物园的建设发展，可引种不同品种的豆科植物，丰富森林植物园的植物景观。

规划总占地面积104.1亩，该园主要收集的豆科植物35种。

3.7　松柏园——坚贞不屈、不畏强暴的中国文人精神代表

松柏，冬季不畏严寒，傲然挺立，夏季遮光蔽日，郁郁葱葱。一向被人们比喻为坚贞不屈、不畏强暴的高尚情操和奋发向上的精神。

合欢园的左侧，现为一片马尾松林，长势较好，规划在此建松柏园，占地面积230.5亩，其中建筑面积52平方米。主要展示松科、柏科、苏铁科、银杏科、杉科、罗汉松科、三尖杉科等科植物，因裸子植物不适合于密植，终年常绿会导致阴森之感，规划裸子植物间夹植一些花草灌木，局部地段铺植草坪，疏密有致地进行配置，丰富园区色彩和景观效果。该园主要收集裸子植物22种。

苍松翠柏高大挺拔，四季常青，灌木树丛密集交织，绿草茵茵，小径曲曲弯弯，一派森林景象。园内有针叶树及阔叶树，一年四季可游可观。春天是观赏的最佳季节，沉睡了一冬的松林抖擞精神发出新绿；夏天和秋天树冠形如盖，是游人寻阴纳凉的好地方；冬天，雪压青松，千姿百态的松柏迎着漫天的琼玉傲然屹立，威风凛凛，透出一派独有的精神，突出野外自然特色，同时在配套设施建设等方面将充分体现人与自然的和谐共处。

另外，根据该地势较平整的现状，规划在此建一素质拓展野营地，在林中布设素质拓展项目，如过独木桥、爬绳索等，让游客参与其中，增强身体素质，体会其中的乐趣，同时布置一些游客野营的设施，如帐篷、吊床等。

主要景点设计：

听涛亭　松柏园休息观景建筑，木质四角亭，可听松涛，赏秀丽风景，建筑面积16平方米。

松林忆古塔松柏园休息观景建筑，古典园林风格，观景塔，六层，选址于山丘的山顶，可远观城市景观和整个森林公园东宝山的人文景观，忆古思今，近可赏森林植物园的四季花苑、果圃等美景，建筑面积36平方米，24米高，与菊花台、东宝塔遥相呼应。

3.8　兰苑

兰科植物是我国的15类重点保护物种之一，荆门市列入《濒危野生动植

物种国际贸易公约》附录Ⅱ的保护兰花有20种。

规划在珍稀植物展示园的西侧，建立兰苑。规划用地面积30亩。有地栽也有盆栽，配置少数阔叶常绿乔木，为兰花庇荫。另建一些小蓄水池增加湿度。

兰苑主要收集荆门的地带性珍稀兰花品种，此外积极开展名贵观赏兰花品种的驯化栽培、品种改良，开展兰花组织培育研究，培育具有自主知识产权的兰科品种，提高开发利用价值，创造品牌，使之发展成为森林植物园的拳头产品。

4 植物生态文化园区展示中国植物生态文化

植物生态文化是一个国家和民族文化的组成部分，植物生态文化的形成与发展也必然随着国家和民族文化的兴衰而起落。植物与文化历来休戚相关，植物生态文化可体现国粹，植物可寄托人的情思。

植物生态文化也是植物园文化的主导，依托植物园和森林公园进行植物生态文化建设，也是体现植物园和森林公园的历史与文化底蕴的手段。当今世界，几乎所有的著名植物园都建有专属植物生态文化内容的园区，并以此作为展示所在城市绿色文明、历史的窗口。

以植物景观为基础充分挖掘，并展示植物生态文化的丰富内涵。"科学的内容，艺术的外貌，文化的灵魂"，把科学、艺术、文化三者融为一体，达到人与自然和谐共存。

4.1 同心园

规划在森林植物园东侧建设同心园623.8亩。在距离东门100米的位置，建设一天主教堂，占地面积6000米，建筑面积10400平方米，两层，欧式风格建筑。既可作为基督教徒们日常活动的场所，又可以作为同心园的一大景观，一些结婚的新人可在此举行西式婚礼。教堂四周进行绿化改造，充分结合教堂的西方建筑风格和实际功能，以铺植大面积的草坪为主。

同心园的其他地方现为保存较好的阔叶林，故可结合植物造景技术，在林中人为形成"连理枝"、"同根生"、"比翼双飞"、"同心树"等植物景观，既可以给人参观，又可以表示对情侣们"永结同心、百年好合"的幸福祝愿。另外，结合中西方婚庆文化，以中国古典园林风格与欧式风格相结合进行建设，通过小品、植物、石景、铺地、楹联、花门、刺绣式花坛等要素的巧妙组合，创造出具有诗情画意的婚庆园林景观，在内容上表现出中华民族传统婚俗礼仪，同时创造出一种年轻人追崇的时尚、西化的婚庆场所，以吸引新人们到此进行结婚留影。

沿主干道穿过落叶林，在两条主干道相交的位置，在此布置一些体现中国婚庆文化主题的景观。该建设地点地势较平坦，规划在此建一婚庆广场，总面积2000平方米，不做过多修饰，进行简单的地面硬化，布置一些灯柱。广场以一直径25米的圆形心连心花坛为中心，花坛形成一定坡度展示，突出立体感。广场上规则地布设四个长条形的花台，为了尽量迎合喜庆的气氛，花台中种植能体现喜庆的四季花卉，做到花色色彩斑斓，在圆形花坛背面为一文化墙，文化墙上展示中国婚庆主题内容，比如代表同心同结的“中国节”，或者写一大的“囍”字。

在心连心花坛正北方向为一坡度为5度，落差15米的石阶，石阶两侧为斜坡，种植观赏灌木进行绿化，石阶顶上为一平台，平台上布置花坛。紧邻平台正北方向为“爱情大道”，大道平坦笔直，象征新人以后的生活平坦。铺设99米长的红地毯，代表新人的爱情天长地久，在地毯最尽头布设一用鲜花组合成“囍”字的立体木花架。在红地毯两侧种植月季、吉祥草、百合等代表吉祥如意、百年好合的观赏花卉。同时，在两侧布置两排景观灯柱，以及两列可挂同心锁的锁道，使整个园区的轴线感更加强化。在立体木花架的背面，以条形的绿化带，附以色彩各异的花色植物，展示龙凤呈祥的主题内容。

同心园的其他绿地，通过植物形式展示和体现新人同心的主题思想。空间以绿地为主，自然缓坡地形、自然石园路、山石将该区营造为自然气息浓厚、生态感强、空间亲切的自然园。园内主要景点有——锄月坪(草坪)、紫藤情缘长廊、月老雕塑、爱情见证碑石等，景观元素既有现代感，又具有浓郁的自然气息。在这里，可以举行贴近自然的森林绿地婚礼。

同心园划出一片林地，布置为“爱情纪念林”，为情侣捐栽或认领树木作为恒久纪念提供场地和条件。林中以自然石块石园路来分隔空间，不做过多修饰。

主要景点设计：

同心锁道　在爱情大道两侧的两条铁链，可供情侣锁上同心锁。在同心锁锁上之后，把钥匙决绝的掷掉，便可“情定终身，永不分离”。可设计同心锁原本没有钥匙眼，这表示一旦订情，就无退路。

紫藤情缘长廊　通过塔建紫藤花架，形成一长11米的花廊，可供新人留影。

4.2　国花、市花园

国花是指以在国内特别著名的花作为国家表征的花，是一个国家、民族文化和精神的象征，虽然不写入宪法，但为各国人民高度重视，反映了对祖国的热爱和浓郁的民族感情，并可增强民族凝聚力。

市花是城市形象的重要标志，也是现代城市的一张名片。国内已有相当多的大中城市拥有了自己的市花。市花的确定，不仅能代表一个城市独具特色的人文景观、文化底蕴、精神风貌，体现人与自然的和谐统一，而且对带动城市相关绿色产业的发展，优化城市生态环境，提高城市品位和知名度，增强城市综合竞争力，具有重要意义。

引种种植适宜荆门种植的世界各国国花，同时，不定期的举办有奖问答比赛，让游客积极参与其中，让游客在旅游的同时增长知识。如英国、美国——玫瑰，日本——樱花，菲律宾——茉莉，荷兰——郁金香，西班牙——石榴花，德国——矢车菊，比利时——虞美人，墨西哥——大丽花，澳大利亚——金合欢，法国——鸢尾，泰国——睡莲，意大利——雏菊等。

同时，将湖北省周边省份的城市的、荆门适宜种植的城市市花进行种植展示，如北京——月季、上海——玉兰花、南京——梅花、荆门——石榴花、成都——木芙蓉等，不定期举办有奖问答比赛，让游客积极参与其中，让游客在旅游的同时增长知识。

表 16-1　适合荆门种植的国花、市花展示方式表

植物名称	展示方式	备注	植物名称	展示方式	备注
万代兰	文化墙	新加坡	薰衣草	文化长廊	葡萄牙
白花修女兰	联体展厅	危地马拉、厄瓜多尔	枫叶	文化墙	加拿大
赛波花	联体展厅	阿根廷	胡椒	文化长廊	利比里亚
王棕	文化长廊	海地	绣球菊铃兰	联体展厅	芬兰
小麦	文化墙	阿富汗	睡莲	文化墙	泰国、瑞典、荷兰
白金花	文化长廊	爱尔兰	红龙船花	联体展厅	缅甸
高山火绒草	文化长廊	瑞士	黎巴嫩雪松	联体展厅	黎巴嫩
康定杜鹃	联体展厅	文莱	桃花心木	文化长廊	多米尼加
热带兰	文化长廊	巴西、哥伦比亚	挪威云杉	联体展厅	挪威
罂粟花	文化墙	印度	五日兰	联体展厅	委内瑞拉
芙蓉	文化墙	刚果	菩提树	文化墙	普鲁士
油橄榄花	文化长廊	希腊	女神之花	文化墙	乌拉圭
稻花	联体展厅	柬埔寨、泰国	白雪花	联体展厅	奥地利
捷克椒	联体展厅	捷克、斯洛伐克	木棉	文化墙	中国台中、中国广州
卡特莱兰	联体展厅	哥斯达黎加	荷花	文化墙	中国济南、中国许昌
胭脂虫栎	联体展厅	阿尔巴尼亚	兰花	文化墙	中国宜兰、中国绍兴
银白树蕨	联体展厅	新西兰	刺桐	联体展厅	中国泉州

续表

植物名称	展示方式	备注	植物名称	展示方式	备注
塔树花	联体展厅	老挝	凤凰木	文化墙	中国汕头、中国台南
星兰花	文化长廊	斯里兰卡			

4.3 佛教文化植物园区

佛教自印度传入华夏至今已有两千多年的历史了，在众多的佛教经典中，无论翻开哪一部，都可以找到与植物有关的经文，而且佛经中所描述的植物至今还有许多在地球上生长着。佛祖释迦牟尼在《法华经》中说："我始坐道场，观树亦经行"准确地根据植物的生物学特征，采用喻理、类比、明志、比德等等方法，阐述教理，比喻人生。

佛教文化植物园区是一座集中华民族文化精髓，突出表现和平、安宁、幸福、祥和之气氛的园区。在佛文化园种植以下几类蕴含佛文化的植物：①成道植物；②悟道植物和祥瑞植物；③佛化植物；④寺院绿化植物；⑤礼佛植物与其花语；⑥佛经载体植物；⑦佛寺用材植物；⑧护法、表法、表意植物；⑨佛医佛药；⑩禁忌植物。同时结合佛教信仰文化建设文化墙，通过文字对佛教植物文化进行展示。

该园的建设设计面积58.7亩。对于适合荆门生长的佛教文化植物，进行种植，并对植物进行一一挂牌说明。不适合种植的植物，主要通过植物生态文化长廊或文化墙来展示，详细介绍这些佛教植物文化的背景。考虑到佛教植物生长特性，适合荆门种植的佛教植物种类极少，因此，该园主要通过建设植物生态文化长廊或文化墙来展示。

此外，在园中设一小型广场，面积2000平方米，供定期开展"佛教植物文化交流会"和"佛教植物文化展"等活动之用，并请佛学专家到此专门讲解佛教植物文化内容，吸引佛教信徒到此听学和游览。广场中央建一面积200平方米的荷花池，荷花池可作为放生池，里面种植荷花、睡莲等佛教植物。

4.4 人文植物园区

中国有深厚的历史文化底蕴，人们在欣赏、讴歌大自然中的植物美时，曾将许多植物的形象美概念化和人格化，赋予其丰富的感情和深刻的内涵。如梅花自古就称赞它的美，它的精神，被写进诗歌里面，被画在艺术家的笔下。

本区主要展示有人文意义的植物。展示的植物包括：

寓意万代绵长——葫芦，增年益寿、除病——茱萸，延年益寿——菖蒲，祥瑞象征——万年青、桂花，高风亮节、吉祥——"岁寒三友"，坚贞有节、地位高洁——柏，长寿之木——椿，招宝进财——槐，吉祥象征——梧桐等。

规划建设人文植物园区，总建设面积66.6亩。对于适合荆门种植的人文植物进行适当规模的种植，不适合种植的，通过碑林刻字或者文化墙，以文字方式向游客介绍这些有着中国特色的植物生态文化知识，如“岁寒三友”的意义。

另外，在园中建一植物生态文化馆，通过实物、图片等形式向游客介绍世界、中国悠久的植物生态文化历史，总建筑面积800平方米。

4.5 民俗植物园区

史前人类采食野果，神农氏尝百草而发现许多可治病的药草，有巢氏构木为巢，作为栖所。有文字记载以來，人们对植物的应用充分地出现在食、衣、住、行等日常生活中，甚至在文化艺术、风俗习惯、生命礼俗及宗教信仰等方面，植物亦是经常运用的材料。民俗植物的意义，指的是与日常生活有关的野生植物，不同种族所使用的植物可能不一样。例如印度人砍杂木当柴烧不砍伐菩提树，因为菩提树被视为圣树，是佛教文化的表征。

规划建民俗植物园区，建设面积85.4亩。主要展示我国常见的民俗植物，以及由民俗植物作为材料做成的日常使用的工具和器皿，体现中国悠久的农耕文化，让游客了解生活中常见的事物其特定的历史渊源和文化底蕴。在荆门能适合种植的植物以种植植物实体进行展示，并进行挂牌，在牌上注明该民俗植物的历史背景以及相关知识，如芒萁，叶柄颇长，柔韧富弹性，民间常用它编织篮篓，特别是水果篮。对于不适合在荆门生长的植物，通过建立植物文化长廊和植物生态文化墙来展示。

主要景点设计：

植物生态文化长廊：长廊贯穿于植物生态文化园区各园之中，各园区长廊段分别展示所在园区的植物生态文化知识，通过文字和图画的方式，图文并茂、生动地向游人展示各类植物文化主题。让游客可以一边散步休憩，一边丰富自己的植物生态文化知识。规划在整个植物生态文化园区建设植物生态文化长廊总长度2000米。

植物生态文化墙：以各园区段分别展示的所在园区的植物生态文化知识为主题，力求突出生态、环保、人文景观等要素，在墙上绘制丰富多彩的植物生态文化内容，起到对荆门市市民及游客的宣传教育作用。规划在整个植物生态文化园区建设植物生态文化墙200座。

5 经济植物区展示中国植物农耕文化

主要收集保存荆门与生产生活息息相关的植物资源，突出荆门地域特色，进行集中展示，提高森林植物园的科学内涵，这有利于加深游客对经济植物的认识。

5.1　速生丰产树种展示园

荆门地处江汉平原北部，水热条件丰富，适合于杨树、松类及地带性阔叶速生树种的生长，也是我国重要的杨树生产区，并已建成以杨树为主的速生丰产林基地。目前，速生丰产林及木材加工产业也已成为荆门市林业的支柱产业。

规划在森林植物园东部，临近老挡水库地带建速生丰产树种展示小区，占地面积45.4亩，主要向游客展示荆门市的速生丰产树种，如杨树（*Populus sp.*）、松类（*Pinus* sp.）及地带性速生丰产树种，共计10000株。通过不同的栽培模式培育速生丰产林，也可作为科研和科普的试验基地。此外，适当引进外地的速生丰产林的新品种，进行引种试验，为生产实际服务，提供技术支撑。

5.2　生物质能源植物展示园

生物质能源是一种可再生的能源，具有环保的特征。通过建立生物质能源植物展示园向游客展示荆门地带性的主要生物质能源植物，达到科普的目的，同时对荆门市生物质能源产业的发展起到一定的推动作用。

该区位于森林植物园西侧，紧临速生丰产树种展示园，占地面积27.3亩。主要展示荆门的生物质能源植物包括大戟科的油桐（*Vernicia fordii*）、千年桐（*Vernicia montana*）、乌桕（*Sapium sebiferum*）、黄连木（*Pistacia chinensis*），以及油茶（*Camellia chinensis*）、刺槐（*Robinia pseudoacacia*）、栎类（*Quercus* sp.）等生物质能源树种。同时引种试验外地的生物质能源新品种，进行生产试种研究，如麻疯树（*Jatropha curcas*），山茱萸科的光皮树（*Cornus wilsoniana*）、红瑞木（*Cornus alba*）等。小区共计种植生物质能源树种5000株，以起到加速湖北林业生物质能源产业发展，为解决湖北能源紧缺问题服务的目的。

5.3　经济作物展示园

（1）果圃

荆门干鲜果品种多，品质优良，在湖北具有一定影响力，如板栗、银杏、柑橘、黄桃、砂梨等。规划在森林植物园东部，紧邻松柏园的山丘上，立地条件较好区域建经果园。经果园分为板栗园、橘园、葡萄—猕猴桃园、桃梨园等4个专类果园区，向人们展示荆门丰富的果品资源。果圃主要收集荆门现已种植的壳斗科、芸香科、葡萄科、猕猴桃科等科的经济果品类植物。占地面积45.2亩。

①板栗园

荆门板栗种类、种质资源丰富，是湖北重要的板栗生产基地，仅京山县板栗种质资源圃就拥有板栗品种百余种。规划以京山板栗品种为基础建设板栗专类园，供游客观赏，果熟时让游客采摘，林下可以套种花生、西瓜、西红柿等植物，建设农林复合混交模式。板栗园占地面积10亩，收集保存品种以京山种质资源圃为主，约1100株，具体的板栗品种名录(略)。森林植物园可以每年定期开展“板栗节”，吸引湖北省内外的大量游客前来，也可以作为招商引资的一种手段。

②橘园

荆门东宝区漳河水库至当阳县是湖北省的柑橘主产区，橘类果品资源非常丰富，种类繁多，漳河柑橘在湖北省内属知名品牌，是荆门市重要的地方特产。橘柚类果品香甜可口，深受人们喜欢。规划在森林植物园建橘类专类园，让游客春季闻橘花飘香，秋季赏果品果，集中展示柑橘种质资源。本园占地面积10亩，主要收集保存的品种有柑橘、金橘、柚类等，品种不低于20个，约1100株。

③葡萄—猕猴桃园

葡萄、猕猴桃是人们非常喜爱的酸甜多汁的水果，对人的身体健康极为有利。在园中用钢筋混凝土、木材、钢管等材料搭棚架，作为葡萄、猕猴桃生长的攀援体，让游客在林荫下品果休闲。荆门当地葡萄、猕猴桃品种资源极为丰富，规划葡萄、猕猴桃专类园占地面积15亩。

主要景点设计：

七夕听声　园中葡萄架下摆设石凳、石桌等休闲设施，品葡萄和猕猴桃，会牛郎织女，充满诗情画意。

④桃梨园

荆门市有丰富的桃、梨水果资源，气候温和，产出来的果实大，汁甜，深受全国各地消费者喜爱。荆门市仅屈家岭区就拥有5万亩果园，盛产黄桃、砂梨等，在湖北影响较大。规划桃梨专类园占地面积10亩，可以让游客早春季节观赏桃花、梨花，果熟后品尝鲜桃、脆梨。收集保存品种以荆门现有栽植品种为主，约1000株。

(2)五谷园

规划在森林植物园东南部，同时紧临速生丰产树种展示园与生物质能源植物展示园的地带，建“五谷园”。规划占地面积28.2亩。园中蜿蜒盘旋着红色沙石小路，在园中建一“五谷小社”，总建筑面积100平方米，竹结构，通过简洁明快的竹厅、竹门以及原始古老的粮食加工工具——磨盘、碾子与高低起伏、错落有致的各种农作物完美地结合在一起，营造出一种简朴、温馨的农家小院的氛围。向游客展示常见的经济农作物，以及荆门丰富的农耕文化，做到让游客不出城区也能领略自然的田园风光，主要的经济作物包括玉米(*Zea* mays)、高粱(*Sorghum bicolor*)、小麦(*Tritic aestivum*)、甘蔗(*Saccharum sinensis*)、红薯(*Ipomoea batbaceam*)、大豆(*Glycine max*)、马铃薯(*Solanm tuberosum*)、棉花(*Gossypium herbaceum*)等。

6　盆景园展示中国植物艺术文化

盆景、盆栽是中国植物园特有的内容，有中国古典园林的风格和情趣，给游客以艺术的熏陶，美的享受。

规划在森林植物园蔷薇园的南面，建设占地面积35亩的盆景专类园。根据荆门特色，将盆景园分为对节白蜡专区、盆栽区、盆景区，向游客展示形态万千，景观奇特、人文内涵深厚的盆景盆栽艺术品。

由一组连廊形成背景，外部形象则是以四坡梯形屋顶的三个方厅与连廊组合，坡面为陶瓦，使建筑形象带有东方风格。园中的甬道上采用青石雕刻成不同流派、形态各异的盆景浮雕。盆景园内，随着景园内山地起伏变幻，不同的树木，不同的假山叠石呈现出多彩的效果。

对节白蜡(*Fraxinus hupehensis*)是荆门特有物种，仅生长在大洪山余脉的京山和钟祥等地，是制作盆景的优质材料。规划在盆景园中设立“对节白蜡专区”，集中展示对节白蜡盆景、盆栽各100盆；盆栽区展示荆门市本地盆栽植物1000盆；盆景区展示不同主题风格的盆景300盆，制作的植物材料以荆门乡土树种为主，充分展示荆门深厚的盆景艺术文化，以及“地窄景宽，以小见大”的盆景艺术魅力。

部分景点设计：

卷山勺水　盆景区结合地形，因势造景，做山地盆景园，丰富游览内容。

参考文献

[1]国家林业局中南调查规划设计院．湖北省荆门市森林植物园建设可行性研究，2007年．

第17章　森林科技文化展示设计
——以广东大南山现代林业基地建设为例

我国已进入全面建设小康社会、加快推进社会主义现代化建设的新的历史发展阶段，林业在生态建设中的主体地位和在可持续发展中的重要地位受到空前关注。赋予了林业一系列新的重大使命，其中之一就是建设生态文明。而发展林业技术是生态技术(制度)文化建设的重点。

1　现代林业技术文化特点

1.1　现代林业发展理念正在成为世界各国林业建设的主流

目前，从欧洲到北美，从日本到澳大利亚、新西兰，世界发达国家的林业都已走上现代林业发展道路，发达的林业已成为国家文明、社会进步的重要标志。

1.2　现代林业是生态与经济协调的林业

现代世界各国林业经营思想都发生了巨大变化，在具体的经营目标和重点上，虽然千差万别，但总体思路和发展方向基本一致，都在不断重视生态环境作用，兼顾生态与经济的协调，正在实现单一的木材经营向森林三大效益全面利用过渡。

1.3　产生了不同的现代林业建设模式

不同的国家，由于社会经济与环境的文化不同，其现代林业建设的模式也不同，比较有代表意义的有：

奥地利的“森林经营新模式”，其目的是实现不破坏生态平衡的环境保护与经营；

瑞典的“立地特点林业”，认为“合理林业可与小规模自然保护和景观并存”；

德国的“正确林业”，采取“与健全的科学知识和经验证明的实践准则一致的经营方法。同时，保证林地的经济与生态生产率，从而实现物质与非物质机能的永续”；

加拿大的“模式森林计划”，以森林生态经营思想为基本原则，大力倡导公众参与，积极引入科学技术和生态技术，持证经营，充分实现森林多种价值；

修正的热带“近自然森林经营”，要求从整体出发，经营森林生态系统，以保证生态系统的生产率与稳定性；

日本的"森林林业流域管理系统"，从日本国情出发，把森林作为"绿色和水"的源泉，按照流域来进行经营管理。

1.4　和谐发展已逐步成为世界林业发展的主题

现在林业不再只是一个经济部门，而是生态环境建设的主体，是人类社会健康和谐发展的基础产业——这已经成为共识。

和谐发展就是合理调控人类行为，尽可能地利用生态系统内部具有的自动调节能力，合理开发以保持其稳定性，实现生态效益与经济效益的统一，以达到"天人合一"的境界。

和谐发展已经成为当今世界林业发展的主题，2003 年 9 月，第 12 届世界林业大会确立了"森林——生命之源"的主题，勾绘了森林与人类、森林与地球、人与森林和谐共存的发展主线。

和谐发展下的林业也应该走和谐林业的发展道路，和谐林业就是根据生态系统的特征和演替规律，按照自然法则和社会发展规律，利用其自身控制规律，合理分配资源，协调人与自然的关系，实现生态平衡。

1.5　林业可持续经营理念深入人心

1987 年起草的《我们共同的未来》，全面阐述了可持续发展的概念、定义、标准和对策。1992 年联合国环境与发展大会对可持续发展问题进行了热烈的讨论，并取得了共识。可持续发展理论已成为当今世界各国制定林业发展战略的理论基础和基本原则。

1.6　森林的吸碳固碳能力认识为现代林业发展提供了历史机遇和挑战

大气中二氧化碳含量增加致使全球气候变暖而引起的"温室效应"，是导致诸多物种消亡、自然灾害频发、海平面上升等异常自然现象的罪魁祸首。为了最大限度地减少大气中的二氧化碳，1992 年，联合国通过了《联合国气候变化框架公约》。1997 年，为落实公约而制定的《京都议定书》形成；2005 年 2 月 16 日，《京都议定书》正式生效，这是人类历史上首次以法规的形式限制温室气体排放。《京都议定书》提出了实行减排的两种办法，一个是直接减排，即对现有的工业企业加大技术改造，限制、改造高污染、高耗能的企业；另一个是间接减排，这就是在发达国家或者发展中国家实行造林、再造林(2005 年以后所造的林)，增加森林面积，提高森林的吸碳固碳能力。《京都议定书》确立的清洁发展机制(CDM)，鼓励各国通过造林绿化来抵消一部分工业源二氧化碳的排放，允许发达国家在发展中国家实施林业碳汇项目，通过造林、再造林获得碳汇来抵减其承诺的温室气体减排量。中国是世界上宜于实施碳汇造林项目的最大发展中国家，因而为我国现代林业发展提供了历史机遇和挑战。

1.7 科技创新在世界林业发展中占据越来越重要的地位

世界林业发展观念和理念的改变，伴随而来的就是更多的科技创新成果应用到世界现代林业的发展中，通过科技进步带动现代林业发展，在现代林业发展建设实践中更进一步进行科技创新。

2 现代林业技术文化展示的内容与方法

2.1 林业生态技术展示

2.1.1 低质低效林改造技术展示

通过进行不同树种的配置、林分结构的调整以及生产经营模式的创新，对现有的60.0公顷低质低效林进行改造试验，并对其过程进行动态、连续监测，对其效益进行评价，展示低质低效林改造的技术与成果。展示低质低效林改造的主要技术有：

(1)补植改造技术

对残败和稀疏林分，或由于林分自身恢复和抗逆能力较弱，导致林木死亡或损失过多而形成的低效林分，采用阔叶树种进行补植。还应适当补植适生的灌木或草本。可以设计补植不同的阔叶树和不同的比例，展示补植改造后的林分和效果。同时，通过资料展示我国低质低效林的现状和改造技术。

(2)调整改造技术

人工针叶纯林，或者由于林分结构不合理、密度过大、导致林下植被稀少的林分。主要技术措施包括：

①抽针补阔。视林分状况可均匀或局部抽除停止生长或长势极差的林木，在空穴内选择乡土阔叶树种进行补植。

②间针育阔。在具有阔叶树天然种源下种的地带，采取间伐抚育措施，对林分密度进行调控，使间伐后的林分郁闭度介于0.6~0.7之间，一次性间伐强度不能超过20%，间伐作业施工完毕即开始进行封山育林。依靠天然更新或人工促进天然更新培育阔叶树种，恢复林下植被。

③透光疏伐。对高密度的林分，适当进行留优去劣，促进林木生长和林下植被发育，郁闭度控制在0.7左右，疏伐后进行封山育林。

同时，通过试验林和资料展示调整改造前后的林分状况。

(3)封育改造技术

适用于林分内有符合培育目标树种幼树幼苗的自然更新，或林分内、周边有天然下种能力的阔叶树母树分布，通过封育措施可望达到改造目的。该措施主要包括：

①人工促进。通过采取块状、带状除草以承接种子入土、除杂扶苗以促进

现有幼树幼苗生长等措施后，禁止人为活动干扰，对林分进行封育改造。

②封禁育林。对自然更新条件及现状较好的林分，划为封禁管护区，在杜绝人为干扰破坏下，实现对低效林改造的自然更替。

（4）更替改造技术

适用的林分状况属树种配置不当形成的小老头林和残败林，生长缓慢，无培育前途的林分。通过3～10年的时间，逐批保留生长相对较好的林木，以适生树种逐步更替。禁止一次性全砍重造，每次改造强度控制在蓄积的30%以内。更改过程中要加大阔叶树种的比重，提倡多树种混交，使之形成针阔混交林。对于植被稀少，水土流失严重的特殊地段，种植水土保持效果好的灌木或草本。

同时，通过试验林和资料展示我国低质低效林的现状和改造技术。

2.1.2　健康森林经营技术展示

森林健康是森林生态系统既能够维持其多样性和稳定性，同时又能持续满足人类对森林的自然、社会和经济需求的一种状态，是实现人与自然和谐相处的必要途径。

健康的森林应该物种丰富、结构稳定，既能发挥其特有的功能，同时又能持续地满足人类对森林的需求。正如健康的人体拥有能够抵御疾病的免疫力一样，健康的森林最基本的特征就是由于它的物种丰富、搭配合理、结构稳定，而具有一定的抵御病虫害和火灾等外界侵扰的能力。

狭义的健康森林可持续经营是指通过管理模式、机制等创新，使健康的森林持续健康，并可持续地发挥其主导功能。

设计的项目通过各种管理模式、机制创新，采取综合的健康保障措施，保证项目区森林的主导功能持续保持健康，并发挥最大的综合效益，为我国南方健康森林的可持续经营积累经验和提供示范。

根据健康森林经营的“主导功能健康”理念，我们把项目区健康森林可持续经营划分为三种示范类型：①城郊生态游憩林健康经营示范；②景观型水源涵养林健康经营示范；③生物多样性保护林健康经营示范。通过各种管理模式、机制创新，采取综合的健康保障措施，保证项目区森林的主导功能持续保持健康，并发挥最大的综合效益。

规划项目工程规模为140.0公顷。通过采取土壤健康经营技术、森林火险管理技术、森林生态游憩体系建设技术、森林有害生物防治技术和生物多样性保护技术等措施，来提高森林资源的健康水平和生态服务功能。

2.2　林业产业技术展示

2.2.1　优质木材生产技术展示

由于森林资源破坏严重，珍贵乡土树种日益减少，优质木材的供给越来越少，而市场需求却越来越大，供需矛盾的加大导致了优质木材市场价值越来越高。该项目通过对优质木材树种的生物学特性、生态学特性及其适生条件作全面的研究，对优质木材树种进行开发利用，并形成优质木材生产基地，是现代林业建设的重要任务。

优质木材生产技术展示通过选择合适的优质木材品种，建设集科学研究、生产示范和推广应用于一体的优质木材生产基地。

在基地展示：优质木材品种（在大南山选用了：降香黄檀、红椎、格木、闽楠、柚木、观光木、阿丁枫等珍贵用材树种；药用类：土沉香、檀香、肉桂等；果及生物能源类：杨梅、橄榄、油茶、千年桐等其他珍贵树种）、优质木材的作用、优质木材的培育等内容。

2.2.2 名优绿化苗木生产技术展示

名优绿化苗木是提高人类居住环境的重要物质，研发和培育名优绿化苗木的技术也是现代林业技术文化的重要组成。名优绿化苗木生产技术展示主要内容有：

规划修建高档温室苗木大棚，主要种植广东省或热带亚热带区域名优绿化苗木如凤凰木、秋枫、木棉、扁桃、大叶紫薇、海南蒲桃、海南红豆、海南榄仁、阴香、红千层、白千层、小叶榕、尖叶杜英等优良苗木品种。推广多种大苗木种植技术，主要种植大规格绿化苗木。同时，开展科技服务和信息服务。

2.2.3 森林食品、干鲜果产业技术展示

绿色、纯天然食品是人类提高生活品位的基本要求，是现代文明的标志之一。生产以“四高”（高品质、高品位、高效益、高标准）为目标，无公害、健康、安全的天然森林食品，是现代林业的基本任务。规划以下具体建设内容，以展示森林食品、干鲜果产业技术。

（1）森林蔬菜种植

主要以特色高档的森林蔬菜种植为主，规划规模为20.0公顷，具体可以分为以下建设内容。

①乡土特色森林蔬菜种植：主要以广东人喜欢的乡土森林蔬菜种植为主，可选择蕨、菜蕨、乌毛蕨、土人参、白花败酱、大青、牛大力、昆明鸡血藤、塘葛菜、水芹、革命菜、刺芫荽、土茯苓、马齿苋等蔬菜。

②新品种的试种：主要进行诸如太空育种和其他新品种的试种，提高森林蔬菜的科技含量和产品附加值，提高单位林地的经济产出。

③森林蔬菜的无土栽培：采取无土栽培技术，进行森林蔬菜的无土栽培，营建不同种类、不同生长阶段的森林蔬菜生长序列，一方面可以把无土栽培的森林蔬菜出售给中小学生，增强其科普知识，另一方面也可以开展生态观光。

④森林蔬菜采摘园：对以上的森林蔬菜生产可以采取开放式的采摘园模式进行建设，让游客采摘自己喜爱的森林蔬菜。

(2)森林野果种植

主要以不同季节独具代表性的森林野果种植为主，规划规模为20.0公顷，具体可以分为以下建设内容。

①乡土特色森林野果种植：主要以广东人喜欢的乡土森林野果种植为主，可选山椒子、紫玉盘、桃金娘、赤楠蒲桃、茅莓、空心泡、豆梨、罗氏胡颓子、山油柑、香港四照花、酸藤子、扁担藤。

②新品种的试种：主要进行诸如太空育种和其他新品种的试种，提高森林野果的科技含量和产品附加值。

③森林野果采摘园：对以上的森林野果生产可以采取开放式的采摘园模式进行建设，让游客采摘自己喜爱的森林野果。

(3)森林食用菌生产

主要选用广东省微生物研究所提供种源母种进行森林食用菌生产，品种包括灵芝、北虫草、鸡腿菇、桃花菇、黄金菇、长根菇、金鳞伞、大斗菇等品种，以及部分可选择生产的品种如鲍鱼菇、秀珍菇、椴木香菇等。规划规模1.0公顷。为满足灵芝加工原料生产、食用菌商业生产和技术推广的需求，初步确定建立适合灵芝、虫草和其他食用菌栽培的通用生产工艺。

2.2.4　森林药材种植技术展示

森林是我国中药材的重要来源地，森林药材是我国中药文化的重要组成。建立一个无公害、以名贵药材为主的森林药材生产基地，充分展示我国南方特色森林药材生产及制药产业文化很有必要。

规划主要以珍稀名贵药材种苗生产为主，按照药材效用分类，选择适当种类进行种植。同时，配合其他手段进行森林药材种植技术展示。

2.2.5　动物繁育利用技术展示

动物是人类生产、生活与生存不可或缺的资源，动物繁育利用态度、技术水平、利用方式是人类文化发展的标志。

规划建立森林动物人工养殖、繁殖场。利用科学的解说系统，充分展示动物与人类关系、人类利用动物的历史、养殖、繁殖的技术，是现代林业技术展示的重要内容。

规划在大南山建立以白鹇为主，多种雉类物种为辅的鸟类繁殖场；争取尽量收集全国的雉类物种，争取达到20种左右；并在白鹇养殖成功的基础上，以红腹锦鸡、黄腹角雉为重点，进行规模化养殖和商品化利用。另外通过蜜源植物的种植，蜂场的建立，在此基础上发展成为养蜂生产基地，同时发展产品的深加工，并使养蜂与旅游业相结合，增加经济效益；同时进行黄粉虫人工养殖。

2.3 森林生态文化展示体系

现代森林文化是现代林业文化的基础。森林是现代文明的标志。展示森林文化是展示现代林业文化的核心。

规划通过建设森林文化博览园来展示森林文化。

森林文化博览馆：配置声像，相关相片，花卉，观赏动物以及各种以森林为主要原材料的各类实物于展厅内，向人们展示森林文化的内涵，使人们从中更多地了解林业在生态建设中的重要性。森林文化博览馆还要建设昆虫文化展览室、鸟类文化展览室、爬行动物文化展览室、两栖动物文化展览室、哺乳类动物文化展览室等。

森林文化博览馆还要通过室外实物营造从史前部落、原始社会、封建社会至今的森林生态科技文化发展过程，并营造多品种的树木园、人工模拟原始森林、森林生态系统被破坏的序列等。

选择大南山林场 3 ~5 块生态景观效果较好、交通方便、面积达到 20.0 公顷左右，林分状况良好的马尾松林、湿地松林作为森林精气浴的场地，在场地内用原木构建若干座简洁而明亮的小型精气浴的场所，在场地内配置一些音像设备以配合森林精气浴冶疗。此外，开发樟树林、枫香林森林精气浴基地。同时，还要通过一些活动来展示森林文化。如：

大南山现代林业技术展示论坛：以大南山现代林业建设实践以及取得的经验、存在问题为例，进行中国现代林业建设的研讨。

大南山森林文化节：以森林生态文化科技博览园为依托，每年举办大南山森林文化节，扩大大南山影响，提升生态文化内涵。

大南山森林食品交易节：以无公害的森林食品和药材等为主，开展大南山森林食品交易，提高影响。

大南山生态旅游节：以大南山生态旅游资源为主，以周边森林植被和人文景观为依托，宣扬回归自然，享受自然的理念，发展生态旅游。

大南山林业产业交流与合作研讨会：以现代林业产业建设为主题，以大南山林业产业建设为例，进行现代林业产业建设交流与合作研讨。

2.4 林业科技创新技术展示

2.4.1 种质保存与创新技术展示

种质保存是当代人类为了保护人类后代的生存资源而开展的一项工作，是人类文明进步的表现，当然，也是文化的重要内涵。

种质保存技术是现代林业的关键技术之一。利用展示技术展示林木种质资源采集、保存、鉴定、开发和利用技术，是人们了解现代林业的重要手段。

种质保存与创新技术展示工程主要包括：林木种质保存与创新技术展示以及林木新品种扩繁技术展示。

2.4.2　新品种新技术展示

新品种新技术是现代林业技术的前沿，展示新品种新技术就是展示现代林业关键技术。主要是通过以下内容展示：

高产优质的林木品种：如：

①相思：黑木相思、马大相思、厚荚相思。

②湿地松：湿地松。

③桉树：主要选择适生的生长迅速的无性系，包括 DH32－29，来源于 U16×G46 的杂交组合；广林—9；韦赤桉。

速生丰产林技术模式：主要针对不同的立地条件，通过采用不同的栽种、生产、经营和管理技术来提高速生丰产林的单位面积产出和生产力，并总结出相应的技术模式。

高效集约立体林业发展技术：通过发展不同立地条件的高效集约立体林业模式，以最小的投入获取单位面积林地的最大收益为目标，为我国南方高效集约立体林业发展提供示范，积累经验，并积极推广成功的高效集约立体林业发展模式和经验。

参考文献

[1]国家林业局中南调查规划设计院. 广东大南山现代林业建设基地建设总体规划. 2009 年

第 18 章　森林康体保健文化设计
——以重庆市九峰山为例

重庆市九峰山森林公园位于合川区南郊，距离合川主城区 8 千米。重庆市九峰山森林公园自然旅游资源和人文旅游资源相当丰富，森林公园内观花、观叶、观果、观形等观赏植物种类繁多，形成绿叶透珠、山花烂漫、形态各异、层林尽染的迷人景观。具有奇特的地貌景观、层次丰富的森林景观、变幻莫测的天象景观、历史文化深厚的人文景观，这些为森林公园的旅游建设和开发提供了有利条件和基础。合川区居四川盆地东部，华蓥山南段西北麓，嘉陵江、渠江、涪江交汇处，被誉为“三江明珠”。历为渝西北、川东北地区的交通枢纽、经济走廊，自古素有“小重庆”之美称。

通过调查研究，把公园规划为：同时具备通道型、集散型和休闲观光型旅游目的地特征的休闲型健康养生旅游目的地和深度游憩目的地。建设以资源保护为前提，以自然生态为本底，以健康休闲为旗帜，以多元文化为底蕴，以“山水林茶”为着力点，与“茶”、“水”、“林”深度互动的，以休闲观光为先导和基础产品，以休闲型健康养生和深度游憩为未来主导产品，以科考科普等专项旅游为重要补充的、复合型的、融旅游集散综合服务、旅游商品制造销售等产业功能于一体的养生游憩区。

规划充分依托公园良好生态与环境以及我国健康养生文化，并结合地方中医药产业的优势资源，以山岳森林休闲养生度假为主导，开展养生保健、度假疗养、山地森林有氧运动、健康测评，培育具有休闲特质的健康养生文化。依托重庆市九峰山森林公园丰富的森林风景旅游资源，尤其是独具特色的文化与休闲资源和良好的山地森林气候资源优势，打造“重庆九峰、康体休闲、绿色生活”为主题的重庆康体休闲品牌，构建起以“康体休闲体验，健康度假休闲”为核心的旅游产品体系。

1　项目区基本情况

1.1　地理位置

合川区位于重庆市北部，距重庆市主城区 57 千米，是渝(重庆)合(合川)高速路的终点。合川区居四川盆地东部，华蓥山南段西北麓，嘉陵江、渠江、涪江三江交汇处，被誉为“三江明珠”。地理坐标为东经 105°58′37″～106°40′

37″，北纬 29°51′02″～30°22′24″，幅员面积 2356 平方千米，南北宽 58 千米，东西长 69 千米，东接渝北区、华蓥市，南邻北碚区、璧山县，西南靠铜梁县，西北毗邻蓬溪县、潼南县，北界武胜县，东北与岳池县接壤。历来为重庆通往川北、陕西、甘肃等地的交通枢纽和经济走廊，自古素有“小重庆”之美称。

重庆市九峰山森林公园位于合川区近郊，距城区 10 千米，距 212 国道 8 千米，地理坐标为东经 106°11′58″～106°20′57″，北纬 29°56′34″～29°56′58″。公园总经营面积 1885.9 公顷，与铜梁县交界，地跨合川区南津街街道办事处米坊村、大湾村，合川区盐井镇茶园村、回龙村、大坝村、塘坝村、观音村七个村及三汇国有林场部分。

1.2　地形地貌

1.2.1　地层岩性

合川区大地构造区域属四川中台坳，出露地层从老至新有古生界二迭系、中生界三迭系和侏罗系、新生界第四系。

重庆市九峰山森林公园属三迭系。本系地层由上而下分为上、中、下三个统。上统须家河组属河湖沼泽相砂泥岩沉积，含丰富的植物化石，又是盛产煤、铁的重要层位之一；中统雷口坡组由针孔状、蜂窝状、角砾状构造的白云质灰岩、白云夹膏盐层组成；下统有嘉陵江组和飞仙关组；嘉陵江组一、三段为灰色、黄灰色岩夹生物碎屑灰岩，条带状构造发育，二四段为棕色、灰色白云岩夹膏盐层；飞仙关组上部三四段属碳酸盐岩类地层，岩溶水含量丰富；下部一、二段属碳酸盐岩夹碎屑类地层。重庆市九峰山森林公园多属下统嘉陵江组，多灰色、黄灰色、棕色岩层。

1.2.2　地质构造

合川区地质构造属新华夏系构造体系，全境有两种地质构造类型。境东及东南部属川东平行岭谷区沥鼻背斜华蓥山褶断带中间的一段，其余境内的大部分地区属川中褶带龙女寺半环状构造区。

重庆市九峰山森林公园属华蓥山复式背斜褶断带。此褶断带为一北东向的狭长条形背斜隆起山脉，至杨柳坝处，山脉渐转南西呈帚状撒开，表现为以华蓥山为主体的一系列北东向、长条形和不对称的褶皱。背斜挤压紧密，向上隆起幅宽高；向斜规则宽缓。此带的次级构造单元共有 4 条背斜和 3 条向斜。公园所属的九峰山就是其中的一段。

1.2.3　地形

合川区地形受地质构造和岩性的制约，其特征是东、北、西三面地势较高，南面地势较低。全境地形大致分为平行岭谷和平缓丘陵两大类型。

重庆市九峰山森林公园属平行岭谷地形，其山麓部分由于岭层倾斜和汇水切割，呈单面山丘岭状发育，形成狭长条带状高峻山岭与低矮谷地相间的平行岭谷地形。

1.3 气候

重庆市九峰山森林公园的气候因受东亚季风环流的影响，具有亚热带湿润季风气候特征，气温、降水、日照、风力等均有明显的季节性变化。其特点是：冬暖夏热，春早秋短，无霜期长，云雾多，日照少，雨量丰富，湿度大，风力小，春有连阴雨，夏常有伏旱，秋多绵雨，冬少寒潮。由于地形复杂，又处于川中丘陵和川东平行岭谷的交接地带，海拔高差大，自然形成了地区性、季节性气候变异。多年日平均气温 7.2℃，最冷月为 1 月，最热月为 8 月，历年极端最低温 -3.7℃，最高温 41.4℃，公园内平均比市区低 2 ~ 3℃。年平均降水量为 1131.3 毫米，春、夏、秋、冬四季降水比例为 24.7∶41.9∶27.5∶5.9。年平均日照时数为 1288.7 小时，夏季 7、8 月日照最多，冬季日照最少。公园属亚热带季风气候区，风向以偏北风为主，偏南风为辅，风速平均为 1 米/秒。年平均蒸发量为 933.1 毫米，夏季蒸发量大，冬季蒸发量小。

公园的灾害性气候主要有干旱、暴雨洪涝、大风、冰雹、连阴雨、寒潮等。干旱主要有春旱、夏旱、伏旱三种；暴雨多发生在 4 ~ 9 月；洪涝灾害主要集中于暴雨季节；大风集中于 7、8 月；冰雹降于 7 ~ 8 月的傍晚到上半夜；低温阴雨多出现在 3 月 1 日至 4 月 10 日，出现年代的频率为 52%；寒潮以 3、4 月居多，出现年代频率为 42%。

1.4 水文

合川区水资源相当丰富，多年平均降水总量为 9.06 亿立方米，年均地表径流为 320 ~ 480 毫米。按径流深计算，地表水资源量人平水量 637 立方米，土地面积亩平 263 立方米，耕地面积亩平 729 立方米。过境水以嘉陵江、涪江、渠江为主，三江多年平均径流量 730 亿立方米，过境水域面积 76.45 平方千米，流程总计 248.5 千米。市内可利用水电动力理论蕴藏量 56.25 万 kW。市内地下水储量总计 10744 万立方米。

重庆市九峰山森林公园水资源相对较丰富，首先其地理条件优势导致降水丰富，地表径流也大于平均值；同时地下水相当丰富，园区内有多处地方有地下泉水自涌而出，清澈透明，碧色如玉；还有大量的温泉资源，现正进行有计划的开采利用。

1.5 植物资源概况

重庆市九峰山森林公园属川东盆地偏湿性常绿阔叶林亚带、盆地底部丘陵低山植被地区、川中方山丘陵植被小区。植被类型有阔叶林、针叶林、针阔混交林、竹林、经济林和灌丛等多个群系。园区内无原生植被，马尾松、杉木为主的次生针叶林是公园的主要植被，以柑橘(大红袍)为主的经济林也是园区的一大特色，还有慈竹、毛竹等组成的竹林，另有零星分布的以丝栗、楠木、青杠等组成的阔叶林。

1.6　野生动物资源概况

公园内的动物资源主要有两栖类、爬行类、兽类、鸟类、昆虫类等。公元1957年以前，公园内还有毛狗、香獐、豹、狐狸等，现存两栖类主要有中华蟾蜍、中国林蛙、沼水蛙等10余种；爬行类主要有鳖、蹼趾壁虎、乌梢蛇、黑背蛇等10种左右；兽类主要有草兔、貉、黄鼬、狗獾、社鼠、松鼠等10余种；鸟类主要有白鹭、绿头鸭、红隼、喜鹊、灰胸竹鸡、家燕、画眉、白头翁、鹌鹑、麻雀等70余种。

2　康体休闲产品项目规划

根据重庆市九峰山森林公园的定性和旅游主题，进行公园康体休闲与生态文化产品项目规划。

康体休闲游是一种专项旅游产品，属于旅游范畴中的一大类。提出这个概念，是因为当代人开始注重生活质量、追求生活体验、改善人民身体素质和身心愉悦的结果。康体休闲游的具体形式早在中国古代就存在，类似于远足等等。总体上说，这是与当代人生活质量、品质相联系的理念，它是各种相关活动复合于旅游上的一种新的旅游形式。

康体休闲游产品重点就是康体，游客看重的不仅仅是那些原生态的旅游对象，更看重打破传统的观光旅游方式，即自助型的徒步、露营、野炊等，整个活动给人们带来了更深的体验和感受以及健康的意义。而康体休闲旅游最大的特点是可以不断重复，因此它的参与性更大、灵活性更强。

森林康体休闲项目类型划分为：①游览观光型森林游憩、康体休闲：是指利用森林景观资源而进行的康体休闲活动；②参与型森林游憩康体休闲：是指利用森林娱乐资源为主要形式的康体休闲活动；③体验型森林游憩康体休闲：是指利用和享受森林生态系统资源为主要目的的康体休闲活动。

2.1　游览观光型森林康体休闲项目

2.1.1　森林山水地貌游览，森林景点游览

利用线路组织对公园独特的地貌、生物景观进行观光游览而获得审美愉悦的康体休闲行为。作为规划与管理者主要工作是进行合理的线路组织和景点解说。

森林景点游览。在全园典型林区、珍稀树木个体或群落分布地段，用标牌指示，沿游路布置、展示。

雄险奇特的地貌景观通过游路和观景点(台)来展示，主要沿森林旅游景区展开。

2.1.2 生物游览(九峰山特有和珍稀植物园、观赏植物园等)

通过对生物旅游产品的观光、游览、享受而获得知识与愉悦的一种康体休闲行为(项目)。

◆天然植物园

◆茶园

◆竹园

◆设计秃杉林景点

◆观鸟台

2.1.3 林区考察、实习游

主要为专业技术人员、大中专学生、中小学生，提供为获得关于森林与生物专业知识而以康体休闲形式进行的考察与实习。

◆开放各类专业园供学生实习。

◆开放独特的森林农家经营模式、园区新农村建设等供专业考察使用。

2.1.4 林区赏雪、观花(四季游览、观光)

根据季节不同而设计的一些专题康体休闲活动。

2.2 参与型森林康体休闲项目设计

2.2.1 林区野炊

在大自然中享受美食，不但是人类的一种返祖需求，而且成为人们时尚休闲、人们相互交流的一种形式。

在森林旅游景区的知青房景点，设一个森林休闲小区，小区内开辟专区开展森林野炊。

2.2.2 林区烧烤

人类祖先自发现火以后，大部分的食品都以烧烤形式进行。因此在人类潜意识中早期行为方式一直深深地隐藏，烧烤就触动了人类意识中深藏的信息，使人们仿佛回到早期生命的摇篮，而产生旅游愉悦。

在生活管理区森林农家示范村开辟专门烧烤区。

2.2.3 森林远足

远足是人们对发达便捷的现代交通工具十分发达的一种适应性补偿，是人类为了身体或者人进化需求而产生的适应性行为。因此，设计专门森林远足线路，提供配套的远足康体休闲服务日显重要。

在公园内开辟 3 ~4 条森林远足线，满足不同层次游客远足需要。

2.2.4 林家乐(农家乐)

以独有的林区环境，林区林农人居、习俗、文化、生产活动为基础，短时间(一般1~2天)与林农共同生活以求达到旅游愉悦的活动，它是乡村旅游的重要组成部分。乡村旅游目前已作为中国反贫困的一种战略，因此，林家乐(或林区旅游)也是林区林农脱贫致富的一种重要举措。林家乐康体休闲项目的开展，目前的关键是，农户应在家庭环境卫生、食品卫生和语言沟通上进行改善。

主要在森林农家示范村进行。

2.2.5 森林野外生存

森林野外生存是回归原始生活，锻炼野外求生本领，磨练意志的一项惊险康体休闲。目前由公园管理者开辟的森林野外生存康体休闲尚未见报道。但有些团体，如夏令营均有组织野外生存的活动记录。可以预见这种项目将会慢慢受到青少年的喜爱。

在重庆市九峰山森林公园，森林野外生存可规划在狮子山森林旅游区进行。

2.3 体验型森林康体休闲项目设计

2.3.1 森林野营

野营是人类早期生活方式之一，在人类历史长河中，其时间跨度可能要长于房屋定居的时间。而现代人类潜藏存在的渴望之一是回到人类诞生的摇篮——森林。森林野营，尤其是木屋野营已成为森林康体休闲首选项目。

规划在百步梯茶文化园区的百步梯林区中进行木屋野营，五龙封印景点开展帐篷野营。汽车野营可在本规划期后，视市场发展择地规划。

2.3.2 森林休闲度假

森林休闲度假是以林中住宿为主要方式，以林中康体、休闲娱乐为主要消遣，是享受森林环境为主要目的的一种休闲度假、康体休闲行为。因此，森林休闲度假、康体休闲设计主要是选择合适的森林和营建合适的住宿设施，配套必要的服务功能。

森林休闲度假在重庆市九峰山森林公园内按三种方式进行，一是在开发的森林农家示范村中进行度假服务，二是在野营区提供度假服务，三是在康体养生休闲小区提供疗养度假服务。

2.3.3 森林疗养、保健

森林疗养保健是人们利用森林生态系统的独特功能同康复医疗科学相结合的一种特殊康体休闲活动。森林疗养保健、康体休闲包括林区漫步、适当的体育活动、音乐欣赏等。

在康体养身休闲区配合茶园建设，规划森林疗养馆，开发茶浴，提供疗养保健服务。

2.3.4 林区艺术创作游

针对艺术家康体休闲群体，以艺术创作为目的的康体休闲行为。这种康体休闲群体数量小，但影响力大，能为公园积累丰富的无形资产。

由公园组织、邀请各类艺术家到公园进行宣传性创作。

2.3.5 森林食品品赏游(全林席)

所有康体休闲活动中的饮食服务，尤其是特色饮食服务，对丰富康体休闲内涵、提高康体休闲质量非常重要。在森林康体休闲活动中，管理者要尽量考虑采用和提供森林特色食品，开发诸如“全林席”等特色餐饮服务。

在公园所有涉及到饮食服务的地点开发森林特色食品。

2.3.6 森林浴

森林浴 1982 年由日本人提出，指游人浸浴在森林内的空气中，充分吸收树木等绿色植物释放出的氧气和其他挥发性物质，让康体休闲者的身心得到综合休养的一种保健养生活动。森林浴的基本方法是在林荫下娱乐、漫步、小憩等。因此森林浴场设计重点在于风景林改造和步行游道的设计。

配合森林疗养馆设计专门森林浴场。

2.3.7 温泉疗养保健为重点的康体旅游产品

我国是一个拥有丰富温泉资源的国家，利用温泉治病已有悠久的历史，史料记载很广泛，认为其主要作用在于疗疾、保健、养生。温泉旅游，以感受温泉沐浴文化为目的，将对温泉的单一朴素的疗养享受提升到符合现代消费的文化和精神层面，使其成为以康体为主题，养生、休闲、时尚并重的旅游方式。以温泉为载体，通过一些服饰、饮食、歌舞、节庆、独特温泉水配方等形式来充分的展示地域文化特色，吸引旅游者。在产品的设计过程中应充分体现参与性、体验性的特点，让游客融入到整个过程之中，流连忘返，来满足人们的体验和享受需求。主要产品有：

◆太极浴

整个池子分为阳极和阴极：阴极一边是冷水，阳极一边是地热矿泉水，冷热交替的浴池能锻炼游客的毛孔张缩力。温泉池边上设置三个桑拿房，客人可先行享受热气蒸浴，以加速血液循环，扩大毛孔，使汗水更顺畅流出体外。当出汗一段时间，客人可进入外面的“阳池”或“阴池”淋浴清洁并冷却身体，待热气散去后再回蒸汽房拍打、出汗，跟着又回水中冷却。这样来回数遍，体内污垢排出，人也充分松弛。最后再彻底清洁，太极浴才告完成。

◆泥浴

泥泉浴采用含有较好成份的矿泥，让客人在室内矿泥泉池中泡浸或局部涂上矿泥，可治疗高血压、神经痛、糖尿病等疾病。

◆砂浴

在温泉池边上营造由白色珊瑚砂构成的人工沙滩，利用温泉的热量把砂温热，客人可将身体隐入温暖的细砂中，只留人的头部在外。由于砂的压力与散热慢的效果，对神经痛、腰痛、肩周炎等特有效，一般以 20 分钟为宜。

◆中药浴

用温泉池泡浸天然中草药，可起到疏通经络、活血化淤、驱风散寒、清热解毒、消肿止痛、调整阴阳、协调脏腑、通行气血、濡养全身等养生功效。

◆香熏浴

采用露天的泡汤方式，利用天然花草、药草、香料以及香薰精油，能够使客人在泡汤时排出体内毒素，促进血液循环。汤泉池可每隔三小时更换香料，变换香味，让客人体验不同的温泉感受。

◆瀑布泉浴

瀑布泉浴也称“跌打泉”，利用假山顶部温泉出水口营造人工瀑布，自高向低流下之落差冲力产生运动能量，起到温热按摩效果，对腰痛、关节炎、肩膀酸痛有明显的治疗作用。

◆鱼疗

在温泉池中放入许多专门啄食人体老化皮肤、细菌和毛孔排泄物的热带小鱼，从而使人体毛孔通畅，排出体内毒素，更好地吸收温泉水中的矿物质，加速新陈代谢，达到美容养颜、延年益寿的功效。

2.4　有益生态气体养生

2.4.1　森林精气养身园

在园内分片种植大量对各类人群有显著养生保健作用的植物，如：红豆杉、何首乌、野菊花、桂皮树、樟树、千年老鼠草、七叶一枝花、人参、三七、金银花、枸杞子、补肾藤、养心草等数百种植物，组成长寿长廊、平稳血压区、补肾养颜林、红豆杉林抗癌区、养心区、强肾亭等保健功能区。这些植物在生长过程中，散发出具有显著保健作用的有益生态气体，人们在有益生态气体环境中，吸收大量生物能量和有益生态气体之精华，吐出脏腑之浊气，使气血畅行于五脏六腑中，可达到天人合一，生克制化的功效。这些生态气体有防衰老、提高机体免疫力、增强大脑发育、提高记忆力、补肾、养颜、预防癌症等多种作用，在这样的环境中养生保健，能达到祛病强身、益寿延年之功效。

茶花、紫罗兰、石竹等吸收室内毒性很强的二氧化硫，并转化为无毒或低毒性的硫酸盐等物质。

种植香椿树净化空气。

种植紫茉莉、菊花、虎耳草，能将氮氧化物转化为植物细胞的蛋白质。

吊兰、虎尾兰吸收甲醛等物质，种植丁香、金银花，它们分泌出的气体被称为“杀菌素”，能杀灭空气中的多种细菌，抑制结核杆菌、痢疾杆菌等的生长和繁殖。

在森林精气养身园养生休闲，不仅闻的是植物生态气体，而且饮的是天然矿泉水，吃的是健康绿色食品，住的是森林生态园林，还有数千条现代养生知识遍布园中，触手可及，是传统的养生方法与现代科学理念的完美结合，使每个人在园内随时可获得最佳的养生保健效果。在专业人员指导下，进行一系列的有氧运动，促进新陈代谢和体内有害物质排泄，从而真正达到预防疾病、恢复疲劳、提高生理机能等功效。20 天改善体质，排除体内毒素。这种全新的养生保健理念，完全颠覆传统观念的做法，既简单、有效，又快速、安全。在休闲娱乐中养生，在旅游度假中获得健康。本园的独特养生方式，创国内群体康复之先河，能使老者长寿、壮者健美、幼者健壮。人人超百岁，健康又长寿，从这里都可以得到实现。

2.4.2 森林精气养生园休闲设施

森林氧吧茶茶座、情侣小屋、休闲体会亭、健身廊道等。是健康旅游、度假养生、交友聚会、康复养老的最佳选择，真正在娱乐休闲中享受健康，玩出健康。

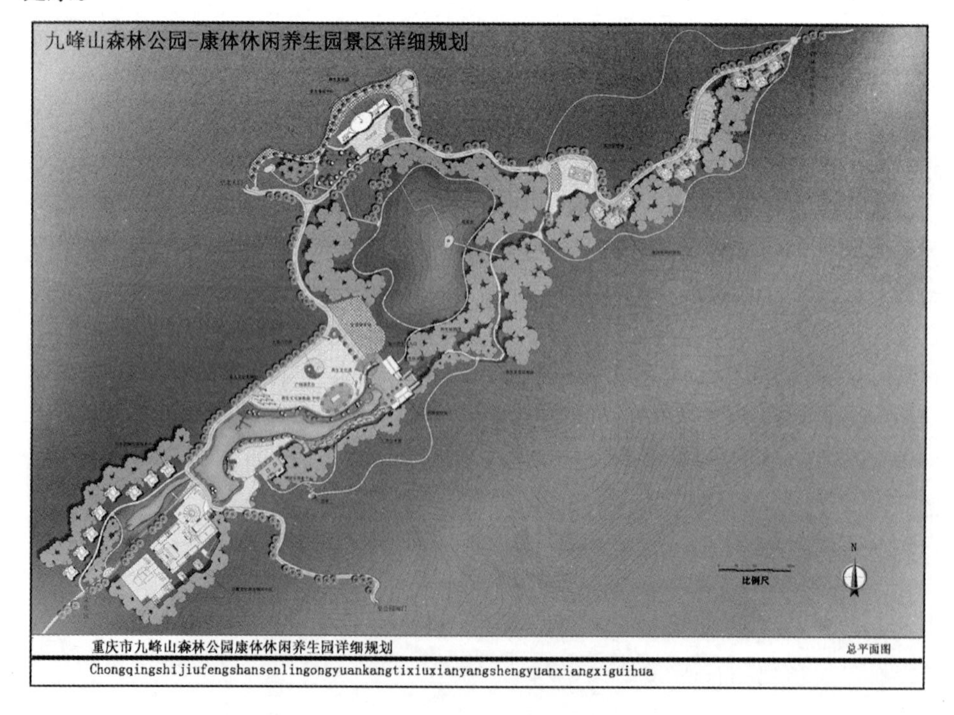

3 森林康体休闲建设项目详细规划

森林康体休闲景区位于公园的北部，呈长条形，面积885.2公顷。森林游览区是以森林景观为主体，多种景观镶嵌的景观复合体的多功能观赏游览区。

根据其景观资源分布特征及区域自然环境，该小区划分为3个景区，即九峰山康体休闲养生园、百步梯茶文化养生园、狮子山森林远足养生区。

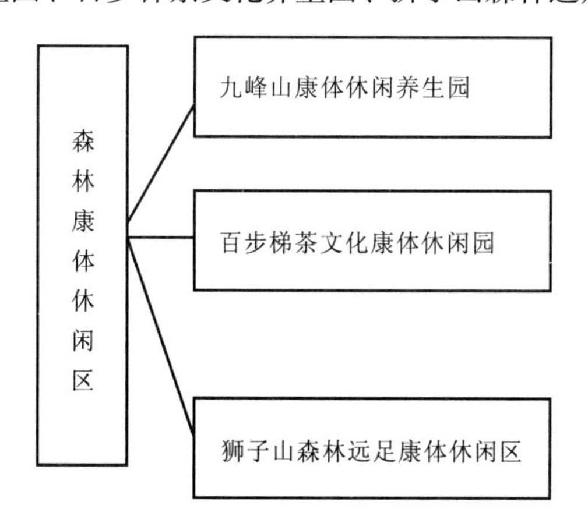

图18-1 森林康体休闲区布局示意图

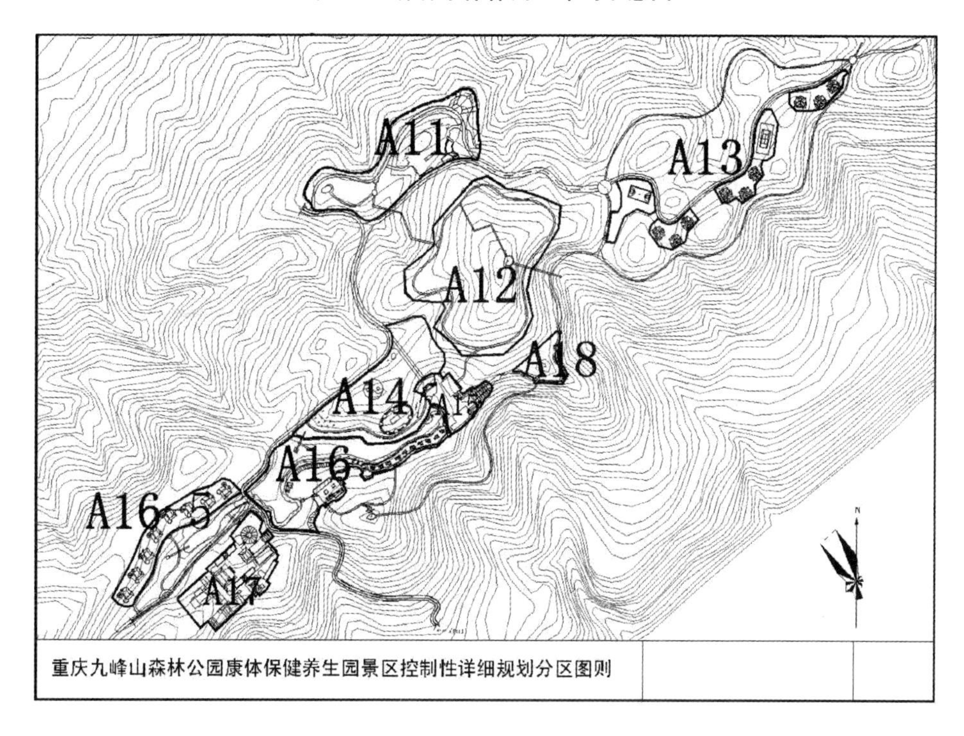

3.1 康体休闲养生园景区详细规划设计(A1)

康体休闲养生园景区位于九峰山、五龙分印、一棵树儿中间的三角形区域，面积21.3公顷，海拔243米。景区植被以针叶林、竹林、茶园、阔叶林为主。现有景点有九峰庙、九峰湖、茶园等。景区的主要功能为康体保健、养生休闲。

景区以金九养生文化广场为载体，以气体养生小区和养生文化中心为背景，以多种养生休闲为特色，开展丰富多彩的康体保健养生休闲活动，打造“重庆九峰，康体休闲，健康生活”品牌。建成后，景区景点包括九峰湖、九峰寺、养生文化馆、金九文化广场、森林精气浴场、养生植物园等。

根据九峰山康体休闲养生园景区的功能特征，分为九峰湖服务小区、室内养生园小区、气体养生园小区、金九文化广场小区、七星山康体休闲疗养小区、金九养生文化中心小区、宗教文化养生休闲小区、养生植物园小区、室内养生园等部分。

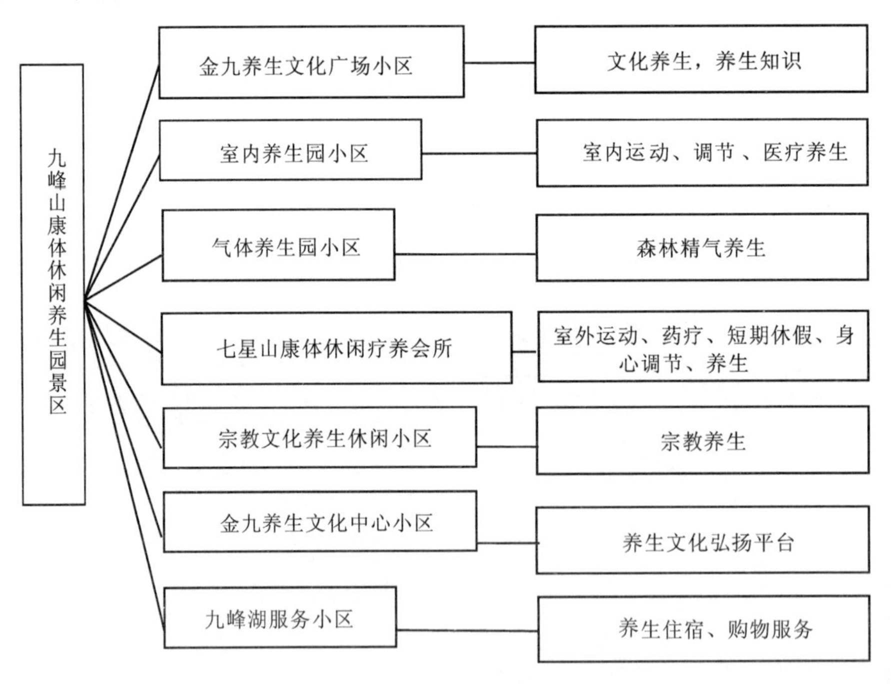

图18-2 康体休闲养生园景区分区布局示意图

3.1.1 七星山康体休闲疗养小区详细规划设计(A13)

七星山康体休闲疗养小区位于五龙分印及周边山地上，面积为16699平方米。该小区有七座山峰，形似北斗七星。上应星宿，为人间福地。结合地形地势设计为康体休闲疗养小区。此处地形为山中盆地，由七座山峰组成，故拟名

“七星山”，环境优美，风光秀丽。山地中央现状为荒地，可以开发利用。规划修建环山防火公路连接现有九峰山公路，连通景区与公园内部和外部道路，交通便利。利用五龙分印的自然环境，通过精心设计的康体休闲疗养中心和室外养生保健活动设施，让游客在游戏中达到锻炼身体、增强体质、消除身心疲劳、振奋精神、预防疾病、延缓衰老的作用。

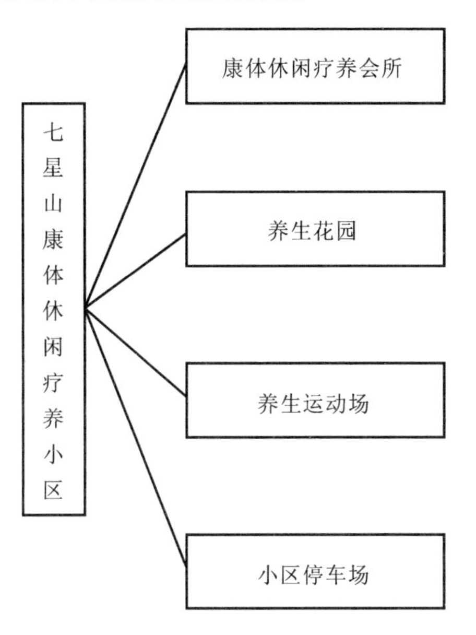

图18-3 七星山康体休闲疗养小区项目示意图

（一）七星山康体休闲疗养中心（A13-1）

（1）康体休闲疗养中心

依托七星山地形，分3组，每组3栋疗养房。每栋房屋占地面积700平方米左右，建筑占地面积200平方米，总占地面积为6037平方米，总建筑面积3870平方米，川东民居风格。

建筑采用架空式结构，不破坏原有山体。将一幢幢小楼掩映于绿树花丛之中，周围布以对人体有益，能发挥植物精气和芳香的植物。

疗养房可以整栋租用，也可以按房间租用，客房内部设施按四星酒店标准布置，有套房、标准双人房、标准大床房等房型，还设有厨房、会客室、会议室、餐厅等。既适合游客，也适合商务客人住宿。每间房配备设施有：空调、有线电视、电话、沙发、网线等。

（2）康体休闲疗养中心会所

在康体休闲疗养中心的中心区域选择一栋疗养房作为康体休闲疗养中心会

所。会所中设置餐厅、医疗机构、会议室等。为游客提供餐饮接待、健康体检、健康疗养、会议接待、组织培训、休闲度假等服务。

(3)养生花园(A13-2)

在七星山中心区域建一个占地面积6242平方米的花园。花园以养生植物为主体，突出健康养生的内涵。在花园中点缀道家葫芦、阴阳八卦图案与八仙过海的雕塑，营造道家养生的氛围。

养生花园中植物材料应选择对人体有益的种类。例如垂叶榕、一品红、仙客来、发财树、变叶木等。较阴暗处可放耐阴植物，如绿萝、白鹤芋、棕竹、喜材林、一叶兰等。

(4)养生运动场(A13-3)

在五龙分印疗养中心空地上，建设占地面积3768平方米的运动场。包括一个网球场和一个篮球场。供前来休闲疗养的人们进行各种各样的活动。运动场采用塑胶地面铺装，可有效减轻因运动造成的意外伤害。

运动场周边设置一个管理处，占地面积100平方米，一层，为混凝土结构，川东民居风格。为游客提供各种运动器材的租借服务，并可销售运动饮品等。

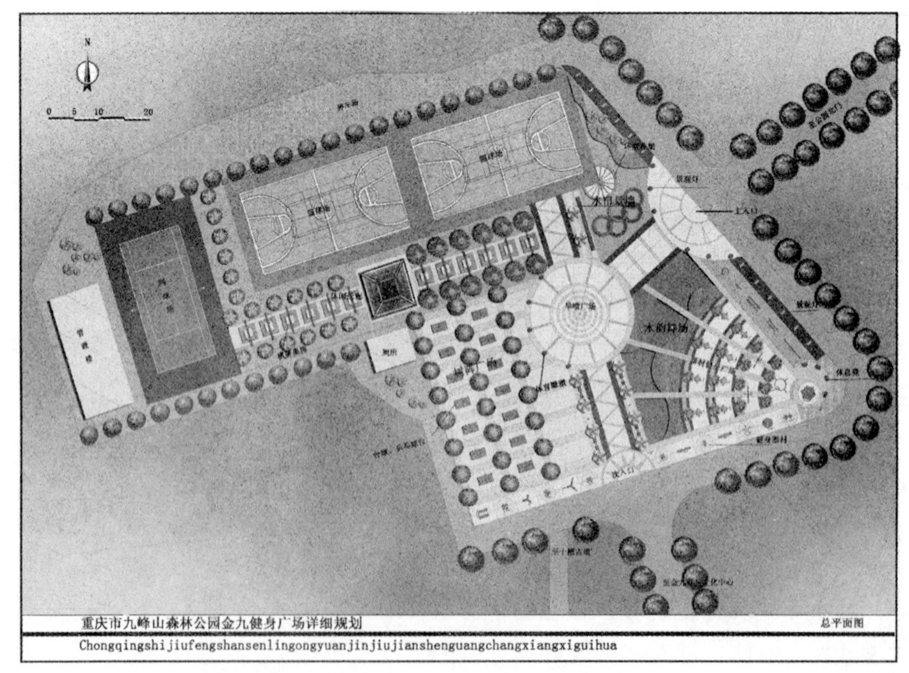

(二)七星山康体休闲疗养小区生态停车场(A13-4)

七星山康体休闲疗养小区目前暂无专类停车场。为方便进入九峰山景区的车辆停放，保障景区交通通畅和交通安全，除在各疗养房有车库外，另在户外养生活动小区旁设置 10 个小车停车位，面积为 652 平方米。停车场以生态化建设为主，不使用全硬质铺装地面或水泥地面；采用水泥预制空心砖铺设，空心砖内种植草皮，并设置停车标志线和指示牌，草皮选用狗芽根等草种；停车位标志线按斜线布设，便于车辆入位和倒退，停车位之间采用黄色水泥空心砖布设，其余为灰白色的水泥空心砖布设；停车场周边以种植高大常绿乔木为主，合理绿化。

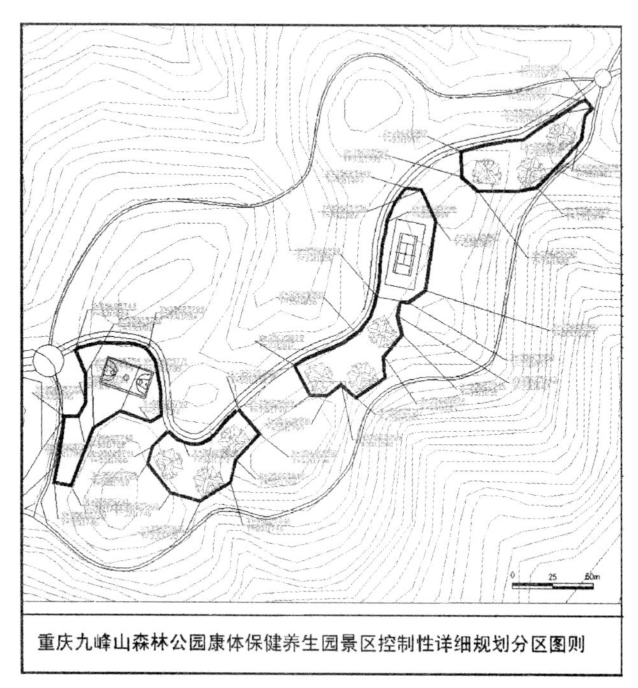

重庆九峰山森林公园康体保健养生园景区控制性详细规划分区图则

3.1.2　室内养生园小区详细规划设计(A15)

室内养生园位于养生广场东侧，与停车场相邻，面积 3919 平方米。交通便利，环境优越。通过开展棋牌、桌球等室内运动休闲设施和药膳、足浴、水疗等康体保健服务，着重人体内在的调理和精神上的放松，恢复体力，摆脱“亚健康”，从而达到由内到外真正美容、美体、康体的目的。

(一)室内养生园入口(A15-1)

入口是由养生广场停车场进入室内养生园的通道，也是康体休闲养生园的标志。占地面积 543 平方米。门楼紧邻养生文化广场生态停车场，采用当地花岗岩砌筑座基，顶部用钢筋混凝土浇制，仿古结构，门楼长 16 米，高 8 米，4 柱，中间正大门为通车道，正门上方悬挂花岗岩门牌，雕刻“中国九峰山康体休闲养生园”，四个柱上贴两幅体现九峰山自然风光与生态文化的对联。

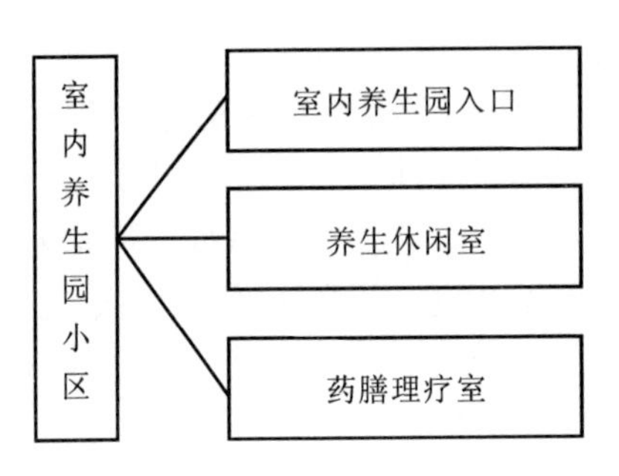

图 18-4　室内养生园小区项目示意图

(二)养生休闲室(A15-2)

按地形、地势自然布置。建筑采用吊脚楼式样，3 层，建筑占地面积 352 平方米，砖混结构，外采用仿木装饰。1 层为室内运动区，摆放各种室内运动设施，如桌球、乒乓球、桌面足球等运动机械，供游客运动休闲。2 层为棋牌室，提供桌椅板凳和象棋、围棋、扑克等娱乐道具，游客可自行取用娱乐。3 层为养生学堂，定期开设课程，向游客讲解养生保健知识，指导人们预防和控制疾病，对游客在养生保健方面的问题答疑解惑，为游客提供一个相互交流养生保健经验的场所，同时购置康体养生图书，供进行康体养生的客人自主学习。

(三)药膳理疗室(A15-3)

按地形、地势自然布置。建筑采用吊脚楼式样，2 层，面积 433 平方米，砖混结构，外采用仿木装饰。一层为药膳堂，制作各式补品药膳，向游客销售，同时也开辟餐饮场所，游客可以就地品尝享用。二层为理疗室，主要包括茶浴、药浴、足疗保健按摩等足浴服务，以及针灸、水疗等保健医疗服务。使游客祛除疲劳，舒筋活络，促进血液循环，达到强身健体等功效。

(四)景点标示牌(A15-4)

在门楼附近设大型导游牌 1 块，引导游客进入园内开展旅游活动，石材或仿木结构，高 4 米，宽 5 米，刻绘重庆市九峰山森林公园的旅游路线图及主要景点介绍。

3.1.3　气体养生园小区详细规划设计(A12)

气体养生园小区位于景区中心，南邻金九养生文化广场，北面是养生文化中心，东面是七星山康体休闲疗养中心，面积 24763 平方米，全部为林地，森林资源丰富。森林精气养生园利用植物精气的杀菌、消毒、治病等功能，达到调节植物神经平衡，从而增强人的体质的效果。游客在气体养生园中可以进行森林精气呼吸和森林浴，呼吸清新空气，促进身体健康。

主要包括林分改造、健身游步道、观景台等项目。

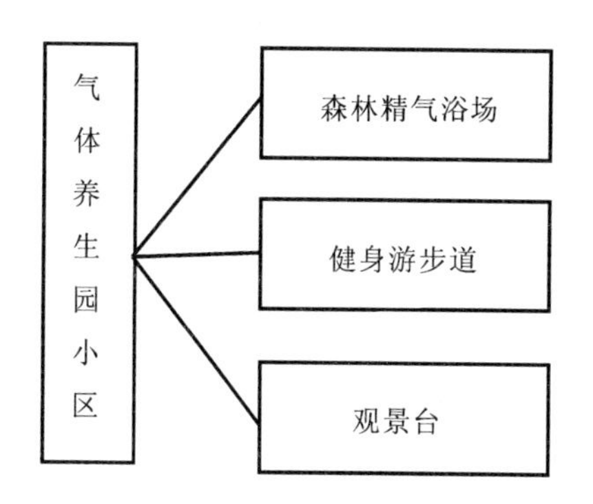

图18-5　气体养生园小区项目示意图

（一）森林精气浴场（A12-1）

植物精气是指植物的花、叶、木材、根、芽等在自然状态下释放出的气态有机物。植物精气由肺部进入人体后，能提神醒脑、促进人体血液循环、改善和平衡新陈代谢。植物精气已经成为一种重要的生态保健旅游资源。森林精气养生园内现有林木以杉木、马尾松为主，据研究数据显示，杉木的叶片和木材所含单萜烯与倍半萜烯相对含量之和分别达95.60%、96.34%；森林精气养生园具有很好的自然环境和植物资源，但现状中存在杉木密度不大，精气浓度不高和林相单一观赏价值不够好的问题。规划根据当地情况适当补植杉木，增加杉木的密度，提高精气浓度。充分发挥杀菌、消毒、治病等保健功能。同时，在游步道两旁种植山茶科、木兰科、蔷薇科观赏植物，提高景观美感。

（二）健身游步道（A12-2）

气体养生园中的健身游步道分为环山游步道和登山梯步两类。

环山在山脚平缓坡地设置健身游步道，长840米。宽度在1.0～2.0米左右，考虑两人并行，步道坡度控制在9%以内。为了获得自然、亲切的感受，应尽量选用各种天然的石料，采用各种美观图案的形式铺砌，以达到自然、野趣的效果。

在山顶观景台两侧设登山梯步。一侧为登山道，地势坡度较大。需在山石上开凿阶道形成台阶，并于两侧设铁索栏杆，以使攀登增加安全，这种特殊台阶即称为梯步。梯步可错开成左右台阶，便于游人相互搀扶，并尽可能盘旋而上以降低其坡度。另一侧为观景游道，观景游道沿山脊线布置，采用当地石材铺装，宽0.9～1.2米，长350米。当道路坡度过大时（一般纵坡超过12%），需要设计台阶。台阶采用当地片石铺装，依地形仿自然式布置，对长宽和进深不做具体要求，台阶高尽量控制在12～18厘米之间，台阶踏面应有1%～2%的排水坡度。

（三）观景台（防火了望台、供水水塔）（A12-3）

在山顶设立一个观景台，兼顾防火瞭望、供水水塔功能。建筑材料利用当地石块，按照烽火台式样建设，层高另行专项设计。以九峰山当地石块作为材料，方形，面积25平方米。观景台地下部分为景区高位水池。观景台设置高倍望远镜两架，供游客眺望远景用，同时兼具防火警戒功能。

（四）生态厕所（A12-4）

在登山道中间地带选择合适位置修建一座生态厕所。面积25平方米。为游客提供方便。

3.1.4 金九养生文化广场小区详细规划设计（A14）

金九养生文化广场位于康体休闲养生园的心脏地带，广场交通便利，四通八达。南面是九峰湖的湖光山色，北面为气体养生园和七星山康体休闲疗养小区，西北面与九峰庙隔湖相望，各方生气都聚集在金九养生广场。广场面积16894平方米，是森林公园重要的游客集散休闲广场，是养生园中集体活动的场所。利用这个广场，游客可以增强沟通能力，提高心理素质，保持心理健康。广场将凸显悠久的中国养生文化和建设单位企业文化。目前现状为山体，建成后将成为公园内最重要的游憩集散、养生活动仪式举行的场所。

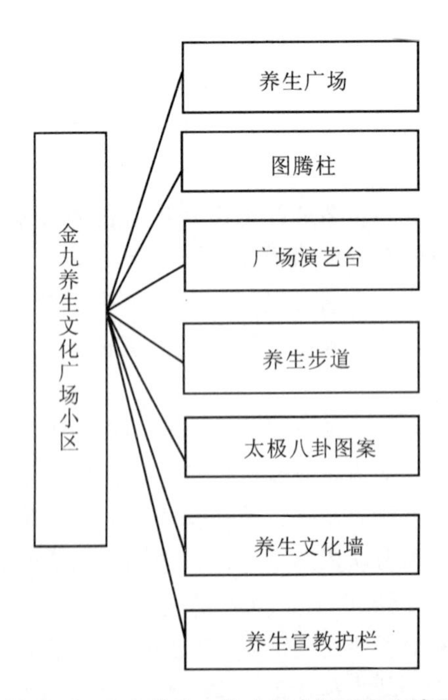

图18-6 金九养生文化广场小区项目示意图

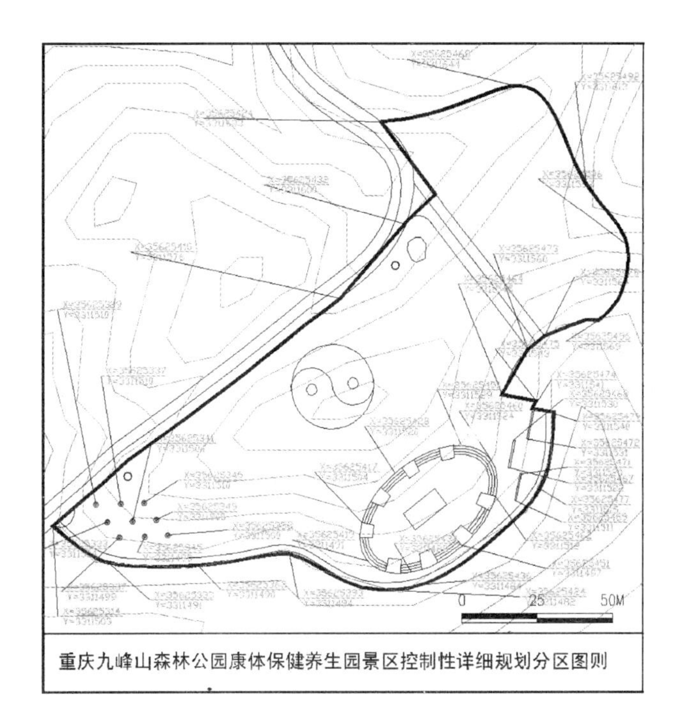
重庆九峰山森林公园康体保健养生园景区控制性详细规划分区图则

（一）养生广场（A14-1）

规划将现有山体平整，控制开挖高程为465米。开挖砂石用于企业建材和其他工程原料，使之形成一个长160米，宽52米，面积14820平方米的平地，在此平地上建设一个9934平方米的养生广场。

（二）金九文化图腾柱（A14-2）

广场布局遵循中国五行风水理论，“西主金”，故在广场西边立九根图腾柱，象征“金九”集团。每根图腾柱直径1米，高9米。九柱各相距9米，呈菱形布置。图腾柱采用汉白玉，镂空雕刻九龙图形。建议在柱上雕刻九龙形象，象征金九集团似龙腾飞。九龙柱基座为红色花岗岩。

（三）养生文化墙（A14-3）

广场东面，设立三面养生文化墙，每面墙高6米，长9米，厚0.5～0.8米，文化墙材料为红砂岩，文化墙上是展现养生文化的大型浮雕，分别以“道家养生”、“中医养生”和“国外养生”为主题。三面墙呈“品”字型排列。

（四）广场演艺台（A14-4）

广场的南面，规划建设一个广场演艺台，演艺台由演艺舞台和台阶组成。演艺台呈椭圆形，面积1336平方米，高2米，采用混凝土结构，花岗岩铺地。台阶呈圆弧形，每级台阶宽0.9米，高60米，长度根据地形变化确定。采用花岗岩铺装，在每级台阶外侧安装木质座位，体现“人性化”的设计理念。广场演艺台是“养生文化节”期间各种表演的舞台，也可观赏九峰湖美景，并具有集散休憩和交通节点的功能。

（五）广场标志石（A14-5）

广场北端为养生广场的主入口，规划在入口处建设一个标志。规划采用一块黄石，高2米，上书“金九养生文化广场”。标志立在长3米宽3米的花坛上，欢迎四方来客。

（六）太极八卦图案铺地（A14-6）

广场中心用黑白两色花岗岩拼出太极八卦图案，寓意中国阴阳和谐的养生文化理念。太极铺地半径12米，面积606平方米。其余用红色花岗岩铺装。在八卦图中心设置两个地射灯，并沿八卦图圆周布置30个地灯，突出太极八卦图，渲染养生广场的文化氛围。

（七）广场景观灯（A14-7）

规划在广场北侧左右分别设置一个照明景观灯柱，满足游客夜间游览的需要。

（八）养生步道（A14-8）

规划在广场南侧沿湖岸建设游步道，连接上山公路与北门，形成景观游览环道。游步道长224米，宽2米。养生步道的铺地材料选用卵石、青石板材料。游客在养生步道上漫步时，可以进行足底按摩，达到康体保健养生目的。

（九）养生宣教护栏（A14-9）

在养生步道临湖一侧，设计长220米，高1.5米的宣教护栏。护栏作为广场与外界的分界线，兼顾临湖保护和养生宣教功能。宣教护栏展示各种养生知识、中医养生理论、传统阴阳五行养生的知识和现代社会养生保健的信息，供游客学习参观。

（十）养生文化广场生态停车场（A14-10）

位于室内养生园西侧，面积3900平方米，是公园近期的主停车场。

停车场采用环形布设内部道路，车辆在停车场入口处按左侧进、右侧出来组织车辆通行，通车道为水泥路面，路面宽不低于4.0米；设置停车位100个，停车场分为小车区、中型客车区、大型客车区，其中大型客车区停车位16个，中型客车区车位20个，其余区域为小车停车区；停车场入口两侧和中间两排停车位之间，在不影响行车安全的情况下，采用常绿阔叶树樟树进行绿化美化。采用水泥预制空心砖铺设，空心砖内种植草皮，并设置停车标志线和指示牌。

（十一）生态厕所（A14-11）

在养生文化广场生态停车场附近选择合适位置修建一座生态厕所，面积

50平方米，为游客提供方便。

3.1.5　九峰湖服务小区详细规划设计(A16(1)、A16(2))

九峰湖位于重庆市九峰山森林公园景区的核心，海拔455米，景区面积25269平方米。是森林公园重要的自然景观。九峰湖所在地原为农田，后在汇水线处修建了一个水坝拦水，形成湖泊。九峰湖现有水域为2805平方米，湖堤长23米。湖滨多野生葭苇薄荷，游客站在湖堤上可以远眺水光山色，朝霏夕霭，也可以沿环湖栈道近距离观赏九峰湖中的动植物景色，或者在湖边活动木屋留宿、欣赏九峰湖美丽的夜景。九峰湖小区总面积22053平方米，由九峰湖、环湖栈道、休闲木屋和游客服务中心四个部分组成。

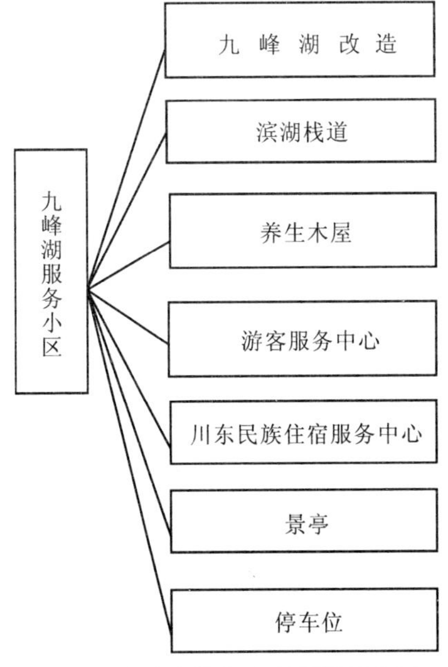

图18-7　九峰湖服务小区项目示意图

(一)九峰湖改造(A16-1)

在九峰环抱的两条长槽汇水处，修筑一条大坝，将九峰湖水位提高5米。达到海拔460米，形成一个水面呈“V”字形的湖。九峰湖目前水量不大，水体面积仅为2805平方米。规划将一碗水和后山小河汇水注入九峰湖中，并将景区废水经排水系统过滤处理后注入湖中，抬高湖水水位，水体面积达到10000平方米，扩大近3倍。并将湖水引入九峰庙前山间谷地，形成一个约500米长，最宽处达到50米的湖体。并在湖中狭窄处修建拱桥一座，连接湖两岸。

湖北岸为拦水大坝，坝体裸露不利于九峰湖景观的整体美感，因此在大坝上种植爬山虎、凌霄、络石、扶芳藤、常春藤等藤本植物进行垂直绿化，打破坝体呆板的原貌，柔化外观，增添绿意，使之富有生机，达到遮陋透新，美化环境的效果，与周围环境形成和谐统一的景观。

在湖中种植水黄杨、长叶水麻、水竹等水生植物，形成植物自净系统，同时增加景观效果。在湖中放养鱼虾等水生动物，不但可以提供垂钓休闲，也可提高九峰湖的观赏价值。

(二)滨湖栈道(A16-2)

修建环湖木栈道，木栈道高度应高于平均水位0.5米，栈道长685米，栈道宽120厘米，在深水地段设置栏杆，消除栈道中的不安全因素，确保游客安全。并在湖边水深不超过0.6米的区域，选择合适位置设置亲水平台和汀步，亲水平台和汀步主要采用大块石料散置于湖中。亲水平台通过阶梯与游客服务中心相连。台阶采用木铺道与木栏杆，台阶宽为60厘米。

(三)环湖缓坡草坪(A16-3)

依托九峰湖栈道与周边建设项目的高差，适当整理，栽植树木，铺设草地，形成稀树缓坡草坪。长220米，宽度根据实际地形变化确定。

(四)养生木屋(A16-3)

在九峰湖南岸沿地形设计一个长130米，宽15米的临水平台。临水平台离湖面高3米，平台为混凝土结构，防腐木铺装；临水平台用阶梯与环湖栈道相连，台阶材料与平台相同，宽为60厘米、长度根据地形变化确定。在平台上布置若干个活动木屋，为游客提供住宿服务。木屋面积为50平方米，提供床位60个。游客集中时期，可提供帐篷以缓解住宿困难，也可满足年轻人帐篷野营的需求。每个木屋配备卫生间、电视、网线等，保证游客与外界的信息畅通。

(五)游客服务中心(A16-4)

总面积为4737平方米，在现有重庆市九峰山森林公园管理处原址上重建，具体位置与布局见规划平面图。外墙采用仿木装饰，房屋高度控制在5米内。分散布置购物商店、茶楼、生态厕所等旅游服务设施。

(六)川东民居住宿服务中心(A16-5)

在九峰湖东岸、九峰寺对面规划建设7栋建筑，7栋建筑呈单排布置。占地面积7362平方米，建筑占地面积2064平方米，建筑高度为6米，砖混结构，外部墙面装饰为川东民居风格，具有旅游住宿接待功能。

(七)景亭(A16-6)

在游客服务中心南面山上建一个观景亭，观景亭占地面积100平方米，高5米，川东民族风格。在景亭中，康体休闲养生园美景一览无余。景亭地下部分为蓄水池，满足园区内用水的需求。

（八）停车位（服务中心游客聚散广场）（A16-7）

在餐饮中心和旅游服务中心前坪地设临时停车位若干个，面积 667 平方米。采用水泥预制空心砖铺设，空心砖内种植草皮，草皮通常选用狗芽根等草种；停车位标志线按斜线布设，便于车辆入位和倒退。

（九）金九企业会所（A16-8）

规划在游客服务中心前坪建设金九企业会所，建设面积 300 平方米，建筑面积 456 平方米，是景区前期的旅游接待和企业职工活动的重要场地。会所高 6 米，2 层，川东民居风格。企业会所在景区建成后将被拆除。

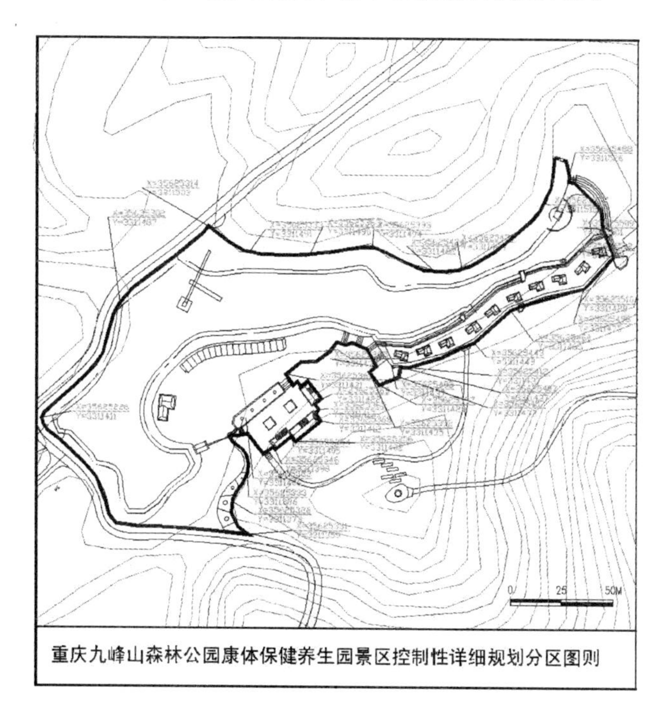

重庆九峰山森林公园康体保健养生园景区控制性详细规划分区图则

3.1.6　宗教文化养生休闲小区详细规划设计（A17）

宗教文化养生休闲小区位于九峰湖南面灵佛峰山坡上，面积 10604 平方米。在原九峰山莲花庙地址上改建。依托九峰山景区的人文景观资源，让游人参与各种宗教仪式活动，摆脱社会生活中的喧嚣，使心灵得到“向真、向善、向美”的净化和升华。

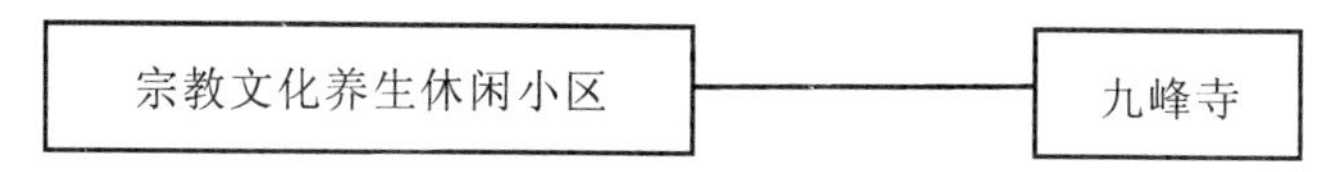

图 18-8　宗教文化养生休闲小区项目示意图

（一）九峰寺（A17-1）

九峰寺平面方形、南北中轴线布局。寺院坐南朝北，从山门（寺院正门）起沿一条南北向中轴线，由南向北每隔一定距离布置一座殿堂，周围用廊屋或楼阁把它围绕起来。中轴线上由北向南的主要建筑依次是山门、大雄宝殿、法堂，各组殿堂成阶梯状层层上升。大雄宝殿两侧为配殿，法堂两侧为僧房。大雄宝殿西侧设接待游客的客房、斋膳堂。为游客提供休息、品尝佛门饮食的场所。寺庙建筑为明清古建式样，为了与寺庙周围环境相协调，寺庙建筑体量不宜过大，各建筑层高均控制为一层。寺庙周边种植松柏，营造浓郁的宗教氛围。

3.1.7 养生植物园小区详细规划设计（A18）

养生植物园小区位于森林精气养生园北面，从室内养生园至七星山康体休闲疗养小区的游览道旁，面积 2413 平方米。通过向游客展示传统与现代养生保健活动，讲解养生保健知识，介绍华夏传统养生保健风俗，促使游客掌握养生知识，由此可做到预防保健、强体健身、清除体内毒素、调节体内机能、均衡营养、防患于未然、延年益寿。

主要建设项目有养生植物园、养生文化宣教长廊和生态厕所三个项目。

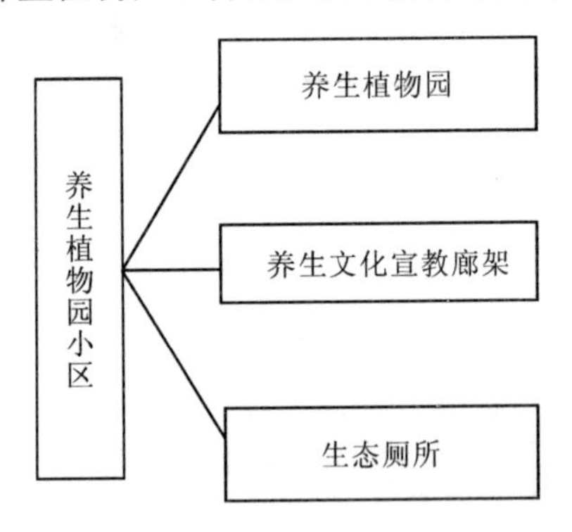

图 18-9 养生植物园小区项目示意图

（一）养生植物园（A18-1）

养生植物园中心解说区面积为 1978 平方米，以周家院子附近山地及周边坡地为主，具体位置见九峰山康体休闲养生园景区平面布局图。区别于其他植物园单一植物造景科普功能，将养生功能需求与植物保健功能结合，运用“五行养生”原理，综合配置相应保健、养生植物，形成特色生态养生园。借鉴目前先进的“园艺疗法”，在中心区周围有针对性地选用多种对人体有益的树种或药用植物，主要为游客提供一个养生场所，缓解平时工作的压力，尝试着去营造一种生态宜人的自然氛围，以小组群为划分单元，设置养生会所，配以森林浴、SPA五感花园、雾语桥、五行保健园景点，为每一个游客提供一个安逸、独立、舒缓的空间。并利用该主题园内氧气多、负离子多、杀菌保健树种多的特点，使游人在漫步小憩的同时，吸收林中散发的具有药理效果的芳香物，达到松弛精神、稳定情绪、增强人体抗病能力、恢复调节体内机能的功效。

阴阳五行—人体五脏—对应的保健植物：

"金"—肺—银杏、朴树、雪松、龙柏、桧柏、粗榧、皂荚、七叶树、杏、枸骨等；

"木"—肝—乌桕、杨树、女贞、垂柳、八角枫、国槐、臭椿、楝树、合欢等；

"水"—肾—女贞、圆柏、侧柏、朴树、榔榆、山核桃、丝棉木等；

"火"—心—银杏、华山松、山合欢、侧柏、柿树、罗汉松、忍冬、拐枣、八仙花等；

"土"—脾—麻栎、榆树、女贞、枣、木香、贴梗海棠、紫荆、火棘、小檗、金钟花等。

(二)养生文化宣教廊架(A18-2)

养生文化宣教长廊架依托地形成圆弧状，长100米，宽2米，建筑面积800平方米。廊架结构，采用仿木材料装饰。主要展示博大精深的养生文化知识、中医养生理论、传统阴阳五行养生的知识和现代社会养生保健的信息。在廊架中设置座椅，为游客创造良好的休憩环境。

(三)生态厕所(A18-3)

在养生植物园中选择合适位置修建一座生态厕所，面积25平方米，为游客提供方便。

3.1.8　金九养生文化中心详细规划设计(A11)

该区现状为上山公路拐弯处两座小山，为了建设要求，设计沿435米等高线开挖，平整场地，形成一个30000平方米的平台，开挖材料可作为企业工业原料，平整后方土地，开发建设为九峰养生文化中心。

九峰山养生文化中心位于一棵树儿登山公路与游览区防火公路交汇处，面积12927平方米，交通便利，景色优美。会务中心是游览区远眺城区的最佳位置，是游览区的信息集散地。具备提供解说、服务、会议招待等功能的条件。

(一)金九会务中心(A11-1)

在一棵树儿规划建设金九会议中心，占地面积564平方米，圆形建筑，6层，建筑面积3384平方米，砖混结构，现代风格。会议中心具有召开各种会议、专业培训、商务洽谈和休闲度假的功能。并为游客提供客房、餐饮、娱乐服务。

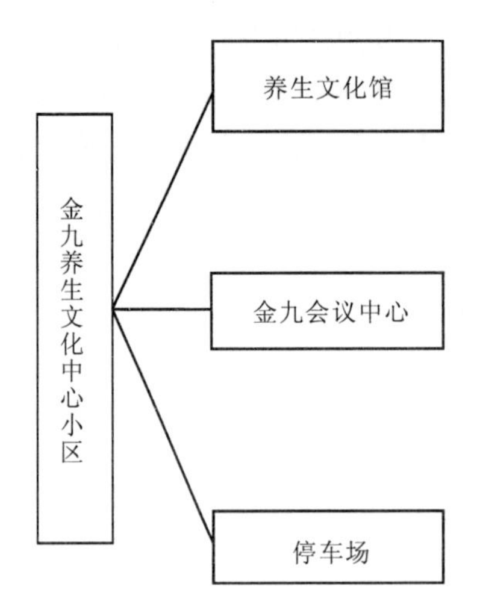

图 18-10 金九养生文化中心小区项目示意图

(二)养生文化馆(A11-2)

位于会议中心的两侧，占地面积 706 平方米，砖混结构，建筑面积 2824 平方米，4 层。会议中心和养生文化馆构成一主一辅、宏伟壮丽的建筑群，养生文化馆建筑风格与会议中心一致。游客生态文化馆一层为养生文化展示中心和游客咨询休息大厅，内设置多媒体演示系统和宣传资料发放台，全面宣传介绍森林公园风景资源，宣讲现代养生保健文化知识，另设立公共卫生间，二层为导游休息、接洽事务的场所。

(三)养生宣教护栏(A11-3)

在会议中心北侧，设计长 418 米，高 1.5 米的宣教护栏。宣教护栏展示各种养生知识、中医养生理论、传统阴阳五行养生的知识和现代社会养生保健的信息，供游客学习参观。

(四)停车场(A11-4)

在会务中心后坪修建 756.0 平方米生态停车场，按实际区划大型客车位、中型客车位和小车位。

3.2 百步梯茶文化康体休闲园景区详细规划设计(A2)

位于景区西南，为一狭谷盆底地形，四面环山，地形较平坦，谷底平缓面积达 10.2 公顷，有数百亩的茶园，据说是文化大革命时期知青们上山种植的，现由当地百姓经营，园内基本无建筑。植物景观以茶园为主，大部分沿山坡种植，景观效果好。现有景观主要有百步梯、倒马坎、封人湾、鹿子塘、凉水井、小米垭等。景区以重庆茶文化及少数民族茶文化为主，兼顾中国及世界茶文化，以百亩茶园为依托，展现了古老的茶道、茶艺、茶经、茶礼、茶俗、茶歌、茶舞等茶文化精华。不仅使游客了解源远流长的中国茶文化，还可亲自体验采茶、制茶的乐趣，领略多姿多彩的民族风情。文化园集“动、品、游、住、购”为一体，以“茶梯风情、山水乡野、户外运动”为特色，是休闲、康体、自然的胜地，是合川区第一个深度挖掘和展示茶文化的主题公园。

该区设计丰富的茶文化旅游产品，让游客感受茶德的文化精髓，陶冶自己的精神情操。以九峰山茶园为载体，将茶文化的特征与内涵注入到实景或民俗之中，建设内容丰富，构思奇特、景观别致的茶文化旅游休闲项目，打造“重庆第一健康茶园”的品牌。

该区以现代休闲和传统茶文化为主题，利用茶园生态游、茶馆体验游、茶艺观赏游等茶文化旅游产品，以及涵盖观光、求知、体验、习艺、娱乐、商贸、购物、度假等多种新型旅游产品，配套建设接待服务设施，使该项目形成具有休闲观赏、参与体验、环境教育、度假功能的康体休闲中心。

规划将景区分为蚕桑局茶文化展示中心、空房子茶艺观赏体验小区和鹿子塘茶道休闲小区三个部分。从吃、住、行、游、购、娱等方面满足游客需求，增加景区旅游的丰富性和趣味性。

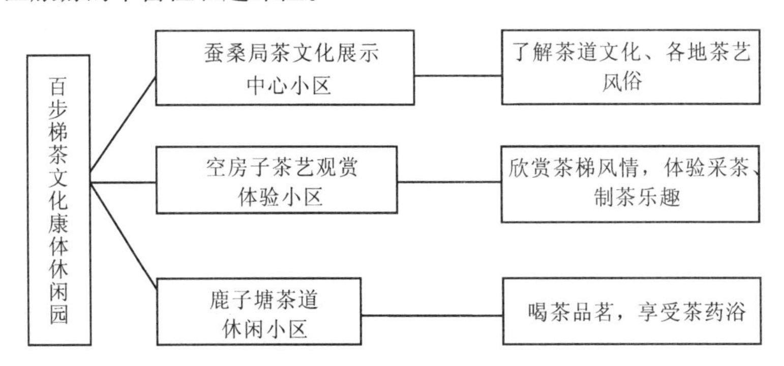

图 18-11　百步梯茶文化园景区分区布局图

3.2.1　蚕桑局茶文化展示中心小区详细规划设计(A21)

该区位于园区入口至蚕桑局。以茶产品及茶文化的展示为主题。包括茶文化广场、茶文化长廊、茶艺博物馆等，把看茶、采茶、制茶、品茶和购茶等要素有机结合起来，挖掘茶资源，丰富茶内涵。凸显华夏历史悠久的茶文化，九峰山丰富的茶资源和中华民族高超的品茶艺术，打造九峰山“健康之山”的品牌。区域内地块较平坦，面积 12931 平方米，该区是公园内最重要的文化展示场所。

主要建设内容有：管理办公区建设、停车场建设、茶文化广场、茶文化长廊、茶艺博物馆等。

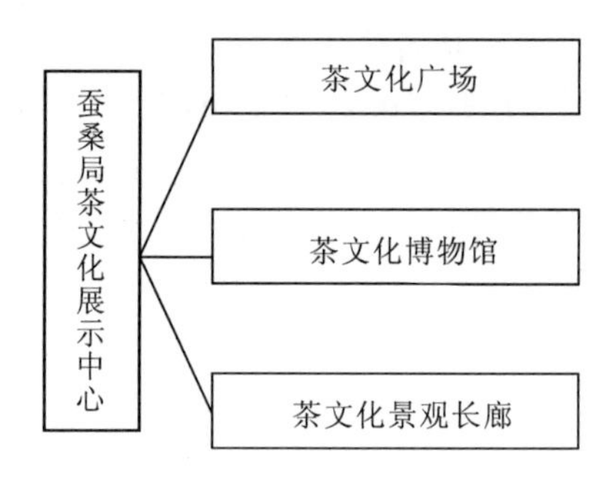

图 18-12　蚕桑局茶文化展示中心小区项目示意图

（一）茶文化广场（A21-1）

在蚕桑局建设面积约 1.1 公顷的茶文化广场，作为游客的主要集散地和茶文化集中展示区域。广场地面采用弧形放射状本地麻石地板装饰，利用其线条的扩张感来达到扩大广场视觉面积的效果。广场以阴阳调和的图案为铺地，用鹅卵石铺装。阴阳眼处立有两根高 5 米的雕龙图腾柱。广场南部有一元宝形祭祀台，高 120 厘米，为石材构筑，祭祀台由一级大台阶登上，每阶高 15 厘米，进深 30 厘米，宽 3 米。祭祀台上雕刻高 4 米的茶圣陆羽茗茶的雕像，花岗岩石材建造，在茶圣出生日等纪念性的日子，此处可作为祭祀茶圣的场所，平台由台阶登上，庄重肃穆。广场东侧设立华夏茶艺文化墙，花岗岩构筑，墙高 2 米，墙长 4 米，重点介绍有关中国茶文化起源、茶圣陆羽的生平、以及与九峰山茶产业的渊源历史。广场外围采用间隔式守望柱石材栏杆环绕，栏杆侧面浮雕上刻有茶文化知识，让游客能在观赏中了解中华古老传承茶叶品评技法、艺术操作手段。广场外围采用间隔式守望柱石材栏杆环绕，祭祀平台也用守望柱石材栏杆围绕，栏杆侧面浮雕各地风格茶产品的图案、文字，例如茶砖、沱茶、茶文化诗歌、茶文化格言、茶圣名言、壁画等，让游客能在观赏中了解中华古老传承的茶文化的丰富内涵。广场周边配置具有观赏价值的山茶科植物如山茶、茶梅、川鄂连蕊茶、木荷等作为景观绿化植物的主调，体现茶文化广场的主题。

（二）茶文化博物馆（A21-2）

在茶文化广场西南方向的山谷洼地建设中医药博物馆，依地形成弧形状，建筑面积 1800 平方米，砖混结构，2 层，仿古建筑，金色琉璃瓦覆顶、朱红色水泥粉刷墙体、彩色绘画修饰墙面，与九峰寺景观相协调。博物馆旨在展示博大精深的华夏茶园生态文化知识，以名家典籍、饮茶历史文物、中国茶道文化、各地茶文化等为展示对象。同时，利用现代高科技，借助声、光、电等高科技手段来展示九峰山茶产业的悠久历史、采茶和制茶的工艺过程。

（三）茶文化景观长廊（A21-3）

从茶文化园入口至广场的茶苑路一侧，设置20米休闲长廊，面积为300平方米。采用钢筋水泥结构，外部用仿竹材料装饰，并种植攀援性植物。在长廊内展示各种茶叶图片、茶叶特点及其产地介绍。每隔200米，放置一个垃圾桶。

3.2.2　空房子茶艺观赏体验小区详细规划设计（A22）

位于蚕桑局西面至空房子，九峰山茶园大部分分布于此。整齐有序的茶垄时而自山上盘旋上山，时而点缀于山际。充分利用当地的茶资源，把茶文化的观赏性、可参与性很好地结合起来，既可极大地丰富旅游活动的内容和文化内涵，同时也宣传和普及了茶文化知识，弘扬了茶文化。景区内建筑尚无。小区是重要的观赏茶园景观、体验茶文化的区域。小区内以自然景观的观赏为主，且地形以狭长形山谷为主，除建设游道与休闲亭台外，尽量少布设人工设施。

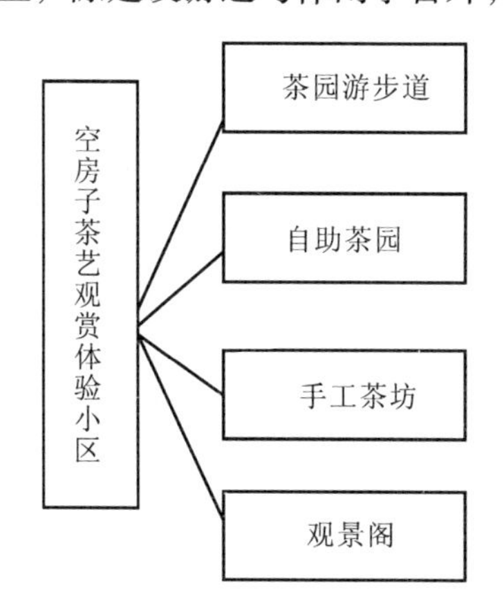

图18-13　空房子茶艺观赏体验小区项目示意图

主要建设项目：茶园游道改造、自助茶园、手工茶坊、观景阁等。

（一）茶园游步道（A22-1）

从蚕桑局至空房子设置登山游道400米。游道沿山脊线布置，台阶采用粗糙青石板铺装，依地形仿自然式布置，对长宽和进深不做具体要求，台阶高尽量控制在12～18厘米。每隔100米左右设置一个休息平台，每隔500米设置石质仿天然石块式垃圾桶一个和休息石凳一张。

在空房子的现有景区道路北侧茶山形成一条环形游道，总长度120米。游道从景区林苑路开始，先经自助茶园，再到林苑路。游道为宽1.5米的沙石路面。

（二）自助茶园（A22-2）

从蚕桑局到空房子之间是茶园景观的主要分布区域，面积5公顷。目前茶园是茶厂的生产基地，不具备旅游接待能力。采茶通道改造为观赏步道。步道采用砂石路面的生态游道，将路面适当拓宽，控制在0.9～1.2米，台阶采用粗糙青石板铺装，依地形仿自然式布置，台阶高尽量控制在12～18厘米。

结合游览步道布置观景游憩平台，选择视野开阔，主要景点视角良好的地段，用30厚青石板拼缝，30厚1∶3水泥砂浆，100厚碎（砾）石，素土夯实。

同时，对山顶杉木林进行林下整理。去除杂灌，并定时进行抚育整理。

（三）手工茶坊（A22-4）

手工茶坊位于空房子东南方的山坡上，利用半山坡的平地进行建设。展示绞股蓝茶、金银花茶等保健品的制作工艺，销售九峰山原产中医药饮品、药膳等保健品，打造九峰山特色中药产品；建筑面积4000平方米，两层。一楼设置制茶烘茶的设施，并有专人表演制茶的工艺过程，设置若干个烘茶炉，可以让游客亲身体验制茶过程。具有展示、教育、文化体验的功能。二楼设置餐厅和茶室，以九峰山原产茶为材料制作各式茶叶、茶点。为游客提供餐饮、休闲、购物等服务。手工茶坊建筑为砖混结构，外墙装饰为白墙青瓦、挑檐木窗的仿米风格。

（四）观景阁（A22-3）

在鹿子塘东南方山顶缓坡处设立占地面积约25平方米的观景亭，为游客提供休息、观景的场所，观景亭采用水泥钢筋结构，仿古六角亭，采用青砖红瓦。

3.2.3 鹿子塘茶文化休闲小区详细规划设计（A23(1)、A23(2)、A23(3)）

位于茶文化园西南部，包括茶药浴场、茗香轩、茶艺一条街等，是小区重要的游客服务、接待、购物、休闲的场所，同时也是渝西川东民居的集中展示地。考虑沿山坡建设，在倒碑湾下方平缓地依地形而建。

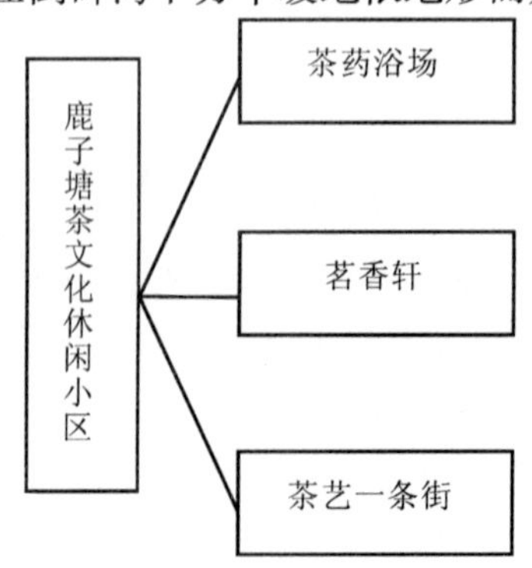

图18-14 鹿子塘茶文化休闲小区项目示意图

主要建设内容：茶药浴场、茗香轩、茶艺一条街等。

（一）茶药浴场（A23-1）

对大水井山谷内现有马尾松林进行改造更新，补植防火和观赏性树种，如木荷、杨梅及观赏树种银杏、玉兰、厚朴等高大药用乔木树种及灌草，合理配置药浴休闲木屋，砖混结构，木屋面积30～100平方米，总建筑面积为6000平方米，高3.5米，一层，采用吊脚楼风格，外表用防腐木材进行装修，内部按现代化标准配置，分单人间和多人间；同时以本地茶叶开发美体养颜型、放松型、疗养型、保健型等系列茶药浴产品，满足不同游客的需求。茶浴作为森林公园的辅助性接待设施和游客参与性旅游项目，丰富游客的旅游生活，提升森林公园的旅游档次，发挥九峰山的茶叶资源优势，打造独特的旅游产品。

（二）茗香轩（A23-2）

在茶药浴场旁新建一栋两层的弧形青砖结构的建筑作为凤凰茗香轩，建筑面积800平方米，仿古构造。一层为茶膳品尝和销售，第二层为药茶、茶点的品尝和销售，打造九峰山健康品牌。

（三）茶艺一条街（A23-3）

商贸一条街设立中医药保健品加工作坊，展示绞股蓝茶、金银花茶等保健品的制作工艺，销售九峰山原产中医药饮品、药膳等保健品，打造九峰山特色中药产品；茶商会馆是森林公园内的中高档旅游接待场所，而以民居为基础的家庭式接待是森林公园的重要补充，满足不同游客需求。商务服务区同时还承担餐饮、住宿等旅游服务功能。中药商贸一条街为砖混结构，建筑面积5000平方米，楼高控制在三层以内，其外表装饰风格与原有民居及旅游服务管理区的风格基本一致，注意与茶商会馆的总体风格的协调。对周边民居进行统一装饰，增加部分古典元素，统一大门、窗户及楼顶的风格，使其总体风格与茶商会馆相协调；商贸服务区的招牌采用长2.5米、宽60厘米的黑漆木质招牌，体现重庆市九峰山森林公园的原始古朴风格。

3.3 狮子山森林远足景区详细规划设计（A3）

狮子山森林远足区是除茶文化园、保健休闲游乐区区域外的森林区域，森林资源以竹林、杉木林、阔叶林及灌木林为主，区域植被整体景观效果一般，季相变化不明显，局部仍需进行改造。主要自然人文景点有迷惑堡、银窝子、土地垭、马鞍山、金钟山、知青房、瞰江亭、海佛寺和石鼻子等。景区内森林茂密，鸟语花香，环境优美，沟谷深切，溪水潺潺，空气清新，气候宜人，自然景观资源丰富，山沟谷地众多，是开展森林生态旅游的理想场所。本次详细规划，努力将本景区打造成为重庆市九峰山森林公园生态旅游中心。以现有自然及人文景点资源为依托，在游路周边对现有林分进行局部改造，建设独具特色的森林植被景观。

该区利用森林的特殊环境，例如森林中高质量的空气、种类繁多的树木以及落叶等天然资源，设计一套适应都市人以缓解压力、放松心情为目的的心理疏导型森林休闲旅游项目，从而影响活动参与者的心理状态，改善或改变心理问题人群的认知、信念、情感、态度和行为等，以降低或解除不良心理状态。产品的设计以缓解都市人心理压力和促进森林休闲旅游为目的。

该区以森林休闲为主题，利用森林运动休闲、森林保健休闲、森林探险休闲、森林生态教育休闲等多种休闲文化产品，以及涵盖观光、登山、森林浴、空气浴、烧烤、野营、远足、攀岩、生态宣教等多种旅游产品，配套建设接待服务设施，以龙神坳休闲远足区为载体，以十槽古道登山健身活动小区为背景，开展丰富多彩的旅游游览远足活动，使该景区形成具有休闲观赏、环境教育、康体保健功能的森林生态旅游中心。

根据整个景区的旅游资源现状，将整个景区划分为十槽古道登山健身活动小区和龙神坳森林拓展小区两部分。

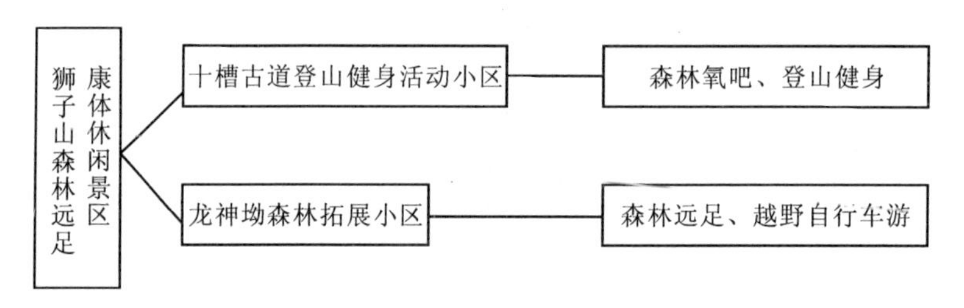

图 18-15 狮子山森林远足景区布局图

3.3.1 十槽古道登山健身活动小区详细规划设计(A31)

十槽古道空气负离子呼吸小区位于仰天窝经十槽古道至九峰湖水坝之间的狭长区域，面积11.8公顷。具有青山绿水、山涧瀑布和异洞奇石为主的高品位生态旅游资源，沿河负氧离子和森林精气含量高，有益于人的身心健康。沿九峰溪徒步而上，两边是原生态的森林植被，遮天蔽日，谷深通幽，环境恬静优美，植物种类繁多。小区内因为坡降比大，是进行登山健身活动的好去处。这里是对人体非常有益的空气负离子呼吸区。该区的主要景点景观有十槽古道、竹海、幽谷、一碗水、凤凰展翅以及林中的奇花异草等。小区的旅游主题为森林登山健身游——可开展徒步体验幽静的森林环境、空气负离子呼吸、观赏游览等活动。

主要建设项目有金九健身广场、体育健身游步道、登山道改造、赏凤亭等。

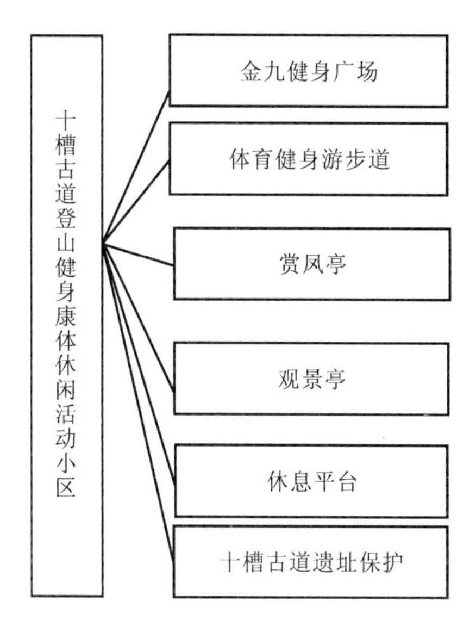

图 18-16 十槽古道登山健身活动小区项目示意图

(一)金九健身广场

金九健身广场位于仰天窝九峰公路西侧。广场东侧为九峰路，南侧为体育健身游步道直通九峰湖景区，西侧为现代农业观光区。四通八达，交通便捷。仰天窝为一山间低洼地形，地势平坦。规划在此建设金九健身广场。广场面积9570平方米，是进行各种体育活动的场地和体育文化的集中展示区域。根据不同的功能特征，将广场分为中心广场区、健身功能区、文化休闲区和健身管理处四个部分。

中心广场区(A31-1) 位于广场东侧，面积600平方米，由广场标志、健身大道、水韵舞场、旱喷广场组成。广场标志位于广场主入口正中，采用体育主题雕塑作为广场标志。雕塑用黄铜材料建造，高2米，体现运动健身的主题。雕塑坐落在一个高1.5米的底座上，底座长0.8米，宽1米，花岗岩构筑。广场标志雕塑是进入金九健身广场的视线节点，具有向游客表明广场主题的作用。由广场标志通向旱喷广场是体育大道，大道宽6米，长12米，采用花岗岩铺装。在大道两侧设置高5米的装饰景观灯，给晚间广场营造出亮丽的景观。体育大道右面，在大片草地上用大面积的草花摆放形成奥运五环图案，寓意广场主题，同时表现环环相互融合，寓意保护生态，人与环境相融合。体育大道左面，是水韵舞场，用叠水形成流水景观，采用三级水池形成水面落差。水池采用花岗岩饰面，呈流线形态，通过水的流动性，表现韵律，映射中国传统舞蹈的优美。旱喷广场呈圆形，直径20米。采用红色花岗岩铺地。旱喷广场外围沿边界设置5个体育运动铜制雕塑，烘托广场主题。

文化休闲区(A31-2)　位于广场篮球场和乒乓球场之间，文化休闲区面积860平方米，由休闲廊道和休闲亭组成，休闲廊道高3米，宽4.2米，长62.7米，廊道采用砖混结构，仿木装饰。采用红白两色花岗岩铺装，组成“回”形图案。廊道中间为一休闲亭，亭为正方形，边长10米，高3.5米。钢筋结构，仿木装饰。文化休闲区与运动场地之间建设树阵分隔空间，减弱噪音。文化休闲区为游客提供一个安静的、相对私密的休憩和交流的空间。

健身功能区(A31-3)　面积约为8110平方米，分为器材健身、大场地运动场地(篮球、羽毛球、网球)健身和球桌型(乒乓球、台球)运动场地健身三个部分。①器材健身功能区面积780平方米，位于广场东南角，包括棋牌桌和全民健身器材设施。棋牌桌采用水泥材料制作，座椅用仿木材料装饰。在棋牌桌区域旁放置单双杠、爬杆、太空漫步机、天梯、垒木、秋千、滚筒、平衡木等简易健身器材。全民健身器材设施按照国家标准建设。这些器材健身设施单独占地面积小，属单体健身项目。在布局上，应用树阵(乔木)与灌草的合理搭配，围合相对独立的活动空间，创造个人的活动空间，

并在空地设置一定量的休息坐骑供人休息。②球桌型运动场位于广场西南角，面积600平方米，球桌设有乒乓球桌。采用水泥材料，运用树阵的设计手法，将大场地分割为相对独立的小场地。开展乒乓球、板球等桌上体育项目。树阵在夏天可遮阳，冬天挡风，创造出舒适的运动健身环境。③大场地运动场地位于广场北面，面积6730平方米。规划建设两个标准篮球场，一个羽毛球场(网球场)。球场均采用塑胶地面，保护运动人员的人身安全。

健身管理处(A31-4)　位于金九健身广场的休闲亭南侧，面积100平方米。此处是金九健身广场的中心区域，适合作为服务功能区。健身管理处采用

砖混结构、仿木装饰，与邻近的休闲廊架和休闲亭构成一个和谐的景观建筑群。健身管理处主要向游客提供各种健身器材的租借服务、配备紧急救助设备，为造成运动伤害的游客及时提供抢救和相关服务，同时设置购物点和厕所，满足游客的日常生活需求。

(二)体育健身游步道

规划在金九健身广场与金九养生文化广场之间建设一组体育健身游步道。

体育健身游步道依托十槽古道资源建设，分为健身游步道(A)和登山梯步(B)两种类型。

具体规划为：

A1游道：金九健身广场至一块田，沿山坡设置。采用粗糙花岗岩运用透水技术铺装，宽度为3.5米，长度为488米。该段为缓坡游道，适合所有游客步行；

A2游道：一块田至赏风亭。沿路溪流丰富，是公园内空气负氧离子最高区域，该段游步道主要在溪流上方竹林中沿地形等高线设置，宽3.5米，长度为180米。在溪流和游步道高差不大的地段，在河岸设置铺石游道或在河岸边石块上开凿钢筋结构栈道与游道相连，采取防滑防崩塌措施，为游客提供亲水娱乐场所，该段游道相对平缓，游道两旁景观资源良好，可以让游客在此玩耍休憩；

A3游道：赏风亭至金九养生文化广场，沿溪边竹林设置。采用粗糙石块铺装，宽度为3.5米，长度为300米。该段游道位于九峰湖下方山谷中，高差较大，需在危险地方设置护栏，高0.9米，铁制，用来消除游道中的不安全因素，确保游客安全。此游道坡度较大，游客行走起来比较费力，比较适合老年人活动筋骨，增强体质；

B1登山梯步：一块田沿山脊线至一棵树儿山腰设置。长131米。采用青石板铺装，每级梯步宽2米，每层梯步高度15～30厘米，根据地形变化决定。此段登山梯步较长，推荐青年人在此进行登山活动；

A4游道：一棵树儿山腰至凤凰峰山腰处，沿等高线设置。长303米，宽2米，沿山体架设，钢筋结构，不破坏原有山体。采用仿木材料装饰，古代栈道风格。在游道外侧设栏杆，高1.1米，混凝土材料，仿木装饰，保护游客人身安全。此段游道较平缓，坡度很小，适合经B1登山梯步上山的游客中途休息放松；

B4登山梯步：在A4段游道中间设置，与金九养生文化中心相连。梯步长约40米，采用卵石铺装，梯步宽1.2米，每层梯步高度15～30厘米，根据地形变化决定。此段登山梯步与金九养生文化中心连接，方便金九养生文化中心游客进行登山活动；

B2 登山梯步：赏风亭至凤凰峰山腰，沿山脊线设置。长 42 米，采用钢筋结构，仿木材料装饰。梯步宽 1.5 米，每层梯步高 16 厘米。该段登山梯步长度较短，适合大部分游客体验登山活动的乐趣；

A5 游道：凤凰峰山腰至山顶，游道环山铺设。长 140 米，宽 2 米，选用当地石材和卵石作为铺地材料。该段游道坡度较陡，需在游道外侧设置栏杆，保护游客安全，栏杆高 0.9 米，选用花岗岩作为材料；

B3 登山梯步：从凤凰峰山腰至山顶沿山脊线设置，长 91 米，宽 1.5 米，采用当地石材建造，每级梯步高 15 ~ 30 厘米，根据地形变化决定，适合登山爱好者攀登；

A6 游道：沿凤凰峰山顶至金九养生文化广场设置，沿山体缓坡铺设，长 108 米，宽 2 米，采用卵石铺装。

以下是规划的几种不同适宜人群的登山路线。

起点	登山路线	终点	适宜人群
金九健身广场	A1-A2-A3(平缓路线)	金九养生文化广场	老年人
	A1-A2-B2-B3-A6(登山线 1)		青年人
	A1-A2-B2-A5-A6(登山线 2)		中年人
	A1-B1-A4-B3-A6(登山线 3)		登山爱好者
	A1-B1-A4-A5-A6(登山线 4)		体力佳人群
	A1-B1-A4--B4(登山线 5)	文化中心	文化中心游客

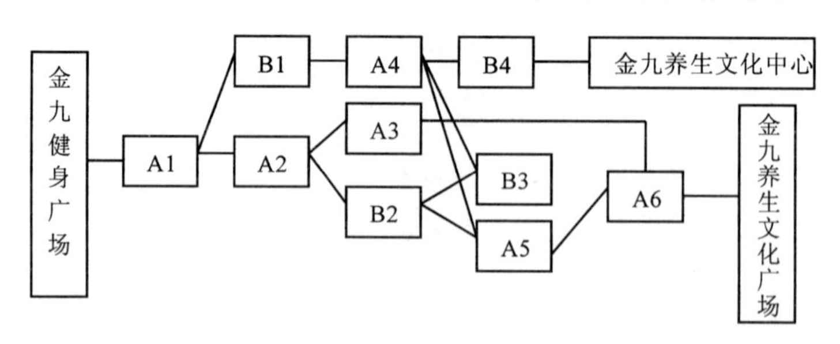

图 18-17 登山健身道路线示意图

此组体育健身登山道具有以下优点：第一，四通八达，连接金九养生文化中心、金九健身广场和金九养生文化广场等景点；第二，游客自主性强，游客可根据自身状况选择适合的登山线路，自主选择空间大大提高；第三，导向性强，各登山道均由金九健身广场通向金九养生文化广场，游客在登山途中不必担心会迷失方向。

同时，在竹林、溪边及阔叶林内设置石凳、木凳及休闲石桌等，让游客在休息之中，呼吸负氧离子。让游客在登山健身之余，呼吸负氧离子和森林精气，促进身心健康。

（三）赏凤亭

在十槽古道适当位置设置一观景亭，采用水泥钢筋结构，仿古石亭建筑，建筑面积约10平方米。观赏凤凰展翅。

（四）观景亭

位于凤凰峰山顶，登山游步道交汇处附近。面积25平方米，采用水泥钢筋结构，仿古木亭装饰，高3米。供登山游客休息，俯瞰康体休闲养生园全貌。

（五）休息平台

共建1处。结合体育健身游步道布置。在一块田至赏风亭之间，选择视野开阔，主要景点视角良好的地段，面积140平方米。用30厚青石板拼缝，30厚1∶3水泥砂浆，100厚碎（砾）石，素土夯实。在休息平台上设置若干桌椅供游客休息。

（六）十槽古道遗址保护

规划将十槽古道现存的块石保留，在遗址旁竖牌说明。并规划支路将遗址所在地与健身游步道相连。小路选用当地石材为原料，宽0.75米，依地形变化铺设。

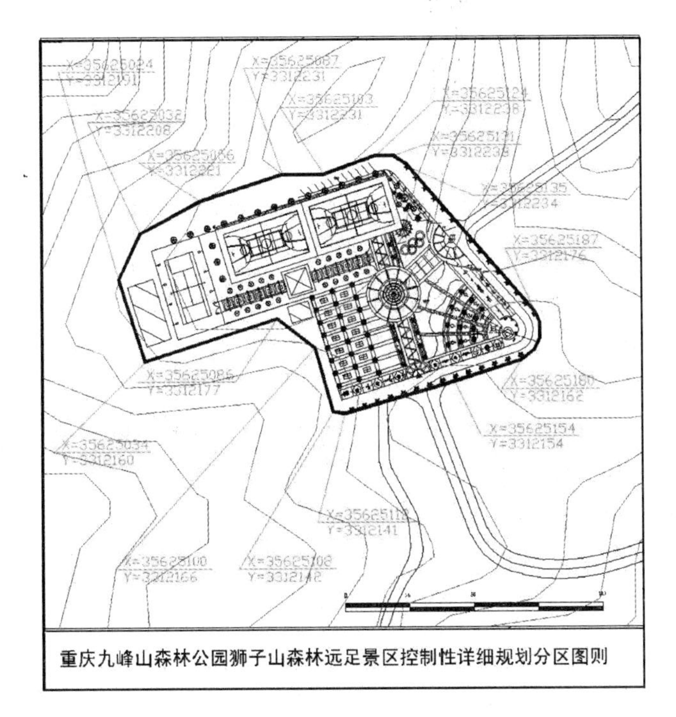

重庆九峰山森林公园狮子山森林远足景区控制性详细规划分区图则

3.3.2 龙神坳森林拓展小区详细规划设计(A32(1)-A32(7))

龙神坳休闲远足小区位于经五龙分印至海佛寺之间的狭长区域，面积445.5公顷。区内的森林为九峰山森林植被保存最好的地区之一。

小区的旅游主题为森林生态体验游——开展徒步体验幽静的森林环境、森林洗肺、观赏丰富的森林资源和生物资源等活动。

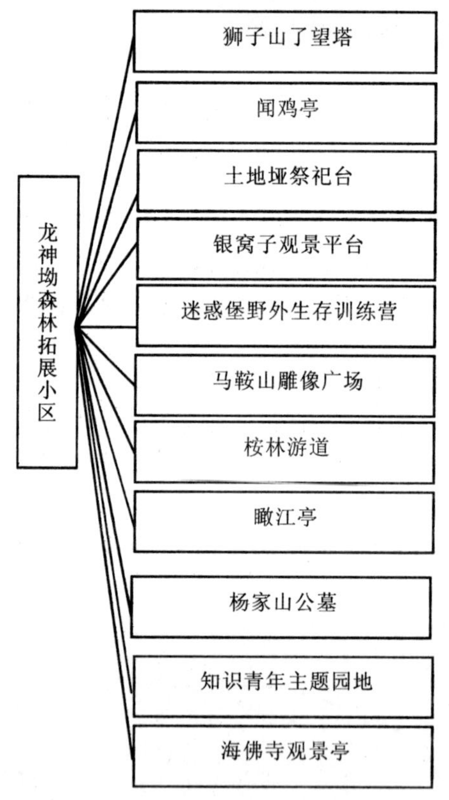

图 18-18 龙神坳森林拓展小区项目示意图

(一)狮子山了望塔(A32-1)

位于高笋塘以北狮子山顶，修建了望塔一座。方形，面积25平方米，2层，高5米。砖混结构，顶层搭建木质顶棚。现代风格。观景台设置高倍望远镜2架，供游客眺望远景用。

(二)闻鸡亭(A32-2)

在鸡公嘴建设闻鸡亭，面积25平方米。高5米，明清建筑风格。结合地形修筑栈道，155米，宽1.5米，仿木结构。

(三)土地垭祭祀台(A32-3)

保留原有风貌，将周边200平方米范围内的植被改造，种上防火树(草)

种。修建一个祭祀台，面积3平方米。供游人进行祭祀朝贡活动。

（四）银窝子观景平台（A32-4）

规划一个游客森林游憩观景平台，面积100平方米。设置仿自然的石凳石桌木桌木椅，配置一个垃圾箱，为游客提供一片休憩的环境。

（五）迷惑堡野外生存训练营（A32-5）

在袁家垭口处，依托迷惑堡现有景观资源，建设野外生存训练营，面积16855平方米。充分利用原有森林茂密，山形复杂，不易辨认方向的特点建设，具有教育、游览、娱乐、健身的功能。游客在这里学习并掌握各种野外生存知识。通过这种活动，可以增强体质、增强应变和适应能力，并且还有助于培养团队精神。

（1）营门

在训练营与游道交叉口建设迷惑堡野外生存训练营营门。原木搭建而成，明式牌坊风格，简洁、粗犷，具有原始性气息。高3米，宽2米，面积10平方米。

（2）体能训练营地

在迷惑堡生存基地西侧平坦山坡上，面积4400平方米。主要训练项目有：抽板过海、合力木鞋、木桶智多星、胜利墙、攀岩、秋千飞渡、信任倒等拓展训练项目。上述项目，除具有教育训练的性质外，还具有很强的娱乐性，充分贯彻了“寓教于乐”的指导思想。

（3）迷惑堡生存基地

生存基地是迷惑堡野外生存训练营的主要项目。面积16855平方米。规划几条回还路，采用粗糙石块铺装，宽度为1.5米，根据地形起伏铺设。

（六）马鞍山雕像广场（A32-6）

在马鞍山区域内的主游道上石马雕像广场，广场面积1442平方米。用当地鹅卵石铺装成同心圆图案。广场中心建平台高120厘米，为石材构筑。祭祀台上雕刻高4米的石马雕像，花岗岩石材建造，旁边根据地势修一弧形看台。广场是马鞍山的标志性建筑。可举办各类歌舞表演、斗鸡斗鸟表演及其他各类表演。

（七）栗林游道（A32-7）

依托杨家山上现有板栗经济林资源，在杨家山树林中设置环形游览道。游览道在景区主路杨家山中地形适合地方开始，沿365米等高线布设，最后与景区主路相连。游览道宽0.8米，长720米，选取当地石材为材料，按照森林公园透水路面标准进行铺装。游览道两侧每隔500米，设置园林小品和座椅，供游客休息游玩。

（八）瞰江亭（A32-8）

在杨家山移动通信塔一带，规划修建一座景亭，面积 50 平方米，两层。砖混结构，现代风格。供游客观赏俯瞰嘉陵江胜景。

（九）杨家山公墓

位于杨家山东南面山坡上，方位背山面水，是极佳的风水宝地。现山坡上有数十座坟墓，大多是森林公园附近居民的墓穴群。墓穴群规模约有 2 公顷，但现在墓穴群的分布较为散乱。规划在现有的墓穴群上建设公共陵园。

（十）知识青年主题园地（A32-10）

位于杨家山后山坳空地上。规划依托该区域是知青住所的资源优势，规划建设面积 8400 平方米。建设中将现存知青时期住房、蓄水池等遗址保留，并用景点解说牌标明功能用途，供游客参观游赏，缅怀知青岁月，并对青少年起到一定的教育宣传作用。

（十一）海佛寺观景亭

在海佛寺旁金钟山顶修建观景亭。建设面积 25 平方米，1 层，砖混结构，仿木装饰。具有观赏、休憩等功能。在石鼻子景点方向立景点解说牌一个，详细解说石鼻子和海佛寺的历史渊源。

（十二）厕所

沿景区公路和游览道每隔 500 米设置一个厕所，为游客提供方便。

（十三）解说牌

对本小区的十一个主要景点，因地制宜地设置景点标志牌。分别为：闻鸡亭、狮子山、土地垭、银窝子、迷惑堡、龙神坳、斩龙垭、石鸭子、马鞍山、龙洞榜。

在闻鸡亭、狮子山、银窝子、斩龙垭、马鞍山有传说故事的景点处，设置景点解说牌，向游人讲解景点的由来。

对游道两旁 5 米范围内的珍稀植物或古树名木进行挂牌标示，表明植物种名、拉丁名、科属名及树龄及其用途。

参考文献

[1]重庆林业调查规划设计院．重庆市九峰山森林公园详细规划．2007 年

第19章　森林旅游文化需求与文化休闲设计
——以湖南怀化中坡国家森林公园为例

我国的森林公园类型多样，大致可分为山岳型、湖泊型、火山型、沙漠绿洲型、冰川型、海岛型、海滨型、龙洞型、温泉型、草原型及城郊园林型等类型。

森林公园是指在城市边缘或郊区的森林环境中为城市居民提供较长时间游览休息，可开展多种森林游憩活动(forest recreation activities)的绿地。城郊型的森林公园是毗邻城镇，林木资源比较丰富，具有相应的游览服务设施，供人们亲近自然、休闲健身和科普文化活动的场所。特指地处城镇周边免费为群众开放的国家级、省级及市、县级森林公园。一般以省内其他城市居民尤其是周边地区的城市居民作为主要营销对象。

随着社会经济不断发展和人民生活水平的日益提高，以森林生态环境为载体的健康休闲、生态疗养等高级林业利用方式，已经成为城乡群众的迫切需要。尤其是随着双休日、带薪假日的增多，广大市民出门旅游的心理需求日益增强，特别是利用双休日进行短途观光休闲游，成为市民的迫切要求，森林公园已经成为他们首选的休闲目的地。

同时，随着人们生活水平的提高、交通运输的方便、闲暇时间的增多，以及人们所追求的思想境界、娱乐方式和美食健身档次的相应提高，游人开始不满足于过去城市中一般的园林情趣，而开始热衷于对城市周边的山林野趣的寻觅，旅游热潮也随之从一般的城市公园转向城郊森林公园。

因此，城郊森林公园建设越来越受到地方政府的重视，现在政府与民众认为：城郊森林公园建设，不但能够拓展城乡群众活动的森林环境和空间，改善人居环境，提升城市品位，优化城市形象，而且城郊森林公园也是林业社会化发展的高级形态，不但能够引导人们热爱自然、崇尚健康文明的休闲活动方式，感受生态文化的独特魅力，而且能够进一步提升人们认知、传播生态文化的热情和积极性。

近年来，城郊森林公园的建设为市民们创造了更多的周末休闲度假区域，受到大家的普遍欢迎。并且，国家林业局将在重点研究城市森林公园、森林人家、森林生态专类园等森林公园发展的新形式的同时，重点建设与发展城郊型森林公园。通过森林公园这种形式，不断改善城郊、城市整个生态环境的面貌。但是，现在很多的城郊森林公园在建设中存在定位不明确、项目开发缺乏新意、特点不鲜明、不符合大众需求等问题。分析其中主要原因是在城郊森林公园建设中缺乏系统的理论指导和对当代城市居民的休闲需求的深刻认识。

笔者通过最近在湖南长沙、怀化、江西新余进行的几个城郊森林公园建设规划的实践，对其进行了探讨与分析，旨在提高城郊森林公园规划水平。

1 森林公园休闲中的文化需求

1.1 森林文化需求

1.1.1 文化已成为人类第一需求

需求是指既有消费欲望又有支付能力的人类行为。人类的需求分为物质需求和精神文化需求。根据马斯洛的人类需求层次递进理论，文化需求是较高层次的人类需求。

进入21世纪以来，人类迎来了文化经济时代，文化已成为新世纪需要的主流，文化需求替代物质需求成为人们的第一需求。

1.1.2 森林是人类心灵深处的渴望

“地球呼唤绿色，人类渴望森林”。随着假日经济的发展，森林旅游为城乡居民提供了一个理想的游憩、娱乐场所。置身于广阔的绿色海洋之中，享受着林间无拘无束悠闲自得的生活乐趣，浴净身心，消除疲劳。同时，还能丰富生物科学知识，探索大自然的奥秘，提高人们环境保护的意识。

在人类的心灵深处，最感亲切的环境是什么？森林与水，因为人类孕于森林，胎儿在羊水中长大。工业化给人类带来物质文明的同时，也造就了人类心身还来不及适应的环境。

1.1.3 精神与艺术文化消费是旅游消费的主体

人的最高要求是精神方面的要求，最大的满足是精神的满足。人类可以受穷受困，却不可以丧失精神家园。一旦希望全部失去，就失去生存的勇气。当人类物质资料生产仅仅能满足最低生活水准(延续生命和延续后代)的时候，生活资料的满足成了第一需要。一旦生活资料满足了，或者说，比较富裕了，精神需求则凸现了出来。旅游则是在满足精神需要这一层面上发生的，而没有发生在低生活水准层面上，这就规定了旅游消费的基本性质：精神消费。

艺术消费是精神消费的重要内容，从某种意义上说，旅游，不仅是一种精神消费，而且是一种最具广泛性和群众性的艺术消费。提高消费者自身的修养和旅游景点提供者的修养，提供更有历史真实和艺术性的消费对象，提高旅游产生的总价值，已刻不容缓。

1.1.4　休闲旅游的文化特征

旅游是旅游者以文化为基本属性的特定活动，是社会、政治、经济等现象的集合体。旅游是人类的社会化活动。人类旅游活动的目的多种多样，但其共同之处在于通过旅游实践的完成，旅游者获得某种身体和心灵的放松以及精神方面的享受。旅游者希望借旅游的机会，领悟与感受异域文化与氛围。人们在日常生活、工作等压力下以及在熟悉环境中，容易产生逃脱压力、求新求异、身心放松等需求，为了追求精神上的愉悦与异域文化的体验而外出旅游。通过观光、游览、与异域文化的沟通与融合等活动，一方面，旅游者身心得到熏陶，精神上得到放松，另一方面，自己的阅历也有所增加。正是因为人类对于不同于自己成长地、居住地或工作地的异样环境的向往，以及对于异域文化的欣赏，人类才产生外出旅游、实现追求的欲望。因此，旅游反映的是人类文化需求的现状和变化。

1.1.5　旅游审美——一种文化活动

人们接触的各种自然美景、地质地貌、奇山异水、异域风俗、民风民情的活动，是一种感受、体验与参与的过程，在此过程中，旅游者自身的心灵受到感染与熏陶。从旅游者接触其开始，直到旅游活动的完成，整个环节就是一种欣赏、体验、参与与评价的思维活动与行为过程。而贯穿于这一过程的主要活动就是审美，包括对于美景、奇景、异景以及异域风情的欣赏与评价，故旅游是一种审美活动。而不管此种审美活动的效果如何，旅游者的初衷以及实现旅游的过程都是为了获得精神上的享受，因而旅游又是一种精神享受活动。

1.1.6　森林文化基础——自然文化——人类本质需求

随着文化的普及，文化已成为当今一种时尚和主流。在形形色色的文化需求中，追求自然、崇尚自然是人类普遍的追求，而森林文化在本质上是一种自然文化，符合人类心理本质需求。

1.1.7　乡村森林文化——城市人的追求

由于森林大多地处乡村山野，其文化特征，对于城市人而言是一种异质文化，而异质文化是旅游文化需求中的原动力。

1.1.8　森林艺术——诗意地生活

在森林中，有另一种有别于人为艺术的自然艺术，每一株树木、一根枝条、一片树叶、一朵花草、以及森林中的和谐和生命节奏，对于人类而言都是一种自然的艺术，是人类追求诗意生活的理想环境。

1.2　森林保健文化需求

1.2.1　森林负氧离子

现在越来越多的人们开始追本溯源，回归大自然，享受森林清新的空气、宁静怡人的环境。据国内外研究证实，森林及其生态因子能产生大量的空气负氧离子，因此，森林环境中的空气格外新鲜。

最好的负氧离子是植物光合作用时，在分解水分和二氧化碳时产生的，也叫空气维生素，由游离子和游离态的氧原子结合而成，其浓度与人体健康水平有着直接关系。森林中负氧离子的浓度为每立方厘米 1000 ~ 2000 个，城市公园 400 ~ 800 个，街道绿化带 100 ~ 200 个，室内 40 ~ 50 个。空气负离子是重要的森林资源，一般在 700 个/立方厘米以上时，使人感到空气清新；在 1000 个/立方厘米以上时，有利于人体健康；在 8000 个/立方厘米以上时可以治病，可以对治疗哮喘、慢性支气管炎、烫伤、萎缩性鼻炎、萎缩性胃炎、神经性皮炎、神经官能症、肺气肿、偏头痛及冠心病、高血压等疾病，并对恶性肿瘤有一定疗效。

空气中的灰尘、有害气体、臭味、细菌和病毒等污染物带有正电荷，破坏细胞负电，使细胞老化和早衰，空气中的灰尘，其中小于 10 微米的飘尘几乎是永久性悬浮在空气中，占悬浮总粒子的 90%。特别是其中小于 2.5 微米的微粒(一般过滤系统不能清除)，不受肺纤毛阻挡，可穿过肺泡，直到血液及至全身而带来毒害。负氧离子可捕捉漂浮微尘，使其凝聚而沉淀。飘尘越小，越易被沉淀。

负氧离子的主要作用：

·能调节中枢神经的兴奋与抑制，改善大脑皮层功能，产生良好的心理状态；

·能够刺激造血功能，使异常血液成分趋于正常化；

·能够促进内分泌；

·能够改善肺的换气，增大肺活量，促进气管纤毛摆动，促进污物排出；

·能够促进组织的生化氧化还原过程，增强呼吸链中的触媒作用，增强机体免疫力。

新生水：植物光合作用时，分解水分和二氧化碳后重新组合产生的新鲜水。植物光合作用产生的原生水，具有洁净、高生物活性的特点，是一种与人的皮肤黏膜有高亲合性的锁定水分，其透皮补水快。能保持皮肤黏膜抗性，使皮肤细白，抗感冒。

1.2.2 植物精气与人类健康因子

人类利用植物释放的气体由来已久。埃及人 4000 年前就已利用香料消毒防腐，欧洲人则利用薰衣草、桂皮油来安神镇静，我国古代传统中医也有“芳香开窍、通筋走络”的理论，民间则有“佩香袋”、“薰艾蒿”进行驱虫杀菌、去邪防病的习俗。直到 1930 年，苏联的托金在观察植物的新陈代谢过程中，发现植物散发出来的物质能杀死细菌、病毒，才把这些物质统一命名为芬多精（Phytoncidere），又称植物杀菌素或植物精气。后来，随着研究手段的不断改进，植物精气的作用机理逐渐得到了阐释。德国、日本、俄国、台湾等国家和地区开始利用植物精气的杀菌和保健等多种功能开展森林生态旅游并取得了成效。比如1982年日本引入了德国的森林疗法，又根据植物精气可以杀菌治病的原理推行“森林浴”。到了1983年，日本林业厅更是发起“入森林、沐浴精气、锻炼身心”的“森林浴”运动，同时此举也大大推动了日本森林旅游业的发展。

植物精气是植物的器官和组织在自然状态下分泌释放出的具有芳香气味的有机挥发性物质。其主要成分是芳香性的萜类化合物，其中包含了单萜、倍半萜等，其碳架都由异戊二烯聚合而成，所以又被称为异戊二烯类化合物。

目前已经探明的萜类化合物的生物合成途径，首先由乙酰辅酶A（Acetyl CoA）缩合生成β-羟基-β-甲基戊二酰辅酶A（HMG CoA），然后在还原酶的作用下生成甲羟戊酸（MVA），MVA经过焦磷酸化和脱羧作用形成异戊烯焦磷酸（IPP），IPP经硫氢酶及焦磷酸异戊烯酯异构酶可转化为二甲丙烯焦磷酸（DMAPP）。IPP与DMAPP两者可相互转化，且两者结合成为牛儿焦磷酸（GPP），GPP释放焦磷酸即成单萜。如果IPP再与GPP以头尾方式结合，则产生法呢焦磷酸（FPP），FPP去焦磷酸即为倍半萜。总之，萜类化合物是由Acetyl CoA经过MVA和IPP转变而来的。

植物精气具有多种生理功效，植物依靠精气进行自我保护，并能阻止细菌、微生物、害虫等的成长蔓延，植物精气可以通过肺泡上皮进入人体血液中，作用于延髓两侧的咳嗽中枢向迷走神经和运动神经传播咳嗽冲动，具有止咳作用：通过呼吸道黏膜进入平滑肌细胞内，增加细胞里碘腺苷的含量，提高环磷腺苷与环磷鸟苷的比值，增加平滑肌的稳定性，使细胞内的游离钙离子减少，收缩蛋白系统的兴奋降低，从而使肌肉舒张，支气管口径扩大，结束哮喘，因而能够平喘；植物精气具有轻微的刺激作用，使呼吸道的分泌物增加，纤毛上皮摆动加快，所以能够祛痰；进入肾脏代谢时，可抑制肾皮质远曲小管对水的再回收，故能利尿；精气还能促进人体免疫蛋白增加，增强人体抵抗疾病的能力，又可调节植物神经的平衡，使人体腺体分泌均衡；新鲜的植物精气可以增加空气中臭氧和负离子的含量，增强森林空气的舒适感和保健功能，因此精气可以治疗多种疾病，对咳嗽、哮喘、慢性气管炎、肺结核、神经官能症、心律不齐、冠心病、高血压、水肿等都有显著功效。

植物精气的芳香疗法：这种疗法考虑到人类的身体、理智和心灵深处的需求，以及生活环境状态，也是一门使用植物精油治疗疾病的艺术科学。香料被喻为是植物的“生命力”或能量，通过嗅闻精油对人体生理和心理产生刺激作用，主要表现出：①消除疲劳，解除紧张状态，促进安眠等，使人体处于放松状态；②醒脑提神，集中注意力，使人体处于适度的紧张清醒状态，提高工作效率；③使人体身心处于平衡、和谐状态，最终达到预防和治疗疾病的目的。

森林浴的保健功效：当人们走进茂密的树林，投入绿色的怀抱之时，那一股股浓郁的花香、果香和树脂等芳香扑鼻而来，沁人心脾，使人精神为之一爽。这种具有调节精神、解除疲劳和抗病强身的挥发性有机化合物(VOCs)大体可分为3种，即单萜烯、倍半萜烯和双萜烯，它们都分别具有抗生(微生物)性、抗菌性和抗癌性，可促进生长激素的分泌。其中以单萜烯和倍半萜烯的医疗保健作用最大，单萜烯具有促进支气管和肾脏系统活动的功能，倍半萜烯具有抑制精神上焦躁、调节内脏活动的功能。

此外，森林中的植物精气普遍都含有十几种具降尘、杀菌的萜类化合物，对人体健康有益。大量研究表明，植物在吸附悬浮颗粒物、吸纳噪音、释放氧气、水蒸气和 VOCs 等方面的作用是其他措施所不及的。而杀菌方面植物 VOCs 抑制、抵抗病原微生物的入侵、生长、繁衍，起到净化环境空气的作用。利用这一天然杀菌素，许多国家建成风格独特的“植物气体诊疗所”、“森林医院”、“森林浴场”等，还有直接把疗养院和医院建在森林中的。

健康是人生最大的财富。在森林公园建设规划中，对于绿化树种的选择，不仅要考虑到树木的景观生态效应和适应性，而且应考虑树木的化学生态效应。我们应该认真研究不同树种的植物精气种类以及对人类健康的影响，并据此把对人体健康有益的树种作为公园绿化的主要选择树种。如法国梧桐、夹竹桃、女贞、水杉和油松等散发出的萜烯类化合物最多。而对于产生负离子和精气相对浓度大的种类，如每公顷马尾松纯林24小时可释放出5.24千克植物精气，可深度开发其保健疗养价值。

1.2.3 森林有氧运动

森林植被具有吸收二氧化碳和释放氧气的功能。据有关测定资料显示，1公顷森林每天光合作用吸收二氧化碳132.0千克，放出氧气99.0千克；1公顷森林每天通过呼吸作用放出二氧化碳44.0千克，吸收氧气266.0千克。两项抵消后，即纯吸收了二氧化碳88千克，放出了氧气33千克。折算成体积即1公顷净释放氧气23.1立方米。

森林维持大气平衡作用除了吸收二氧化碳，释放氧气以外，还具有净化含氟气体、氯气和光化学烟雾，促进空气负离子化和降低噪声等作用。

森林能够净化大气，据有关测定资料，每公顷阔叶林每年可散发5.0千克植物杀菌素、吸尘68.0吨；可吸收二氧化硫180.0千克。

森林植被对烟灰、粉尘具有明显的阻挡、过滤和吸附作用。有关研究表明，针叶林的滞尘能力为33.2吨/公顷·年，阔叶林的滞尘能力为10.1吨/公顷·年。

人体运动是需要能量的，如果能量来自细胞内的有氧代谢(氧化反应)，就是有氧运动；但若能量来自无氧酵解，就是无氧运动。有氧代谢时，充分氧化1克分子葡萄糖，能产生38个ATP(能量单位)的能量；而在无氧酵解时，1克分子的葡萄糖仅产生2个ATP。有氧运动时葡萄糖代谢后生成水和二氧化碳，可以通过呼吸很容易被排出体外，对人体无害。然而在酵解时产生大量丙酮酸、乳酸等中间代谢产物，不能通过呼吸排除。这些酸性产物堆积在细胞和血液中，就成了“疲劳毒素”，会让人感到疲乏无力、肌肉酸痛，还会出现呼吸、心跳加快和心律失常，严重时会出现酸中毒、增加肝肾负担。所以无氧运动后，人总会疲惫不堪，肌肉疼痛要持续几天才能消失。

有氧运动能够明显增强心肺功能、改善血液循环系统、呼吸系统、消化系统和内分泌系统的机能状况，有利于缓解人体紧张情绪、改善生理状态，从而有利于人体的新陈代谢、提高抗病能力、增强机体的适应能力和体质，使健康水平得以提高。因此，有氧运动是科学健身的基础。另外，还有研究显示有氧运动对机体维持血糖浓度的稳定有重要作用；有氧运动能防治心血管疾病及肥胖；有氧运动对提高机体的免疫能力、延缓机体的衰老过程以及促进心理健康都具有重要的意义。

因此，有氧运动是人类保持健康的一项基本运动形式。而有氧运动的基础是有氧环境与适当的运动量。有氧运动的基础是运动，但是，运动起来就要消耗大量的氧，运动时心跳加快，血液流速增加，供给细胞所需要的超负荷氧。但是心脏供氧能力来源于肺部的氧，肺部靠呼吸摄取氧气，呼吸摄取氧气关键的问题是空气的氧气质量。森林中的空气非常适合进行有氧运动，因此，森林有氧运动成为一种非常健康的运动。

早在1865年，德国开创了“森林地形疗法”(森林+运动)，此疗法在1880年被进一步发展为“自然健康疗法”=森林+水雾+运动(也就是后来的植物精气+空气负离子+运动)。实际上，这些就是森林有氧运动。

日本医科大学还证明森林有氧运动可提高免疫力和抗癌能力。主要是森林蕴含着丰富的健康促进类环境资源要素，此类环境资源由森林小气候、空气质量、空气负离子浓度、空气细菌含量和植物气态分泌物等环境因子构成。在地形地势、森林植被和山地气候的共同影响下，孕育出保健型的森林小气候。所以这些正是有氧运动的最佳环境与气候条件。

我国国家体育总局运动医学研究所体育医院主任医师黄光民认为：有氧运

动是指机体在运动时能量代谢的一种形式，即在整个能量代谢过程中，氧的供给充分，能源物质的三羧酸循环分解过程顺利而彻底，也就是通常所说的燃烧彻底，没有乳酸的堆积。在运动中要求达到一定的运动强度、频度和持续时间，常常以小到中等强度为主。一些周期性运动项目都是比较好的有氧运动项目，如：走步、跑步、跳绳、骑车、划船、登山、游泳、爬楼梯、舞蹈、健身操、扭秧歌、抖空竹、踢毽子、太极拳(剑)、小运动量的球类运动、部分全民健身路径器械(健肌机、椭圆机等)，可供任意选择或搭配进行。

随着居民生活水平不断提高，越来越多的人开始关注生活质量的提高。而生活质量的提高需要健康的身体作为支撑和载体，如何利用工作余暇来使自己的身心保持健康，则成为每个居民非常关心的话题。当前，西方发达国家将各类运动广泛开展作为提高国内公民健康的一条途径，我国也正在推广全民健康行动。所以，可以预见，森林有氧运动将成为一种新的生活方式与时尚。

1.3 森林知识与技术文化需求

1.3.1 追求知识提高素质是旅游的一个重要动机

旅游目的各有不同，休闲、观光、采风、猎奇、增长见识等，但不管最初目的是什么，终极目的还在于提高自身素质。个人认为：一个人的素质＝知识＋文化＋健康。

我们在前面已经讨论了文化与健康的内容，在这里主要探讨知识在旅游的重要性。

提高自身素质途径很多，却不外乎两大类：书本知识和非书本知识。书本知识，提供的是现成经验、结论；没有写进书本里的知识是大量的，存在着许许多多的未知领域；其范围是无限的，变化是无穷的。人类以现有知识、经验为基础，以探索未知。旅游为我们提供了零距离接触未知事物的绝好机会，游览对象为旅游者提供最为丰富的认知资源，自然，人文，风土人情，名优特产，奇闻异事，都可以为人类提供新知识和新认知。

1.3.2 森林知识——城市人的陌生知识

森林中蕴含着生命节律，生态的过程，生物多样性等多种知识，而这些知识大多是书本上不能体验的，尤其对城市人而言，是一个相对陌生的领域。把森林作为城市居民的学堂，是城市居民的希望。

1.3.3 学习——人类发展的源动力

人类发展主要依赖于人类不断地学习，如仿生学就大大促进了人类的发展，迄今为止，人类大部分的生命支撑物质均来源于大自然，其中森林就是重要的部分，人类从森林中学习各种知识，是人类社会不断发展的要求。

1.3.4 知性之旅——学习+休闲

当今最时尚的生态旅游就是学习+休闲模式，而森林旅游是其生态旅游的主流。

1.3.5 森林科普——大中小学生学习自然的课堂

科普是指采用公众易于理解、接受和参与的方式，普及自然科学和社会科学知识，传播科学思想，弘扬科学精神，倡导科学方法，推广科学技术应用的活动。森林科技馆、标本馆、植物园等文化场馆设施，是大自然中的森林知识学堂。通过开展科技周、大型科普展览等森林知识科普旅游活动，让游客感受森林自然的神奇魅力，了解森林与人类的关系，懂得保护环境的重要性。

2 城郊森林公园主要文化游憩项目规划——中坡国家森林公园

2.1 倒冲湾森林科学园——森林知识与技术文化需求

2.1.1 森林科技馆

·采用现代电子技术，展示全球森林变化(演变)

·采用图片及电子技术展示全球森林类型

·互动式森林问题电子展示系统

·长型环带森林(热带雨林)探险电影

·全息影视(立体)厅

·电子监管厅(电子签名、保护森林宣言)

·森林植物、森林动物、森林微生物、森林与人类、森林与碳汇、森林与全球气候变化展示内容

·怀化市林业成果展示厅

2.1.2 森林生物标本馆

·规划依靠中坡森林公园内丰富的植物资源和引进更多的植物标本，在公园范围内建设小中型植物标本馆。规划将五溪广场右侧的"芙蓉楼"修缮改建成植物标本馆，该楼设计新颖，有别于城市内的各种标本馆，且能突出在森林之中的森林韵味。通过在楼内专门设置放映室一间，用于向游客播放关于植物、植物文化、生态文化等内容的专题片。

·标本保存库

·标本展示厅

·大专院校森林生物学校外课堂

2.1.3 百花园

·收集种植适宜怀化地区的乡土观赏植物，分资源品种建收集区，种植展示区部分可用盆栽形式进行展销。

2.1.4 森林书吧

·规划在森林公园倒冲湾森林科技馆旁开辟专供游人在此读书的专用园地，面积0.2公顷，该地块地势平坦，周边森林茂密，环境优雅安静。能给游人提供安静的阅读空间。

2.1.5 油茶品种文化园

·收集适宜的油茶(含菜花)品种并开展科学研究。

·沿园内游路种植并展示观赏品种，并设计展示标牌。

·适量生产可以盆栽品种供选购。

·设计5~10块大型标牌，展示宣传茶文化。

·规划在市林科所油茶基地内的道路两侧建设长为500米的山茶文化长廊，通过文字和图片，介绍中国的茶文化、茶花文化、油茶品种、生产工艺等内容，让游人在领略中坡森林风景的同时，可以学习了解中国的山茶文化。

2.1.6 珍稀植物园

位于车篦坡，占地面积20公顷。依托怀化市林科所的技术力量和管理经验，引种栽培怀化市珍稀乡土树种和国家珍稀保护树种及珍稀花卉，建成后的珍稀植物园，将是湘西南最大树木种质收集库，也是观赏不同珍稀植物景观和研究、考察、了解树种特性，开展科普教育的好场所。植物园附属设施包括管理房100平方米，喷灌设施及园艺器具等，同时对珍稀植物挂牌识别，书写植物科、属、种的中文名和拉丁名。

2.1.7 植物园及游道解说系统

·设计专业的以观赏了解植物园知识的游路3000米。

·沿游路分段种植地方适宜的珍贵树种、乡土树种，能够散发植物精气树种，并设计解说标牌，沿路布置100~150种植物。

·提供(选购)100~150种植物图鉴资料，供游客在进行植物园休闲考察时使用。

·解说标牌设计除传统的解说内容外，还应增加生态经济文化知识的内容，以增加知识性、趣味性。

·沿游路设计5~10处电子书解说检索系统。以方便游客能在实地通过电子系统全面系统了解植物知识。

·设计关于植物文化知识的卡片，树叶标本等小纪念品销售点，配合对植物园科学知识的深化了解，弘扬植物生态文化。

2.2 中坡森林健体休闲景区——森林保健文化需求

2.2.1 森林浴林分改造

·在原有森林基础上，采用株、块状补植常绿针叶和尖小叶阔叶树种，以便能产生森林负氧离子。

·沿森林浴步行游路两边20米左右进行林下通透式改造，除杂去刺，以便通风、透光、透气，以利于有氧森林浴运动。

2.2.2　森林浴运动场

·选择平缓地，进行林分整理。

·平缓森林地、场地的林分改造，保留森林郁闭度0.3～0.4。

·地面采用草地，人工沙石铺地，木质栈台等多种形式进行处理。

·设计小型辅助健身运动器材，以便于进行森林有氧健身运动。

·条件许可，在运动场周围可引水进行人工喷雾，诱发负离子产生。

2.2.3　森林浴指导

·设计森林浴指导宣教区，集中展示相关知识和森林有氧运动指导。

·编写有关指导手册(免费或提供选购)。

2.2.4　森林浴游道

·森林浴场内设计专业游道2000～3000米，平缓长度应进行科学设计。

·游道宽以80～120厘米为宜，根据不同地形和场地，采用沙石，木质铺装，栈道形式。局部区域可设计空中栈道，以便游客能亲临森林不同部位——树干、树梢、林冠层，了解森林和进行森林呼吸，以吸收森林中健康有益气体。

2.2.5　植物精气养生园森林改造。

·在原有森林基础上，广泛补植能够挥发植物精气的植物。

·沿植物精气游路不同地段，分块状设计不同类型的森林植物园，以有利于不同需求的游客进行精气疗养。

其详细设计须在有康体疗养医务人员参与下进行。

2.2.6　植物精气园游路

·设计0.8～1.2米主游路，采用自然植被进行铺装。

·两侧林分采用通气、通风、透光改造并清除有害物种。

·在各类植物精气小区(段)设计0.6～1.0米次游道，并设计同时容纳5～10人的平台，供驻留、呼吸森林有益健康气体以达到不同疗养养生目的。

·沿游路设计不同植物挥发不同精气的疗养功能解说标牌。

2.2.7　植物精气养生指导

·在养生园人流集散区设计大型植物精气养生知识宣传标牌，宣传相关知识。

·编写有关指导手册，导游图，以供不同疗养养生目的的游客使用(选择)。

·可以生产具有挥发芳香、精气的可携带植物产品，如松花粉、松香、樟油精之类精气产品供选购。

·组建康体保健诊所，为区域内有特殊需求的人群服务，为其制定康体保健计划，有针对性地进行服务指导(可采用会员收费制)。

2.3 牛头寨森林体验区——森林文化需求—生态体验

2.3.1 森林经济林果体验建设

·按场地条件分别小规模(2~5公顷)种植不同的适宜果木。如桃、樱桃、柑橘、板栗、杨梅、柚等形成不同的生产区，其产品可供公园商场销售。

·不同林分内除生产用道路外，设计不同的游客体验游道，以方便游客深入果木林内，观察树木生长，进行采摘体验。

·可以定点每人3~5株，由城市居民进行认领、认养和进行管理。建立档案并指导其进行生产，其产品可归认养认领生产者所有，使城市居民体验林业生产的乐趣(城市林农行动)。

2.3.2 森林拓展体验园

·根据地形和场地条件，设计大型森林拓展运动体验园。

·拓展运动项目应进行进一步详细设计。

2.3.3 森林远足体验游道(原始次生林体验)

·森林体验园内设计森林远足体验游道，游道宽0.8~1.0米，自然沙石铺装。

·两侧森林维持自然状态，不作处理。

·线路以长3000~5000米为宜(步行1小时)。

·仅提供简单线线路向标示。

2.4 木杉溪森林生态文化村——森林文化需求——文化休闲

2.4.1 社会主义新农村建设

·按照国家林业局国有林场、棚区改造政策，结合国家社会主义新农村建设要求，对林区职工进行统一安置。

·按照一户一特点进行改造，使其展示不同的森林文化，并提供不同的森林旅游服务。

如：根雕人家：林区职工住户，可以生产、销售、展示林区根雕艺术，并且附带提供住宿、饮食服务。大力发展林区家族旅游业，在丰富森林公园服务内容基础上，促进林农脱贫致富。

2.4.2 特色的森林人家

依据上述思路，规划设计下列特色的森林人家：

·森林书屋　　　　·茶艺社

·森林艺术沙龙 ·竹香居
·兰香居 ·猎人屋
·樟树居 ·森林木屋
·木艺居 ·童话屋
·林野居 ·盆景园

森林文化村是一处集林区职工安置、森林特色居住(出租或出售)、森林住宿购物、饮食、娱乐、文化教育于一体的综合项目，可采用会所制进行管理。游客集中期可采用电话、网络预订服务。

制订森林文化村和森林之家建设与服务标准。

打造以国营林场职工安置与森林公园结合进行森林文化建设的示范与样板。创造上档次的品牌。

2.5 花龙寨森林文化教育区——森林文化需求——文化教育与精神寄托

2.5.1 怀化市市花园

位于神仙湾苗圃，占地面积2公顷。栽种怀化市市花——菊花，通过楹联、诗画等多种形式展示市花的生态文化美学价值，开展各种认领认养活动。市花园附属设施包括管理房20平方米，喷灌设施及园艺器具等，同时对植物挂牌识别，书写植物科、属、种的中文名和拉丁名，对名人手植、企业认建、个人认领情况进行挂牌展示。

2.5.2 怀化纪念林基地

位于景区东面火烧迹地，占地面积7000平方米。2011年建党90周年纪念。

2.5.3 怀化市义务植树基地

位于纪念林基地旁，面积15公顷，建设怀化市义务植树基地。为怀化市民和团体进行植树造林提供活动场所。造林树种以阔叶树种为主，形成较好的景观林效果。附属设施包括管理房50平方米，喷灌设施及园艺器具，植物工具和苗圃等。深化全民绿化意识，积极履行植树义务，为改善城市生态环境做贡献。

2.5.4 绿色认领园

规划在义务植树基地旁建设绿色认领园，面积2公顷。包括个人绿色认领1000株，企业认领500株。个人、集体、企业以志愿者的身份到森林公园内认领植物，承担做好日常管护的责任，增强怀化市民的绿色环保意识。

2.6 潭口森林娱乐区——森林文化需求——绿色生活

2.6.1 水库娱乐的建设

·设计沿湖木质栈道

·沿湖植物绿化
·湖岸近自然化，植物恢复
·垂钓服务平台

2.6.2 野营地

·沿湖两侧布置木屋(少儿)帐篷野营地，提供垂钓服务。
·设计专业汽车野营地。

2.6.3 烧烤场

·选择适当地方设计标准化野外烧烤场。
·烧烤场服务设施。
·烘烤场周围防火林隔离带。

2.6.4 婚庆园

·设计可供婚庆仪式和摄影的环境、摄影点。

·设计婚庆植物文化园。种植表达爱情、忠贞和社会主义新道德风尚的植物，如同心树等。

·通过小品、植物、石景、铺地、楹联、花门、刺绣式花坛等要素的巧妙组合，创造出具有诗情画意的婚庆园林景观。

·沿主干游道布置一些体现中国婚庆文化主题的景观。

·婚庆园的其他绿地通过植物形式展示和体现新人同心的主题思想。

·婚庆园划出一片林地，布置为“爱情纪念林”，作为情侣捐栽或认领树木作为恒久纪念的场地。

2.7 主入口服务区——森林文化需求——文化宣教

2.7.1 森林广场

·珍稀树种(包括古、大树)，草坪及草砖，占60%。
·硬质文化铺装广场，适宜进行大型集会、演出，占40%。
·标志性雕塑。
·文化墙。
·怀化中坡森林宣言标牌。
·大型电视墙。
·地灯、音乐、安全监控系统。
·演艺台。
·文化围栏。

2.7.2 (绿岛地下)停车场

·根据场地，保留原有地形和植被，设计地面与地下相结合的停车场。
·地面生态停车场。

·按专业和国家标准进行设计建设。

·公司专业经营。

3　探讨

大众休闲从根本上来说是心理需求也是文化需求。从本质上来说，休闲是一种文化现象，看起来是由各种各样的活动构成的，本质上是一种精神追求。但是在文化休闲概念上，现在只是基本认同，从本质上需要深化认同。

目前人们的文化休闲游主要集中在节假日或者依靠社会教育机构进行，日常生活中的文化休闲质量不高。日常生活的休闲质量，关乎生活的总体质量。日常休闲的丰富性，决定生活的趣味性。

因此，在森林公园的规划和建设中，需要进一步培育社会的文化休闲氛围，譬如超女快男想唱就唱一样，形成一种“想学就学，随处是课堂”的精神，以促进整个休闲产业的发展。

参考文献

[1]罗明春，罗军，钟永德，王国勋．不同类型森林公园游客的特征比较．中南林学院学报，2005年第25卷第6期

[2]王艳，陈东田，侯可雷，范勇．城郊型森林公园规划中的性质定位

[3]四措施提升森林公园建设新高度——访国家林业局森林公园管理办公室副主任张健民，2009

[4]程磊，毛振阳．有氧运动的若干理论问题的回顾与展望．体育科技文献通报，2007年03期

第20章　市树市花文化展示设计
——以平顶山市为例

在社会主义“双文明”建设中，文化层面上的某些事物通常可以作为精神文明建设的标志性成果，各地“市树、市花”就是这一类标志性事物之一。“市树、市花”的确定可以凭借不多的财力和物力的投入，构建一个具有标志性的城市认同感的事物，对于塑造城市形象和提高城市文化品位具有相当积极的意义。

可以这样说，“市树、市花”既是城市形象的重要标志，也是城市文化的浓缩和城市繁荣富强的象征。目前，全国所有的省会城市，也包括很多经济条件好或者文化旅游资源丰富的地方城市，已经确定了自己的“市树、市花”，也确实对于优化城市人文及生态环境、提高城市品位和知名度、促进地方文化的传承和发展起到了积极的促进作用。

国内已有相当多的大中城市拥有了自己的市树市花。市树市花的确定，不仅能代表一个城市独具特色的人文景观、文化底蕴、精神风貌，体现人与自然的和谐统一，而且对带动城市相关绿色产业的发展，优化城市生态环境，提高城市品位和知名度，增强城市综合竞争力，具有重要意义。

2009年，平顶山启动了市树市花的评选活动，市民通过热线电话、网络、信函、现场投票等方式踊跃投入到评选活动中来。活动的开展提高了市民的生态意识，增强了广大市民爱绿护绿、建设绿色鹰城的热情。通过评选，确定了月季作为市花，合欢为市树。

1　市树——合欢

1.1　合欢概述

合欢　学名：*Albizzia julibrissin* Durazz. 英文名：Silktree Albizzia. 别名：绒花树、夜合树、马樱花树等。

合欢是含羞草科合欢属植物，落叶乔木，高达16米。树冠开展呈伞形。偶数二回羽状复叶互生，总叶柄长35厘米，羽片5~15对，小叶镰刀状，共10~30对，日开夜合。头状花序伞房状排列，花丝粉红色，细长如绒缨，花期6~7月。每到初夏花期的时候，就好像有许多粉红的小降落伞落在树梢。荚果呈带状，长8~17厘米，9~10月成熟。

原产及分布：合欢属植物约50种原产于亚洲、非洲及大洋洲的热带和亚热带。在我国有13种，大多为落叶乔木或灌木。

习性：喜温暖湿润和阳光充足环境，对气候和土壤适应性强，稍耐阴。耐干燥和瘠薄土壤，适生于排水良好的平原肥沃湿润的沙壤土和石灰岩山地。浅根性，树皮薄，不耐西晒。能忍受大气的污染，对二氧化硫、氯气等有毒气体有较强的抗性。

1.2　繁殖与栽培

合欢繁殖多采用播种法，10月份采种后晾晒脱粒，干藏于干燥通风处，以防发霉。北方地区以翌年4月中旬下种为宜，如用温室育种，可在10月至11月下种。合欢种皮坚硬，为使种子发芽整齐，出土迅速，播前两周需用0.5%高锰酸钾冷水溶液浸泡2小时，捞出后用清水冲洗干净置80℃~90℃热水中浸种30秒钟(最长不能超过1分钟，以免影响发芽率)，然后用20℃恒温水浸泡2小时进行降温，最后用2层纱布包裹放在大盆内进行催芽处理，24小时后即可进行播种。利用这种方法催芽，发芽率可达80%~90%，且出苗后生长健壮不易发病。

合欢在生产中多采用营养钵育苗，营养土可用多年生草皮土经2厘米铁筛过后搭配肥料进行配制。为防止土壤病虫病菌对种子、幼苗的危害及保证苗木健康生长，配土时可加入适量杀虫剂、杀菌剂和微肥进行土壤处理，如甲基1605、粉剂、地菌净和硫酸亚铁等。营养钵育苗苗床宽以1~1.2米为宜，床距30~40厘米，一般南北走向，营养钵灌满土后浇透水一次，第二天就可以下种，每个营养钵点种3~4粒，点种后覆土1厘米，保持土壤湿润。播后两周左右发芽出苗，苗高15厘米时定苗。定苗后结合灌水施淡薄有机肥和化肥，加速幼苗生长，也可叶面喷施0.2%~0.3%的尿素和磷酸二氢钾混合液。合欢幼苗的主干常因分梢过低而倾斜不直，为提高观赏价值，使主干挺直有适当分枝点，育苗时可合理密植并注意及时修剪侧枝，对一年生较弱的苗木或主干倾斜的合欢，可在翌年初春发芽前，留壮芽1个齐地截干，使之萌发成粗壮而通直的主干。

合欢苗移植以春季为宜，要求“随挖、随栽、随浇”。移栽时应小心细致，注意保护根系，对大苗必要时可拉绳扶直，以防被风吹倒或斜长。定植后要求增加浇水次数，浇则浇透。秋末时施足底肥，以利根系生长和来年花叶繁茂。为满足园林艺术的要求，每年冬末需剪去细弱枝、病虫枝，并对侧枝适量修剪调整，保证主干端正，树势优美。

栽培：4年生苗即可定植，定植应选择平地及缓坡地带。早春萌动前进行裸根栽植，栽植穴内以堆肥作底肥。合欢根系浅，有根瘤菌产生，故不必每年施肥，每年入冬前需浇冻水1次，生长季节雨季前也要每月浇水1 ~2次。对刚定植的4年生小苗，每年落叶后要作定冠修剪，连续2 ~4年后则不必修剪。

1.3 合欢文化

1.3.1 最早的传说——苦情树——痴情树

关于合欢树，还有一个凄美的传说。这合欢树最早叫苦情树，也不开花。相传，有个秀才寒窗苦读十年，准备进京赶考。临行时，妻子粉扇指着窗前的那棵苦情树对他说："夫君此去，必能高中。只是京城乱花迷眼，切莫忘了回家的路!"秀才应诺而去，却从此杳无音信。粉扇在家里盼了又盼，等了又等，青丝变白发，也没等回丈夫的身影。在生命尽头即将到来的时候，粉扇拖着病弱的身体，挣扎着来到那株印证她和丈夫誓言的苦情树前，用生命发下重誓："如果丈夫变心，从今往后，让这苦情开花，夫为叶，我为花，花不老，叶不落，一生不同心，世世夜欢合!"说罢，气绝身亡。第二年，所有的苦情树果真都开了花，粉柔柔的，像一把把小小的扇子挂满了枝头，还带着一股淡淡的香气，只是花期很短，只有一天。而且，从那时开始，所有的叶子居然也是随着花开花谢来晨展暮合。人们为了纪念粉扇的痴情，也就把苦情树改名为合欢树了。这个故事让人觉着，这合欢树在欢乐的名誉之下所承受的苦难过于沉重，让人不由得觉着分外伤感，觉得这世间的一切美好，其实大都是人们的美好愿景，由凄美的灵魂支撑的希望的形象。

1.3.2 象征夫妻恩爱和谐，婚姻美满——中国的婚姻树

合欢夜间双双闭合，夜合晨舒，象征夫妻恩爱和谐，婚姻美满(每到傍晚，它的叶子就会沿中间叶脉相互抱合，直到第二天早晨才再次舒展开，就像恩爱夫妻相拥而眠一般)，故名"合欢"。汉代开始，合欢二字深入中国婚姻文化中。有合欢殿、合欢被、合欢帽、合欢结、合欢宴、合欢杯。诗联有："并蒂花开连理树，新醅酒进合欢杯"。合欢被文人视为释仇解忧之树。《花镜》上说："合欢，一名蠲人忿，则赠以青裳，青裳一名合欢，能忘忿"。嵇康的《养生论》也尝谓："合欢蠲忿，萱草忘忧"。因多"种之庭阶"，适于宅旁庭院栽植。

合欢，由这种树的叶片每晚闭合而得名。合欢树的叶片，植物学上称"二回偶数羽状复叶"，细细观察，合欢的叶片，由无数成双成对的偏椭圆形小叶组成。白天，合欢的叶面舒展，如相向的锯齿，晚上，锯齿状的小叶像多米诺骨牌一样地向叶的顶端迭合、倒伏，然后相向的锯齿又以叶茎为中轴两两相对合起，显示出无限的依恋和异常的亲密。于是人们把这种叶片晚上合抱睡觉的树，用感情色彩浓烈的"合欢"一词来命名。

1.3.3 合欢树的传说—爱情之树

名列"三皇五帝"之一的舜帝，是一位贤德的君王。相传舜帝死在了南巡

的途中，他的两个妃子，娥皇和女英，听说舜帝的死讯，长途跋涉来寻找舜帝的陵寝，却没能如愿。娥皇和女英痛哭一场，跳入湘江自尽身亡，二人的魂魄终于找到了舜帝的魂魄，他们的灵魂共同化作了合欢树。

唐·韦庄《合欢》

虞舜南巡去不归，二妃相誓死江湄。

空留万古得魂在，结作双葩合一枝。

1.3.4 文学中的合欢树——精神之树

李渔《闲情偶寄》有言："此树朝开暮合，每至黄昏，枝叶互相交结，是名'合欢'"。

古人吟咏爱情，常取此树为比兴。"同心花，合欢树。四更风，五更雨。画眉山上鹧鸪啼，画眉山下郎行去。"明代诗人计南阳词《花非花》，抒写了合欢："一夕风雨癫狂，爱似柔情蜜意。两情缱绻，恨夜短昼永。爱如合欢羽叶，暮合晨开，聚散有时。迟迟离别，执手劳劳，殷殷嘱托。"诗歌情意绵绵的意境构筑中，风姿绰约开满同心花的合欢树，正是同心永结、爱情欢洽象征的具象。

李时珍《本草纲目》中载，合欢还有合昏、夜合、青裳、萌葛、乌赖树等多个名称。可以想见，每个名称之后，都应有着一段感人的故事。

杜甫诗《佳人》云："合昏尚知时，鸳鸯不独宿。"合昏即合欢。美人孤寂中，见到鸳鸯双宿、合欢树开合，触景生情，兀自情伤黯然。自然物象有着人的精神附丽，正是文化传承无形中对人的制约。合欢树即为如此的精神之树。

1.3.5 合欢树——"有情树"、"爱情花"

合欢"花色如蘸晕线，下半白，上半肉红，散垂如丝——"(《广群芳谱》)。花丝有如人工制作的丝绒锦绣，远看则又像满天繁星落地。因此，合欢被人们誉为群芳中的一枝奇葩。

合欢的花奇，其叶也奇："叶至密，圆而绿，似槐而小，相对生"。最奇的是，合欢也具有含羞草的特性，一对对小叶在夜幕降临时，就像热恋多情的对对青年男女一样，亲密地相拥。在暮色中看去，满树空空荡荡，似乎只剩下枝丫，挂着天上的星月。由于合欢具有朝开暮合的特性，我国古代将其誉为"有情树"、"爱情花"。

合欢不仅花美叶秀，性格奇特，与爱情结有不解之缘，而且为人间增添几缕馨香。宋代韩琦有诗赞吟："合欢枝老拂檐牙，红白开成蘸晕花。最是清香合蠲忿，累旬风送入窗纱"。

1.3.6 合欢树花——同心花

树为"合欢"，花成"同心"。合欢树的花朵，被爱情中人称为"同心花"。

花瓣如丝，一蒂所出，丝丝皆指同心。如同爱侣绵绵不绝的缕缕思绪，情牵对方，念念在彼。合欢花如马额垂悬的红缨，民间俗称“马缨花”，云南彝族人视其为幸福的象征。从古至今，爱情一直是一个人生命题。不过许多时候，又有多少人理解，叶合而不乱其序，花开却又同心的度与律呢？

1.3.7 合欢树——释愤去怒、快乐忘忧

合欢花入药始载于《神农本草经》，说：“合欢，安五脏，和心志，令人欢乐无忧。”中医认为，合欢花性味甘，平，功效以舒郁，理气，安神，活络为主。临床主治郁结胸闷，失眠，健忘，风火眼疾，视物不清，咽痛，痈肿，跌打损伤疼痛等症。对于其功效后人有歌曰：欢花甘平心肺脾，强心解郁安神宜。虚烦失眠健忘肿，精神郁闷劳损极。

据说，合欢树还能释愤去怒，给人带来快乐如意。李渔说：“凡见此花者，无不解愠承欢，破涕为笑。”晋代崔豹《古今注》有言：“合欢，树似梧桐，枝弱叶繁，互相交结，每一风来，辄自相解，了不相绊缀。树之阶庭，使人不忿。嵇康种之舍前。”合欢书宜植于庭院中，可使人心宁忿祛。传说魏时嵇康喜爱合欢非常，宅舍前遍植合欢树，常与友人纵酒吟诗树下，不怨无忿，乐以忘忧。在《养生论》中嵇康有言：“合欢蠲忿，萱草忘忧”。

合欢树，除了人文价值和观赏价值外，还有药用价值。据《本草纲目》记载，它的叶、花、皮、枝和根均可入药。其味甘、性平、无毒。主安五脏，宁心志，令人欢乐无忧愁，还轻身明目，心想事成。崔豹在《古今注》里说，想帮助别人摆脱烦恼和怨忿，可把合欢树赠送给他种植在庭院中，可使人心情愉快。

祛忿抑怒，合欢同心，至于安乐，合欢树的象征意蕴正是人们的追求。同心花，合欢树，舞于风里，映入瞳仁，戚戚于心中，惹梦频频。

1.3.8 合欢树——聪明之树

合欢树叶子晚上的闭合，当然不是人们想象的是为了寻求欢乐。那么，它为什么每到晚上就合上它的叶片呢？有人研究过睡莲花夜间闭合的原因，它的闭合是为了确保花蕊在夜间有30℃的温暖环境，以维持花蕊结籽，繁衍后代。30℃的温度是根据蜜蜂有时被闭合在睡莲中，第二天花开时就能振翅飞翔测算出来的，因为科学家证明蜜蜂胸肌要张开翅膀，需要30℃的体温。

由此，学者推测，合欢树每晚闭合它的叶片是自古以来它在抵御夜间低温，不让白天吸收的热量散发出去而形成的一种生物习性。白天，它舒展叶片，尽情地吸收光能，夜间，它闭合叶片，减少能量散失的渠道。

每当夜幕降临，千万棵合欢树就悄悄地闭合起它们的叶片。启动叶片闭合的开关在哪里？它的开关不是靠外力作用的机械开关，也不是由计算机控制的

数控开关，而是合欢树根据太阳光的强弱明暗设计的光控开关。合欢树实在是一种有记忆的树，是一种聪明的树。如果有一天科学家把合欢树的这种生物光控基因破译出来，移植到其他植物身上，人类将会培育出抵御沙漠夜间低温的各种植物，为绿化沙漠提供新的植物种群。

1.3.9 艺术中的合欢树

合欢在中国古代诗歌和绘画中也经常出现，以象征爱情，《聊斋志异》中也有“门前一树马缨花”的诗句。

精工雕刻的合欢花图案的窗棂——复道交窗作合欢，双阙连甍垂凤翼——卢照邻。

吐尖绒缕湿胭脂。淡红滋。艳金丝。画出春风，人面小桃枝。看做香奁元未尽，挥一首，断肠诗。仙家说有瑞云枝。瑞云枝。似琼儿。向道相思，无路莫相思。枉绣合欢花样子，何日是，合欢时。——元好问

康熙廿四年，纳兰招来朱彝尊、顾贞观诸友，飞觞于合欢花下，对花分韵，纳兰性德写诗曰：阶前双夜合，枝叶敷华容；疏密共晴雨，卷舒因晦明。影随筠箔乱，香杂水沉生；对此能销忿，旋移迎小楹。——《不见合欢花，空倚相思树》

三春过了，看庭西两树，参差花影。妙手仙姝织锦绣，细品恍惚如梦。脉脉抽丹，纤纤铺翠，风韵由天定。堪称英秀，为何尝遍清冷。最爱朵朵团团，叶间枝上，曳曳因风动。缕缕朝随红日展，燃尽朱颜谁省。可叹风流，终成憔悴，无限凄凉境。有情明月，夜阑还照香径——念奴娇·合欢花

1.3.10 世界的合欢

金合欢，又名夜合花、消息花，落叶直立灌木，树态端庄优美，春叶嫩绿，意趣浓郁，冠幅圆润，呈现出迎风招展的英姿。金合欢不但是园林绿化、美化的优良树种，还是公园、庭院的观赏植物。适宜家庭盆栽，它的树态、叶片、花姿极其优美，开放方式特别，花极香。适宜在阳台、平台上莳养，开花后，置于室内或几案观赏，幽香四溢，令人赏心悦目、心旷神怡。淡黄色的金合欢花是三八妇女节最受俄罗斯女性喜爱的礼物，金黄灿烂的花朵，在尼斯的狂欢节上到处可见。所以尼斯狂欢节又被称 Mimosa Carnival，即金合欢花狂欢。在节日的3天，天地仿佛被金合欢花的金黄颜色铺满，而3天后，一切倏然不见。

1.4 合欢的应用

1.4.1 作庭荫树、行道树

合欢在我国、亚洲其他各地、北美都广有栽培。树形优美，叶形雅致，昼开夜合，入夏以后绿荫绒花，有色有香，形成轻柔舒畅的景观。合欢多用作庭

荫树，点缀栽培于各种绿地，或作行道树栽培。花及树皮均可入药。

1.4.2 作保健树

合欢又名夜合树、马缨花、绒花树，是一种优良的观赏树和药用树种，非常适宜作公园、机关、庭院行道树及草坪、绿地风景树。由于合欢寓意“言归于好，合家欢乐”，且花和树皮具有“安神解郁”的保健作用，因而受到大众的喜爱。

合欢花为头状花序，皱缩成团，花细长而弯曲，长0.7～1厘米，淡黄棕色，具短梗，花萼筒状，先端5小齿，疏生短柔毛；花冠筒长约为萼筒的2倍，先端5裂，裂片披针形，疏生短柔毛；花丝细长，黄棕色，下部合生，上部分离，伸出筒外，体轻易碎，气微香，味淡。花中鉴出了25种芳香成分，主要为反—芳樟醇氧化物等，花还含矢车菊素-3-葡萄糖甙，合欢花具有镇静作用，主要用于养心、解郁、安神。合欢的树皮和花是一味中药，有安神、解郁、活血的功能。失眠是那些失恋、失意、失神者的炼狱，采合欢的树皮或花晒干，可名为“合欢茶”，早晚泡饮，滋味甘甜，不几日，当落枕即酣，眼合睡欢，安眠无碍。

合欢木材耐水湿，可制作家具；树皮含鞣质，纤维可制人造棉；种子可榨油；树皮及花能药用，有安神、活血、止痛之效；对二氧化硫、氯气等有毒气体有较强的抗性。

1.4.3 作绿化树

合欢树冠开阔，入夏绿荫清幽，羽状复叶昼开夜合，十分清奇，夏日粉红色绒花吐艳，十分美丽，适用于池畔、水滨、河岸和溪旁等处散植。

合欢喜光，耐寒性不强，北京及以北地区易受冻害。对土壤适应性较强，耐干旱、瘠薄的沙质土壤，耐盐碱，不耐涝，喜湿润、排水良好的肥沃土壤，具根瘤，有改良土壤的能力。不耐修剪，萌芽力不强，对病虫害的抗性较差，对氯化氢、二氧化氮的抗性强。我国黄河、长江和珠江流域的省(区)用于环境绿化、美化的较多。合欢前期生长速度快，树冠开阔，如亭似盖，纤叶似羽，昼开夜合，红、粉红色的花序夏天开放，花期较长，美丽动人，是少见的夏季观花的乔木观赏型树种。适合庭园绿化、美化和行道树的栽培，具有较好的发展前景。

2 市花——月季

2.1 月季概述

拉丁名：*Rosa chinensis*；英文名：Chinese rose；月季为植物分类学中蔷薇科蔷薇属的植物，是野生蔷薇的一种。野生蔷薇经过人们对它长期的人工栽培和品种选育工作，最后培育出在一年中能反复开花的蔷薇，即月季。月季因月月季季鲜花盛开而得名。别名有：月季花、月月红、斗雪红、长春花、四季花、胜春、瘦客等。

2.2　月季繁殖与栽培

月季育苗地应选在地势平坦，用水方便，土壤透水透气良好且较肥沃的砂壤土。

插条应选在枝条积累养分最多的6月上旬至8月初，采集当年生优良母枝上未木质化、半木质化的枝条，插穗长度6～8厘米，下切口呈斜面并靠近腋芽，以利于生根。留1～2叶片。

月季喜欢疏松、肥沃、排水良好的中性土壤。以土质疏松的微酸性土质(pH值6.5左右)为佳。弱碱性土质，可用硫酸亚铁适当处理，深翻土地，耙平表面，阳畦栽培。盆栽以园土30%、塘泥30%、腐殖质30%、细煤渣10%混合使用，栽植时盆底层施细饼肥适量。

在冬剪后至萌芽前施基肥，应施足有机肥料。春季展叶时新根大量生长，不能施浓肥，以免根系受损而影响生长。生长期要多次施肥，5月盛花后及时追肥，以促夏季开花和秋季花盛。秋末要控制施肥，以防秋梢过旺受到霜冻。视苗木生长情况可根下追肥，也可叶面喷洒(尿素、磷酸二氢钾、高美施、硫酸亚铁)等，能促进苗木生长，培育出理想的株型、美丽的花朵。

2.3　月季文化

2.3.1　月季花——中国传统十大名花——“和平之花”

月季花是中国传统十大名花之一。相传神农时代就已把野月季花移进家中栽培了。汉代宫廷花园中大量栽种，唐代更为普通。早在1000多年前，月季就成了中国名花。它有“天下风流”的美称，其色、态、香俱佳，花期长达半年有余，能从5月一直开到11月，故有“月月红”、“月月开”、“长春花”、“四季蔷薇”等名称。月季以奇容异色、冷艳争春著称于世。18世纪末，中国月季经印度传入欧洲，在国外享有“花中皇后”的美誉。作为中国的名花之一，月季的别名叫“和平之花”。

2.3.2　月季花——爱情之花

红月季象征爱情和真挚纯洁的爱。人们多把它作为爱情的信物，爱的代名词，是情人节首选花卉。红月季蓓蕾还表示可爱。

2.3.3　月季花——花中皇后

白月季寓意尊敬和崇高。白玫瑰蓓蕾还象征少女。粉红月季：表示初恋。黑色月季：表示有个性和创意。蓝紫色月季表示珍贵、珍稀。橙黄色月季表示富有青春气息、美丽。黄色月季表示道歉。绿白色月季表示纯真、俭朴或赤子之心。双色月季表示矛盾或兴趣较多。三色月季表示博学多才、深情。

在花卉市场上，月季、蔷薇、玫瑰三者通称为玫瑰。作切花用的玫瑰实为月季近交品种。因此，称它为玫瑰不如称它月季更为贴切。月季花姿秀美，花色绮丽，有“花中皇后”之美称，月季在各种礼仪场合很常用。

月季花姿秀美，花色绮丽，花大色美，按月开放，四季不断，历来深受各国人民喜爱，素有“花中皇后”的美称。

2.3.4 月季花——大众花卉

月季历来为中国人民所喜爱，是中国传统名花之一。宋代大诗人苏辙在《所寓堂后月季再生》的诗：“何人纵千斧，害意肯留木卉，偶乘秋雨滋，冒土见微苗。猗猗抽条颖，颇欲傲寒冽。”这首诗表现出月季非常顽强的生命力和敢于与恶劣环境搏斗的精神。

月季是我国劳动人民栽培最普遍的“大众花卉”，在一年中“四季常开”。

“谁言造物无偏处，独遣春光住此中。叶里深藏云外碧，枝头长借日边红。曾陪桃李开时雨，仍伴梧桐落后风。费尽主人歌与酒，不教闲却买花翁。”

宋代大诗人徐积的《长春花》这首咏月季，赞美月季的诗，从大处落笔，描写得绘声绘色，使读者诵读后赏心悦目。

在日常生活中，好花长开，好事常来，好人长在，是人们美好的盼望，宋代大诗人苏东坡有一首赞美月季的诗这样写到：

“花落花开不间断，春来春去不相关。牡丹最贵为春晚，芍药虽繁只夏初。惟有此花开不厌，一年长占四时春。”

在历代诗人中，赞美月季花美气香，四时常开的诗海里，最有名的是宋代大诗人杨万里的《腊前月季》这首诗，诗是这样描写的：

“只到花无十日红，此花无日不春风。一尖已剥胭脂笔，四破犹包翡翠茸。别有香超桃李外，更同梅斗雪霜中。折来喜作新年看，忘却今晨是季冬。”

这些历代赞美月季的诗篇，从一个侧面反映了月季在我国悠久的栽培历史和蕴涵的人文文化历史。

2.3.5 月季花——黄帝部族的图腾植物

月季在中国传统文化中处于弱势地位，但新的考古发现，月季花是华夏先民北方系——相当于传说中的黄帝部族的图腾植物。

2.3.6 月季花——最广泛的市花

月季是我国十大名花之一，起源于中国又盛行于中国，是北京市、天津市、郑州市、青岛市、蚌埠市、宜昌市、商丘市、焦作市、淮阴市、常州市、衡阳市、鹰潭市、大连市、威海市、安庆市、西昌市、德阳市、淮南市、邯郸市、锦州市、廊坊市、随州市、新乡市、吉安市、济宁市、沧州市、宿迁市、沙市市、奎屯市、佛山市、开封市、信阳市、三门峡市、平顶山市、驻马店市等市的市花。

2.3.7 月季花——最广泛的象征代表意义——花语

月季被誉为“花中皇后”。而且有一种坚韧不屈的精神，花香悠远。

月季的花语

粉红色月季的花语和象征代表意义：初恋、优雅、高贵、感谢

红色月季的花语和象征代表意义：纯洁的爱，热恋、贞节、勇气

白色月季的花语和象征代表意义：尊敬、崇高、纯洁

橙黄色月季的花语和象征代表意义：富有青春气息、美丽

绿白色月季的花语和象征代表意义：纯真、俭朴或赤子之心

黑色月季的花语和象征代表意义：有个性和创意

蓝紫色月季的花语和象征代表意义：珍贵、珍惜

2.3.8 月季花——文学艺术的源泉

(1)古代月季诗词

诗词是中国传统文化的瑰宝，而月季是我国古代诗词中最常见的诗词对象。

月季花 明．张新

一番花信一番新，半属东风半属尘。

惟有此花开不厌，一年长占四季春。

木香 宋．刘敞

粉刺丛丛斗野芳，春风摇曳不成行。

只因爱学官妆样，分得梅花一半香。

(2)现代月季诗词

月季不但是我国古代诗词中最常见的诗词对象，也是现代诗词对象。北京林业大学彭春生教授曾经撰写的《月季诗词三百首》一书是“阳光诗社”全体成员创作的集体结晶。该书中所有的诗词都与月季有关，或歌颂月季美丽，或讲述月季培育，甚至连月季如何防虫都能入诗。

咏月季花

[现代]叶千华

四时如春情满怀，月月花谢花又开。

新鲜总是看不厌，就怕君当玫瑰摘。

月季

春色悄悄入黄昏，花艳似火奔红尘。

读诗自有明月照，平生不负多情人。

2.3.9 月季花——“中国红”——友谊之花

作为北京奥运会和残奥会颁奖花束，“红红火火”整体呈尖塔状，高40厘米，胸径25厘米，主花材为月季，火龙珠、假龙头、书带草、玉簪叶和芒叶等作为配花配叶。象征中华民族自强不息，团结一心的民族精神和不断追求友谊、团结、公平竞争的奥林匹克运动精神。从设计之初到2007年11月8日被北京奥组委执委会确定，前后共经历了十多次研究修改。

“中国红”月季。月季色彩艳丽，千姿百态，深受中国人民的喜爱，不仅如此，月季也是国际上最为流行的花卉之一，是欧美一些国家的国花。在全世界范围内，月季花是用来表达人们关爱、友谊、欢庆与祝贺的最通用的花卉。

近几年，随着中国花卉产业的迅猛发展，具有自主知识产权的月季品种逐渐增多，涌现出更多更好的新品种，其中“中国红”月季无论是名称还是颜色都最具中国特色，符合奥运用花的标准。充满着生机与活力的红色，是中国人最喜欢的颜色，象征着吉祥如意、幸福与欢乐，同时也象征着向上的活力。每束颁奖花束由9支“中国红”月季组成。中国传统中的数字9被誉为至尊，代表着凝聚力与生生不息，同时数字9还有长长久久之意。

2.3.10 月季花——和平之花

和平月季是法国人弗兰西斯·梅朗1939年在法西斯铁蹄下培育出来的。他以3-35-40的代号，将这种月季寄到美国。美国园艺家焙耶收到了这远渡重洋的品种后，立即分送美国南北各重要花圃进行繁殖。几年后，这个新品种东山再起，一时轰动全美。1945年，美国太平洋月季协会将这个品种命名为和平，并宣称：我们确信，当代最了不起的这一新品种月季，应当以当今世界人民最大的愿望“和平”来命名，我们相信，和平月季将作为一个典范，永远生长在我们子孙万代的花园里。和平月季命名这一天，正巧联军攻克柏林，希特勒灭亡。当联合国成立，在旧金山召开第一次会议时，每个代表房间的花瓶里，都有一束美国月季协会赠送的和平月季。上面有一个字条写着：我们希望“和平”月季能够影响人们的思想，给全世界以持久和平。第二次世界大战期间，法西斯匪徒在离布拉格14千米一个叫里斯底的村子里，残害了175名15岁以上的男人，并将妇女和儿童关进集中营。战后，为了纪念这些人们，许多月季专家和一些自愿捐助的人，于1955年在这里建起了一个月季园，其中主要的品种是和平月季。

2.4　月季应用

2.4.1　观赏名花

花是月季的主要观赏对象，月季花的盛花期，大花月季、丰花月季、藤蔓月季、微型月季等竞相开放，花形秀丽，绰约多姿。除红、白、黄、粉、紫色外，还有许多异色和变色品种，洁白如雪的“白天鹅”、“佳音”，耀眼的“金琥珀”、“苏丹黄金”是月季花中品种较好的，香味迥异，神韵绝美，堪称花中精品。还有红色的“状元红”、“丛中笑”，绿色月季以“青心玉”、“蓝天碧玉”为上乘佳品，蓝色月季更是世界罕见，被冠以“蓝色月亮”的美称，堪称月季花之绝品。

2.4.2　园林艺术

月季是建筑和园林小品之间的重要配植植物。与其他园林植物在形态、体量、质地、色彩等之间相互协调搭配营造出一些特色景观，也可与针叶树、阔叶植物、色叶植物搭配，取得良好的景观效果。是花坛、花境中经常使用的植物材料。

2.4.3　月季专类园

建设月季专类公园，一则可供市民游览、品赏；二则可供收集品种，为科研、科学普及提供条件。这不仅是城市绿化中不可缺少的部分，也是城市绿化中常采用的一种形式。在西方国家，月季专类公园的建设被誉为月季应用上的“戒指上的宝石”。中国有很多著名的月季园，如：北京植物园，天津月季园、上海月季园、郑州月季园等，成为人们喜爱的去处。

2.4.4　药用与美容

月季花又叫月月红、月月花。它不仅是花期绵长、芬芳色艳的观赏花卉，而且是一味妇科良药。中医认为，月季味甘、性温，入肝经，有活血调经、消肿解毒之功效。由于月季花的祛瘀、行气、止痛作用明显，故常被用于治疗月经不调、痛经等病症。临床报道，妇女出现闭经或月经稀薄、色淡而量少、小腹痛，兼有精神不畅和大便燥结等，或在月经期出现上述症状，用胜春汤治疗效果好。

月季花与代代花合用，更是治疗气血不和引起月经病的良方。

对妇科常见病，民间用月季花单方、验方也很有效。此外，女性常用月季花瓣泡水当茶饮，或加入其他健美茶中冲饮，还可活血美容，使人青春长驻。

2.4.5　食用

民间经常有使用月季花做月季花粥与月季花汤的习惯。也有使用月季花做菜的原料，如“酥炸月季花”是肝调养食、活血化瘀、月经不调的食谱；可以作早晚餐或点心食；有疏肝解郁，活血调经，适用于血瘀之经期延长的效用。

3 市树市花文化在城市森林建设与森林城市创建中的应用

3.1 在城市森林建设中的应用

3.1.1 街道绿化——市树街

结合城市森林建设，设计建设市树街、合欢街。宜在市区和各县市区设计一条以市树合欢为主要景观树种的街道。通过对人们思想、理念、行为方式的引导，树立植物与人类共生共荣的理念，提高群众生态意识和环境保护意识，引导市民养成良好的生态文化意识，促进和谐城市的建设。

3.1.2 市树文化广场

文化广场，是指含有较多文化内涵为主要建筑特色的较大型场地，在城市区域开辟为市民提供休闲娱乐的公共空间与文化活动的场所。

文化广场的作用一是向人们渲染文化内涵，二是提供休闲、娱乐、文化活动的场所。一个城市的文化广场常被比作这个城市的“会客厅”，它不但是展示城市文化的窗口，也是吸引游人的一道风景。

市树文化广场主要为城镇周边居民服务。在城区建设以市树市花为基调，以生态文化为内涵的高雅的市民广场，让缺乏与自然长时间接触的市民，通过市树文化广场的文化项目，真实感受生态文化、理解生态文化，并逐渐加入到生态文化建设中来。

3.1.3 市树、市花公园

采用图片及电子技术、全息影视(立体)等现代形式，结合楹联、诗画等传统形式展示市树市花的生态文化美学价值，使之成为城市生态文化的形象工程、标志性工程。同时，市树市花公园还是进行生态文化教育、生态知识普及和生态文明宣传的基地。

3.1.4 市树纪念园

通过建立建党九十周年纪念林、关注平顶山纪念林等形式的市树纪念园，深化全民绿化意识，积极履行植树义务，为改善城市生态环境做贡献。增强市民绿色环保意识，改善人居生态环境，并提倡全民绿色认领。个人、集体、企业以志愿者的身份到市树纪念园内认领树木，承担做好日常管护的责任，使公园内树木能够得到更有效的保护。

3.1.5 市树、市花婚庆园

合欢月季的文化含义特适合作为婚庆园主题品种。因此可设计以市树、市花为主的婚庆园。婚庆园内结合植物造景技术，在森林中人为形成“连理枝”、“同根生”、“比翼双飞”、“同心树”等植物景观，既可以给人参观，又可以表示对情侣们“永结同心、百年好合”的幸福祝愿。同时，通过小品、植物、石景等要素的巧妙组合，创造出具有诗情画意的婚庆园林景观，在内容上表现出中华民族传统婚俗礼仪，同时创造出一种年轻人追崇的时尚、西化的婚庆场所，以吸引新人们到此进行结婚留影，或在此举行贴近自然的森林婚礼。此外，在园中划出一片林地，布置为“爱情纪念林”，为情侣捐栽或认领树木作为恒久的纪念提供场地。

3.1.6　市树、市花香精及药材产业

合欢是一种重要的中药材。可入药的部位有合欢皮和合欢花。合欢皮性味甘、平。有解郁、和血、宁心、消痈肿之功。有治心神不安、忧郁、失眠、肺痈、痈肿、瘰疬、筋骨折伤之效。合欢花又名夜合花，乌绒性，味甘，平。有舒郁，理气，安神，活络之功。治郁结胸闷，失眠，健忘，风火眼疾，视物不清，咽痛，痈肿，跌打损伤疼痛病症。

平顶山应充分利用得天独厚的自然条件和良好的物质基础，建立起规范化的无公害中药材种植体系、具有活力的中药新药开发体系、具有市场竞争能力的产品体系和骨干企业群。依托资源优势，通过资源整合，加速实现合欢药材生产、研发与产品商品化、产业化、国际化。

长期以来天然香料产品一直处于供不应求状态，并呈上升趋势，尤以国际市场为盛。

月季是制作高档香水的主要原料。因此，可以在世界香水产业发展的大背景下，发展平顶山市的香水原料种植和香水原料油提取产业，建设平顶山市香水产业基地。发展天然香料、香精是国家政策扶持的朝阳产业，是一种可持续无污染的绿色产品，在解决好短平快的发展项目的同时应当大力发展香料、香精产业，走出一条生态无污染的新型工业化路子。

3.1.7　市树义务植树基地

可在植物园中设计专题市树、市花品种园。市树市花园不仅能代表一个城市独具特色的人文景观、文化底蕴、精神风貌，体现人与自然的和谐统一，而且对带动城市相关绿色产业的发展，优化城市生态环境，提高城市品位和知名度，增强城市综合竞争力，具有重要意义。

3.1.8　制作生产市花盆景

随着城乡人民生活水平的提高，城市化步伐的加快，居民对花卉、盆景的需求越来越大，花卉、盆景的市场前景好。花卉、盆景需求与日俱增，消费水平不断提高，是公共场所、庭院、居室美化的重要装饰品。利用有利条件，新建花卉、盆花、盆景基地。

盆景园、花卉基地可为全市道路、广场、公园、展会提供盆景花卉。盆景园也是市民的“绿色氧吧”。盆景园也可作为弘扬传统与经典园林文化的展示

厅，做到集园林生产与科普宣传于一体，使花卉基地不仅成为市民们赏花观景的胜地，而且成为一座深受中小学生喜爱的科普园地。

3.1.9 市树、市花苗木生产基地

市树市花要加强宣传和推广发展，要做好苗木繁育基地建设，要结合通道绿化和城市园林建设规划新建一批市树市花景观景点，通过市树市花彰显城市个性，提升城市形象。认真研究拟定具体措施办法，在绿化项目规划、试验示范基础设施建设以及技术支撑等方面采取政府引导与市场运作相结合，构建有效机制，推动市树市花发展。充分利用这些有利条件，规划打造平顶山市树市花繁育基地。

3.2 在森林城市创建中的应用

3.2.1 “市树、市花”主题征文、诗咏比赛

“市树”“市花”是一个城市自然植物的精华，也是市民精神风貌和城市发展进步的象征。为进一步加快平顶山市生态环境建设步伐，激发广大市民爱祖国、爱家乡的热情，提高市民对绿化事业的认识，普及树木和花卉知识，增强广大市民植树栽花和护林爱花的积极性，推动城市精神文明建设，开展一年一度的“市树、市花”主题征文、诗咏比赛，弘扬、普及市树、市花文化知识。

3.2.2 市树、市花摄影比赛

平顶山市市树、市花特别适合于摄影。可以规划设计市树、市花摄影比赛活动。主要包括自然界中的市树市花生存现状摄影、古树名木抢救行动纪实、城市建设中市树市花的新风貌等等。通过摄影比赛，加强市树市花文化的宣传和普及，使全社会形成爱护树木森林的观念，提高全民环保意识。

3.2.3 市树、市花与城市森林个性邮票、明信片

市树、市花是城市形象的重要标志，也是现代城市的一张名片。国内已有相当多的大中城市拥有了自己的市树、市花，它们或者为当地政府所宣告，或者为广大市民所公认。市花的确定，不仅能代表一个城市独具特色的人文景观、文化底蕴、精神风貌，体现人与自然的和谐统一，而且对带动城市相关绿色产业的发展，优化城市生态环境，提高城市品位和知名度，增强城市综合竞争力，具有重要意义。

为了宣传市树市花精神和城市森林文化，平顶山市邮票公司可发行市树市花邮票、明信片、纪念封等。纪念封正面贴有以市标、市树、市花为主题的邮票，背面则印有“美好生活、友爱城市”的市树、市花精神主题词。

市树、市花与城市森林个性邮票、明信片是提倡自然环境保护、弘扬人与自然的和谐，共同创建美好家园的上佳选题和广泛的社会公益宣传教材。选用市树、市花作为普通邮票的题材，既可以激励市民更加热爱自己的城市，又可

以激发群众更多地使用市树、市花邮票进行通信的热情，增加它的使用量。

3.2.4　市树、市花文化知识手册与乡土教材中有关内容

编写市树、市花文化知识手册和在乡土教材中增加市树、市花知识，扩大市树、市花影响。

3.2.5　市树、市花文化墙

文化墙是体现城市历史文化的一个窗口。城市文化墙既是现代城市的一张文化名片，又是彰显城市个性，宣传城市形象的新兴传播载体。通过在平顶山市各市政广场设立市树、市花文化墙，起到美化环境，提升城市形象，宣传植物文化和城市森林精神的作用。

3.2.6　古、大市树、市花保护

古树、名木是自然界与古人留下的宝贵财富，具有重要的历史价值和纪念意义。古树、名木作为一种珍贵的不可再生资源，现被人们称作绿“古董”，具有很高的生态效益、社会效益，经济价值更是无法估算。因此保护好全市范围内的古树、名木和古树后续资源显得更为重要和必要。

应该严格遵循《平顶山市古树名木保护管理办法》，对城市中的古树名木进行保护。或可征集城市内古、大的市树、市花，科学移植至中心广场和市树市花公园。并对全市范围内的古大市树、市花建档、挂牌进行保护。

3.2.7　市树、市花简约图案设计

设计标准化、合欢月季的简约图案、并应用到市政的装饰工程中，以增加其他建筑中市花、市树文化元素。

4　探讨与建议

市树市花是城市形象的重要标志，也是现代城市的一张名片。国内已有相当多的大中城市拥有了自己的市树市花。市树市花的确定，不仅能代表一个城市独具特色的人文景观、文化底蕴、精神风貌，体现人与自然的和谐统一，而且对带动城市相关绿色产业的发展，优化城市生态环境，提高城市品位和知名度，增强城市综合竞争力，具有重要意义。

全国的很多城市都有自己独特的“城市名片”，历史文化可以成为名片，自然风景可以成为名片，足球也可以成为名片，市树市花也完全有理由成为代表城市特色的“名片”，由此而引申的是城市富有神韵的人文环境、优美的人工自然环境和优越的人居环境，这样具有“人情味”的城市现在已经越来越为追求高尚生活的人们所青睐。

参考文献

[1]舒迎澜．古代花卉[M]．北京：中国农业出版社，1993：120～122

[2]余树勋．月季[M]. 北京：金盾出版社，1992：119～126
[3]余树勋．月季[M]. 上海科学技术出版社，1998
[4]陈裕，梁育勤，李世全．中国市花栽培与欣赏[M]. 北京：金盾出版社，2005
[5]陈琰芳，钮志东．月季[M]. 中国农业大学出版社，2000
[6]贾元义．月季品种资源的收集、分类和评价[M]. 硕士学位论文，(信息不全)
[7]刘素萍，袁龙义．月季在园林中的应用价值初探[J]. 安徽农学通报，2008，14(11)
[8]李玲．月季的应用与前景[J]. 中国园林，2003，19(5)：56～58
[9]藏淑英．庭院花卉[M]. 北京：金盾出版社，2004
[10]何宁花．偃伏莱木硬枝扦插育苗试验初探[J]. 宁夏农林科技，2009(4)：29～30
[11]张霞．红花多枝柽柳引种及园林应用[J]. 陕西林业科技，2006(3)：59～61
[12]赵梦．月季的栽培管理[J]. 农村实用工程技术：温室园艺，2004(2)：10
[13]武汉市园林工艺学校．花卉栽培学[M]. 北京：北京科技出版社，2003
[14]赵良华．月季安全越冬管理方法[J]. 新疆林业，1993(6)：8
[15]王震彩．市树市花与绿化．连云港日报，2006，3，10

第四部分
城市森林生态文化

第21章　国家森林城市建设规划中的生态文化设计

——以江西省新余市为例

随着科学技术的发展，设计的手段与技术可谓日新月异，设计的流派也是体系繁杂。但是，时至今日，逐渐有一股革命性的设计思想及设计理念正在浮现，那就是文化设计理论。笔者长期从事规划设计和森林文化研究，在设计实践中感到文化设计理念的强大生命力，运用这些理念能给设计带来质的进步与飞跃。因而提出了一种对于规划设计具有普遍意义的设计理念——文化设计。

1　文化设计理念的提出

文化的发展随着信息的交融和技术的发展呈现出快速的变化特征，一方面是文化多元性，各种各样文化的出现和迅速地消亡，一方面是地方的、民族的、传统的文化被同化，文化的异质特征也越来越弱化，同时，“文化”的词义被快速地、十分广泛地应用于社会生活的层层面面。文化的诠释也就多样化，但有一个总的趋势，就是人们越来越注重文化，不管文化被贴上什么标签，以标志一个人的身份、地位，或者一个产品的价值，文化已经渗入了人类生活的深层次。文化需求随着社会发展，已经成为当今人类生存生活的重要需求之一。

所谓设计，就是把人们的思想、文化、需求以一定的符合人类理解和认知的形式或者符号表达出来。设计的潮流、设计的理念、设计的手段与方法也在迅速地发展。有唯美主义的设计，有功利性设计，有虚幻设计，也有现实设计。设计的区域性特征、阶段性特征也十分明显，笔者曾对设计的基本理念分别从需求功利和审美等多方面进行过一些探索，但仍然停留在纯设计技术与方法层面，未能深入其设计的文化本质与精髓。

文化是一切设计的灵魂。因此，基于这种认识，笔者又反过来审视了所有经久不衰的经典设计作品，从建筑到艺术品遗存，都反映了这样一个基本认识：凡是倾注和体现了文化——不管是有意识还是无意识的作品，都是经久不衰的设计作品。

随着对文化和设计研究的深入，笔者在规划设计中加重了对文化的关注，加重了文化设计要素。为了体现文化主题，自觉地应用“文化设计”的技术与手段，以提高设计水平，使设计产(作)品符合人类(使用者)的文化需求。具体地说，在一切实际的设计中，增加了一个文化设计阶段，也就是过去模糊的如概念性设计、理念设计、方向性设计等内涵。这是一切设计的初始阶段，也就是注定以后设计的方向与灵魂的阶段。可以说文化是现代设计的灵魂。

笔者在近期参加森林城市、生态市以及区域森林建设规划中，考察了关于森林建设的文化问题，认为国家森林城市并不等于是被森林环抱的城市或是森林覆盖率高的城市。在很大程度上应该是一个不但有森林，而且有显著特色的森林文化、生态文化的城市。这样才能创造出一个真正意义的"国家森林城市"。笔者结合主持的江西新余国家森林城市建设总体规划，提出了在森林城市生态文化体系建设中的三大层次的具体建设内容以及在具体项目上的文化设计手法，旨在更加进一步提高创建国家森林城市的文化内涵。

2 城市森林建设中的生态文化体系

生态文化包括生态物质文化、生态精神文化和生态制度文化。从文明的角度就是生态物质文明、生态精神文明、生态制度(或者叫政治)文明。个人认为：生态文化的核心就是体现真、善、美。生态物质文化要体现——真(感性上的真)；生态精神文化要体现——美，包括心灵美(认知上的美)；生态制度文化要体现——善(包括和谐与理性上的善)。

2.1 生态物质文化建设

国家森林城市中的生态物质文化建设任务是要建设繁荣与健康、主题突出、内涵丰富、审美愉悦、形式多样的生态文化产品。具体体现在以下方面：

2.1.1 自然保护区建设(风景林)

自然保护区建设在形式上是一种生态建设，根本上是反映政府和大众对自然的一种认识与态度。体现了对后代人享受资源权益的尊重和关注。因此，应该也是文化建设的内涵，属于生态物质文化建设的内容。

在文化上，建立自然保护区就是把土地和珍稀的生物资源以物态形式保留给后一代。这种关注后代人的理念就是一种可持续的理念，体现了对后代人的关怀和公平，是典型的文化现象。

因此，在国家森林城市建设中应尽可能地保留一些土地，建立各种级别，各种形式的保护区。保护区是否涵盖所有应该保护的资源和保护区土地的面积、比例，应列入国家森林城市的考评标准指标中。

2.1.2 风水林建设

风水林由于长期的保护与自然演替，它往往成为当地珍稀植物、动物的避难所，是某一区域地带性植被的岛屿。有些风水林还是民众原始自然崇拜的一种物态表现，因此也应是一种文化现象和文化遗存。是生态文化在中小尺度和微观尺度的展示载体和创新平台，而且能够更加直观地对群众进行生态文化意识和观念的宣传教育。在森林城市建设规划中，应将其按古树名木的态度和保护方式予以严格保护，并使其成为生态文化宣传的重要场所。

2.1.3 森林生态园建设

森林生态园是城市林业发展的新鲜事物，是人们对森林生态、文化认知深入的产物，它是根据各地实际，结合乡村旅游，发展以森林风景资源为背景，以生态文化为内涵，人与自然和谐相处的森林休闲娱乐场所。具体到某一城市，它有不同的形式。

2.1.4 森林公园与风景名胜区建设

森林公园与风景名胜区是反映人类利用森林为主体而形成的森林文化和生态旅游文化产品，森林公园与风景名胜区的建设作为创新生态文化的试验平台，把部分以木材生产为主的林场改建为森林公园，通过生产方式的改变来发展新林业经济，积极探索生态效益、社会效益和经济效益相互协调发展的新的林业经济发展模式，以及由此衍生的新生态文化体系。

森林公园是反映人类利用森林为主体而形成的森林文化和生态旅游文化，突出森林是人类摇篮的作用，烘托人与自然和谐的主题的景观系统和森林。

2.1.5 森林生态文化村建设

结合社会主义新农村建设，通过对人们思想、理念、行为方式的引导，树立森林及树木与人类共生共荣的理念，培育森林与人互惠互利的森林文化，提高群众生态意识和环境保护意识，改变传统落后的生活观念和沿袭几千年的生产、生活习惯，引导农民养成良好的生态经营和生态文化意识，促进和谐社区的建设。以村庄道路、四旁四荒、河渠绿化、庭院美化为重点，以宣传、普及生态文化知识为辅，美化农村环境、提高农村生态文化意识、建设社会主义新农村。在新余市森林城市建设中，采用试点示范、逐步推进的方式在全市开展森林生态文化村的建设活动，以此把创森的理念全面引进农村，真正在理念、文化上实现城乡一体化的森林城市创建目的。

2.1.6 湿地保护与湿地公园建设

湿地作为“地球之肾”，在人类文明的演变过程中起到极其重要的载体角色和推动作用，许多的人类文明都发源于湿地。湿地公园的出现，本质上就是新形势下生态文化创新的产品。因此，湿地公园和湿地休闲小区的建设，对促进人们对湿地文化和生态旅游文化的思考，积极探索生态效益、社会效益和经济效益良好的林业替代经济发展模式以及由此产生的新的生态文化体系，具有重要意义。

2.1.7 森林文化广场建设

森林文化广场主要面向城镇周边居民，在城区建设以森林植被及植物为基调，以生态文化为内涵的高雅的市民广场。让缺乏与自然长时间接触的市民，通过森林文化广场的文化项目，真实感受生态文化、理解生态文化，并逐渐加入到生态文化建设中来。森林文化广场的建设应该结合城市规划，逐步形成以中心城区为核心，周边区域为补充的格局。

2.1.8 市树市花园建设

市树市花是一个城市的象征，是其生态文化的一个重要表征，因此，建设市树市花专类园对一个森林城市而言意义十分深远。

在现有的已申报和授牌的国家森林城市虽然有自己的市树市花，但没有专类的市树市花公园，在一定程度上是一种缺陷，我们在新余森林城市建设规划中，规划了一个专类市树市花公园，通过在公园栽种市树市花，尤其是采用名人手植、企业认建、个人认领等多种形式进行营建，移植一些有意义的古大市树市花，通过大楹联、诗画等多种形式展示市树市花的生态文化美学价值。使之成为城市生态文化的形象工程、标志性工程，并且建议要把市树市花文化园建设成为国家森林城市的考评指标和建设要求。

2.1.9 植物园建设

植物园是集中收集和保存植物种质资源的场所，植物采用园林化配置，融生态文化于植物之中，提升植物园的文化内涵。植物园作为大自然的缩影，采取集中的方式，对大众进行生态文化教育和科普宣传，提升群众的科普意识和保护意识。

2.1.10 全民义务植树基地建设

以改善生态环境、美化居住环境、优化投资环境为目标，以义务植树基地建设为主抓手，设置有效载体，创新活动模式，深入推进全民义务植树运动，大力营造全市动员、全民动手、全社会植树造林的全民义务植树浓厚氛围。

2.1.11 生态科普知识教育基地建设

以增强城市居民环保意识和生态意识为目的，建立森林或湿地科普知识教育基地或场所。

2.1.12 纪念林基地

通过建立各种形式的纪念林基地，全民绿化意识深化，积极履行植树义务，为改善城市生态环境做贡献。

2.1.13 古树名木保护

古树名木是中华民族悠久历史与文化的象征，是绿色文物和活的化石，是自然界和前人留给我们的无价之宝。

2.2 生态精神文化建设

创建国家森林城市过程中要建设先进的生态精神文化，主要是要形成尊重自然、关爱生物与生命的生态伦理与道德。主要体现在以下几个方面：

2.2.1 生态伦理观培养

通过各种生态文化物质享受和建设活动，培养一种新时期下的生态伦理观。这些生态伦理观主要包括以下五个方面。

（1）要充分体现对后代人的关心

把重要的原生态森林资源采用自然保护区和保护小区等形式保护起来。从资源利用上，就是把这些资源留给子孙后代，充分体现当代人对后代人的关心。

（2）要充分体现对当代人的人文关爱

免费开放公园是政府对当代人游憩机会的尊重的体现。是对提高当代人生活质量的一种关爱。政府和企业倡导的绿色生态宜居小区建设也充分体现了企业、政府、开发商对当代人生存质量提高的关爱。

（3）要充分体现对自然与生物的尊重

在城乡绿化中要全面推广群落式绿化或仿自然绿化，这种仿自然的城市绿化方式，笔者认为是对自然尊重的一种体现。同时在城区绿化中全面减少了对城市绿化植物的修剪，充分体现了对生物的尊严。广泛开展对古树名木的保护，体现对这些古树生存的尊重。规划中的地带性植被的恢复工程，也体现了对自然的一种尊重。

（4）要充分体现公平与公正

在创建森林城市过程中，全面推广城乡一体化绿化，把新农村绿色家园建设，乡村发展放到与区域发展平行与同步的轨道。体现了一种代间公平与公正。

在土地利用规划中，充分强调和重视后代人的使用要求，预留了大量土地，充分体现了代间公平与公正。正在进行的生态功能区划中区划了大量的土地供动植物栖息繁衍，充分体现了人与生物的公平与公正。

（5）要体现对历史的尊重

在城市发展中，充分注重了对历史遗迹的保护，体现了对历史和民俗的尊重。

2.2.2 开展全民义务植树活动

为进一步深入开展全民义务植树活动，结合新余市社会主义新农村建设，以促进农村物质文明、精神文明和生态文明建设为目标，以增加农民收入为重点，认真组织开展“创绿色家园、建富裕新村”活动。加大对《江西省义务植树条例》的宣传和贯彻力度，使广大群众了解义务植树的义务性和法定性，进一步提高适龄公民履行义务植树的自觉性，并积极探索开展形式多样的义务植树活动，不断提高义务植树的尽责率。充分发挥水利、铁路、交通、城建等行业的重要作用，调动各方面的积极性，努力形成多部门、多主体、多形式参与造林绿化的新格局。

2.2.3 开展全民绿色认领

为了增强全体公民绿色环保意识，改善人居生态环境，提倡全民绿色认领，各人或集体以志愿者的身份认领绿地，承担协助社会做好绿化和管护工作的职责，使城市的每一株行道树、每一簇灌木丛都得到有效的保护。

2.2.4 开展企业绿色认领

企业绿色认领是实现企业自身可持续性发展的重要方式。一方面，通过绿色认领大大提升了企业的社会声望，间接地为企业带来经济利益；另一方面，绿色认领有利于保护和改善生态环境，应能提高企业的经济效益，使企业所处的环境同经济协调发展。由此可见，企业绿色认领的目标(生存、获利和发展)同生态环境紧密相连。

2.2.5 开展多种生态科普活动

各级政府及有关部门要将与循环经济、森林生态城有关的科学知识和法律常识纳入宣传教育计划，充分利用广播、电视、报刊、网络等媒体，广泛开展多层次、多形式的生态城市建设的舆论宣传和科普宣传，及时报道和表扬先进典型，公开揭露和批评违法违规行为。营造舆论氛围，树立环境危机意识，提高广大人民群众对环境问题的认识水平，形成全社会参与建设的氛围。

2.3 生态制度文化建设

生态制度文化是物质文明与精神文明在自然与社会生态关系上的具体表现，是城市生态建设的原动力。它是属于人与环境和谐共处、持续稳定发展的文化。生态文化建设在宏观上要逐步影响和诱导决策行为、管理体制和社会风尚，在微观上逐渐诱导人们的价值取向、生产方式和消费行为的转型。制度层次的生态文化则从制度规范上入手，为生态文化理念提供制度保证，形成生态文化的政策诱导和法律规范。

生态制度文化是生态文化建设的保障体系，它是指管理社会、经济和自然生态关系的体制、制度、政策、法规、机构、组织等。

在创建国家森林城市过程中要建设和谐与科学的生态制度文化，形成一系列与社会经济发展相适应的生态政策与制度。主要体现在以下方面的工作：

2.3.1 生态体制

要有生态优先的政府科学决策机制：在决定城市和社会经济发展决策中，

政府把项目的生态影响评价放到第一位，凡是影响城市生态状况的项目一律不得立项建设。在对企业、政府的考核中，其生态指标都是优先考核的内容。

广大人民共同参与的生态建设格局：要通过全民义务植树、绿色认领等形式，形成一种全民共同参与生态建设的格局。

2.3.2 生态政策与法规

引导全民和企业、政府共同参与生态建设，并使之制度化、法制化、常规化。

2.3.3 生态机构与组织

在城市生态建设中，要组织完整、高效的生态建设机构，政府与各种生态组织之间关系融洽。NGO 也能够在政府的影响下正常活动，并影响到政府决策。

2.3.4 生态管理

在生态管理上，要建立以生态建设指标为核心的政府政绩考核制度。在森林城市建设中，通过建设繁荣的生态物质文化，形成以尊重自然、关爱生物与生命的生态伦理为核心的生态精神文化，构建"人—社会—自然"和谐的生态制度文化。

3 文化设计技术在国家森林城市规划中的应用

文化设计现在仍处于理论研究、技术总结阶段，目前尚无系统的技术体系。笔者提出的理念，在平时的规划设计实践中，主要从以下几个方面来体现文化设计的理念化。

3.1 功利与审美相结合

自从人类开始使用生产劳动工具至今，所有的，只要是经过人类设计的一切事物，都是功利与审美的双重功能结合。在森林城市建设过程中，森林的构建，首先要体现森林的生态、经济价值，这些森林应该是有用(功利)的，其次考虑设计森林的外观、色差、季相，以增加森林的审美价值。

3.2 爱与人文关怀

爱与人文关怀设计实际上是一种对爱的设计诠释，任何一件不能传达爱的设计作品可以说是根本没有意义或者不能持久的作品，不是一件成功的设计。

在森林城市建设中，对大众聚集游戏的场所，要设计残疾人通道，设计幼儿活动区域。实际上，从文化角度上考察，这些就是一种"爱"的设计语言和"爱"的信息传达。

笔者在新余森林城市建设规划中着重体现了一是对大众，尤其是乡村居民的关爱，通过生态园建设、生态文化村建设，提供乡村居民文化休闲的机会和场地；二是重点关注了老年人、妇女、儿童，使他们有休闲娱乐和接受生态教育的场地；三是大量使用对人体具有健康意义，能挥发对人体有益的精气的植物；四是使用如乌桕具有动物喜爱的种籽的植物，以体现对动物的关爱；五是倡导自然森林，减少修剪，以体现对植物的关怀。

3.3　异质化与特化

在旅游动机研究中发现，文化的异质性是吸引游客出游的一个重要动机，突出例证是少数民族旅游，就是为了欣赏文化的异质性。为什么城里人向往乡村的淳朴，而乡里人憧憬城市里的繁华。为什么人们一而再，再而三地出国、出境旅游，就在于通过享受文化异质性来体验旅游愉悦。对于城市而言，这种异质化体现在两个方面：一方面是文化的异质。城市文化相对于乡村文化是一种异质，广州的商业文化相对于北京的政治文化也是一种异质，异质化是一个城市区别于另一个城市的灵魂。另一方面是景观的异质化，植物景观是城市景观重要组成部分，海口的椰子林相对于北京的槐树就是一种异质，景观的异质也是传导文化异质的重要方面。所以，在森林城市创建过程中应同时重视文化与景观异质化。

异质化与特化的另一目的是为了让设计对象源于生活而高于生活，而达到在形式上有审美价值，在内涵上具有爱的意义，这就是文化设计的目的。在文化异质化与特化设计中，对于设计者而言，应该考虑设计对象的服务目标，了解服务目标的需求，另外特化与异质化如过度会成为诡异，或者神秘化。会因为一时不被大众接受而遭冷遇，虽然这种冷遇不一定代表它们就没有文化价值，突出的例子如毕加索、凡高的作品和埃菲尔铁塔，现在都成为了不朽的艺术作品，但当时并不为所有的世人所接受。

在新余创建森林城市规划中，我们首先分析了新余的城市文化特征。正如广州是一个开放、崇尚财富而又具有岭南文化特征的城市，长沙是一个时尚而又烙印着湖湘文化的城市，杭州是一个浪漫的城市一样，通过分析，我们认为新余的城市文化元素应该是绿色健康、宜居宜业的生态林城，我们就是围绕这一文化主题而使城市文化元素更加凸现。

3.4　符号化

在设计中切忌采用直裸语言，要采用含蓄和抽象语言，以激起人类想象的翅膀，而产生审美愉悦。每个城市都有自己的形象符号。正如白宫是华盛顿的符号，大本钟是伦敦的符号，埃菲尔铁塔是巴黎的符号一样。符号是设计的精灵，城市的符号就是城市的文化旗帜。现在普遍推广的评选市树市花、国树、国花、国鸟也就是一种城市生态文化的符号。通过这些生物的特性来暗示城市的文化归属，张扬城市文化的旗帜。比如在新余市森林城市建设规划中，就有一个想法，要在城市绿化中大量引进果树以体现新余是一个食品之城的文化标识。同时，也设计了很多不同的主题公园，实际上就是用不同的符号来体现不同的文化和价值取向。比如广州在城市绿化中大量使用了昂贵的大树，就是广州市崇尚财富的文化元素的符号。

3.5 大众潮流与时尚

对于设计者，艺术创作者，几乎没有人不为世俗和潮流所左右。应该认识到无论是城市和乡村，对其环境的要求，尤其是对植物花卉的认知也有不同的潮流与时尚。如南方部分省市城区崇尚兰花，某一段时间，君子兰被疯狂炒作，这些都是不同时空段的时尚与潮流。盆景的不同流派，园林绿化的不同风格在一定程度上也体现了这种文化差异。作为设计者与建设者把握好时尚与潮流的尺度，其作品(产品)就会在一段时间为大众所接受，甚至成为不朽的作品和经典。

3.6 亲和性与神圣化

从文化设计角度，亲和性就是设计作品的可接受性，可接近性。亲和性文化设计最大应用领域是材料工程中的材料质地，为什么玉石是那样永远使人着迷，就是玉的那种质地让人感受到的亲和感，温馨而神秘。在旅游设计中，我们有意识地设计一些参与性项目，如浅水戏憩区，让人与水、山、石、路、林进行亲近，从文化的角度上就是一种亲和性设计。

与亲和性相对的是另一极端，在形式空间上无法接近，造成了不可及性，在思想交流上无法接近形成了神圣感。

在庙宇、神坛设计中，往往就采用了极端的装饰，如鎏金，就是让人无法接近而显豪华，另一个典型事例就是一般人无法接近的佛像和塔、庙建筑都是因为在形式上无法接近，在思想上产生距离而呈现神秘、神圣，使人顶礼膜拜。

在进行设计时，许多材料如植物物种，因其普遍，而为广大市民所熟悉，因此会产生亲和性。如槐树是北方乡村树种的典型代表，因而它成为包括北京市在内的20多个城市的市树。槐树不但在乡村成为乡村居民的精神依托，而且在城市，尤其对于从乡村移居城市的居民而言，它简直成为家乡的一种寄托，是这些人童年的故事。另外，随意的树形，让人亲近，这也是我们为什么要提倡减少修剪，让树木自由生长的文化心理背景。

同样道理，脱离人们熟悉的事物状况，就产生了距离。如修剪使树木形状脱离了自然生长状况，会使人产生惊奇，从而产生吸引力。园林修剪、盆景都属于这一情形，这也是一种文化，但是否属于生态文化有待商榷，因它脱离真、善、美三者形态上的“真”，感知上的“善”。这种距离脱离了人们认知的心里距离就会产生“神圣”，使人觉得遥不可及、不可亲近。

3.7　共鸣共震设计(归属与认同感)

共鸣共震虽然是一个物理学的名词，但在文化设计中也相当重要，因为我们设计的目的就是为了让人们认同，认同的形式之一就是共鸣与共震。

在形式上认同产生美感，在情感上共鸣会诱发爱意。某人在大自然中，产生了与自然融为一体，所谓人天合一的感受，即也是产生了共鸣共震，那是一种美的升华，所谓人天合一的境界，使设计作品在文化认知上与感受者产生共鸣共震共知共识，是设计者追求的设计目标之一。

对同一类文化的认同就产生了文化群体，他们追求同类风格，同样的价值对具有同一文化特征的事物会产生认同感。对于设计者而言，就是要面对不同设计服务对象，设计和强调一些会被认同的文化要素。使之产生归属感，从而对你设计的产品产生钟爱。

不同人群，有不同的文化取向和审美情趣。在森林城市规划中为了显示这种区别，使不同人群在一定的环境中产生认同与归属感，在植物材料，配置上也是不同的。典型的例子，在别墅中布置的植物物种处处显示出华贵。在儿童乐园的植物布置要显得随意而活泼，在办公场所布置严谨。笔者为什么提倡在公共休闲场所减少显示严谨的植物造型修剪，而倡导一种自由生长的环境？就是为了营造一种自由、宽松的心理休闲环境，使人们对自然的环境认同，适合(符合)人们的审美期待。

3.8　个性

个性是设计者个人的标签，在形式上的个性是设计者的风格，在思想和文化上的个性代表了设计者的流派，任何设计者，孜孜一生追求的是个性，越是个性的东西，尤如越是民族的东西一样，越有价值。

作为设计者，张扬个性是天经地义的事，但这些个性必须置于社会发展的大潮流中，是一种有辨识的个性发展，脱离了大方向的个性尤如脱轨的列车，无法前行。

在设计形式上，个性就是设计者个人水平学识的体现。

在文化层次上，就是设计者思想、审美品德和爱商(高于智商、情商之上的一种智力)的体现，比如说笔者的设计更倾向于尊重大自然或关注弱势群体，从爱商角度上说，是一种对自然与弱势群体的爱，当然也有一些设计者热衷于设计高档娱乐消费，更多地关注权力与财富，也是一种爱商，那是对权力与财富的热爱。这不是爱商高低之分，也不是文化高低不同，这就是个性，是个性的不同。

一个城市，也是有生命的，也有其个性，张扬其个性或者特点是其城市发展的动力，是一个城市的魅力所在。每个城市的个性是不一致的，在这方面有专门的学者对其进行了系统研究。我们在进行国家森林城市建设中就要适应这种个性，弘扬这种个性使其城市不但是有森林的城市，有文化的城市，而且是一个有个性魅力的城市。笔者在考察广州森林城市时，总结了广州市的城市文化特色，在考察新乡国家森林城市时总结了“新乡文化元素”，认为新乡那种不畏艰难，不屈不挠，敢于拼搏的精神就是新乡元素，而新乡元素是“新乡现象”的文化基础。而总结新余的文化元素是进行新余城市森林建设规划的基础。

4 结束与探讨

国家森林城市建设不仅仅是一种森林建设，更多应该是一种文化构建，一种生态文化构建，是通过绿色，更加弘扬某一城市的个性和特点，使城市里的森林不但是其城市的重要组成，而且是其城市文化生命中的血液。城市里的森林将成为家庭的延伸，人们精神的寄托。因此，森林城市的规划和建设，生态文化建设是其核心内容。探讨国家森林城市生态文化建设的方法与内容，完善国家森林城市建设与评价标准，是指导我国今后国家森林城市建设的重要课题。

参考文献

[1]邸柱．谈旅游纪念品的文化设计[J]．韶关学院学报，2004，(10)
[2]季倩．旅游纪念品设计——基于感性消费基础上的理性设计[J]．苏州工艺美术职业技术学院学报，2004，(02)
[3]宫崎清，李伟．民族地域文化的营造与设计[J]．四川大学学报(哲学社会科学版)，1999，(06)
[4]陈雪清．设计与设计文化的内涵与外沿．福建商业高等专科学校学报，2005，(01)
[5]但新球．森林文化与森林景观审美[M]．贵阳：贵州人民出版社，2005.9
[6]但新球．雷公山森林公园的苗族文化与旅游展示设计[J]．北京林业大学学报(社会科学版)，2006(02)

第22章　广州国家森林城市建设中的生态文化内涵分析

“国家森林城市”创建活动是由关注森林活动组委会近年来组织开展的一项重要的社会宣传实践活动。旨在宣传和倡导人与自然和谐的理念，提高人们的生态和森林意识，提升城市形象和综合竞争力，推动城乡生态一体化建设，全面推进我国城市走生产发展、生活富裕、生态良好的可持续发展道路。同时，也是弘扬森林生态文化的一项重要实践活动。尤其是第三届论坛的主题是“绿色·城市·文化”，提出了城市森林要成为城市文化品位与文明素养的标志。

2004年第一届“中国城市森林论坛”成功举办，贵阳市获得首个国家森林城市称号后，广州市积极响应、迅速行动。2006年通过省政府正式向国家提出了创建国家森林城市的申请。2006年以后广州市全力实施“森林围城，森林进城”战略，大力推进“青山绿地、碧水蓝天”工程，城市森林整体水平和质量得到了明显提高。

2008年5月，笔者对广州市在创建国家森林城市中生态文化建设进行了考察。总结了广州市在创建国家森林城市中生态文化建设的成就；分析了其生态物质文化，生态精神文化，生态体制文化的特点；认为广州的国家森林城市建设不但体现了“岭南文化”的内涵，同时具有“广州城市性格与特征”；形成了特色鲜明的广州城市生态文化。

1　广州市森林生态文化建设现状

生态文化包括生态物质文化、生态精神文化和生态制度文化。从文明的角度就是生态物质文明、生态精神文明、生态制度(或者叫政治)文明。个人认为：生态文化就是一种体现真、善、美的文化。生态物质文化要体现——真(感性上的真)；生态精神文化要体现——美，包括心灵美(认知上的美)；生态制度文化要体现——善(包括和谐与理性上的善)。

1.1　生态物质文化建设

广州的国家森林城市建设已经建设了繁荣与健康的生态物质文化，形成了许多主题突出、内涵丰富、健康愉悦、形式多样的生态文化产品。具体体现在以下方面：

1.1.1 自然保护区建设(风景林)

自然保护区建设在形式上是一种生态建设，根本上是反映政府和大众对自然的一种认识与态度。体现了对后代人享受资源权益的尊重和关注。因此，应该是文化建设的内涵，属于生态物质文化建设的内容。

广州市现有2个自然保护区，面积9938.4公顷。根据规划还将有更多的资源列入保护范围。

1.1.2 自然保护小区建设(风水林)

自然保护小区是对地带性珍稀植物、动物资源进行保护的场所，是生态文化在微观尺度的展示载体和创新平台，而且能够更加直观地对群众进行生态文化意识和观念的宣传教育。

广州市共建立自然保护小区1000多个，这些自然保护小区保护着全市大部分濒危和珍稀野生动植物资源及其栖息地。也是全市地带性植被的岛屿。风水林是民众原始自然崇拜的一种物态表现，因此也应是一种文化现象和文化遗存。

1.1.3 森林公园与风景名胜区建设

森林公园与风景名胜区是反映人类利用森林为主体而形成的森林文化和生态旅游文化产品，森林公园与风景名胜区的建设作为创新生态文化的试验平台，把部分以木材生产为主的林场改建为森林公园，通过生产方式的改变来发展新林业经济，积极探索生态效益、社会效益和经济效益更好的新林业经济发展模式，以及由此衍生的新生态文化体系。广州市目前共有森林公园45个，风景名胜区3个，城市公园55个。

1.1.4 湿地公园建设

湿地作为“地球之肾”，在人类文明的演变过程中起到极其重要的载体角色和推动作用，许多的人类文明都发源于湿地。湿地公园的出现，本质上就是新形势下生态文化创新的产品。因此，湿地公园和湿地休闲小区的建设，对促进人们对湿地文化和生态旅游文化的思考，积极探索生态效益、社会效益和经济效益良好的林业替代经济发展模式以及由此产生的新的生态文化体系，具有重要意义。

广州市湿地资源极为丰富，目前已经积极建设2处湿地公园。

1.1.5 其他生态文化建设

①生态广场/绿化广场：森林文化广场主要面向城镇周边居民，是在城区建设的以森林植被及植物为基调，以生态文化为内涵的高雅的市民广场。让缺乏与自然长时间接触的市民，通过森林文化广场的文化项目，真实感受生态文化、理解生态文化，并逐渐加入到生态文化建设中来。广州市新建和改造33

个绿化广场。

②科学普及教育基地：广州市已建有国家级或省市级生态科普教育基地31处，包括华南植物园、南沙科学展览馆、中山大学生物博物馆、流溪河国家森林公园科普基地、香江野生动物世界等。

③纪念林：通过纪念林可以展示不同的生态文化和地方历史文化。

④规划的森林博览园：通过森林生态功能的展示，可以提高人们对森林的认识，提高爱林、护林意识，从而增加生态保护意识。

⑤生态文化活动：举办"建绿色广州，创森林城市"有奖征文活动；首届"绿色广州"杯摄影大赛；以"繁荣生态文化，建设生态文明"为主题的第二十七届"爱鸟节"、"爱鸟周"系列保护野生动物宣传教育活动；第六届"广东从化流溪梅花节"；"广东从化流溪竹笋节"；"石门公园红叶节"等。

1.2　生态精神文化建设

广州在创建国家森林城市过程中已经建设了先进的生态精神文化，形成了尊重自然、关爱生物与生命的生态伦理与道德。主要体现在以下几个方面：

1.2.1　充分体现了对后代人的关心

广州市已经把重要的原生态森林资源采用自然保护区等形式保护起来。自然保护区建设从资源利用上，就是把这些资源留给子孙后代，充分体现当代人对后代人的关心。

1.2.2　充分体现了对当代人的人文关爱

广州市现在免费开放151个公园，占全部公园191个的79%。同时还规划将二沙岛上12.3万平方米中央绿地拟改建成高格调的景观休闲公园，免费向市民开放。充分体现了政府对当代人游憩机会的尊重，对提高当代人生活质量的一种关爱。政府和企业倡导的绿色生态宜居小区建设也充分体现了企业、政府、开发商对人类生存质量提高的关爱。

1.2.3　充分体现了对自然与生物的尊重

广州市在城乡绿化中全面推广了一种群落式绿化或仿自然绿化，这种仿自然的城市绿化方式，笔者认为是对自然尊重的一种体现。同时在城区绿化中全面减少了对城市绿化植物的修剪，充分体现了对生物的尊严。

广泛开展的古树名木保护工程，体现对这些古树生存的尊重。规划中的地带性植被的恢复工程，也体现了对自然的一种尊重。

2002年制定实施《关于禁止猎捕陆生野生动物的通告》，2007年继续把禁猎期顺延5年。体现了对动物生命的尊重。

1.2.4　充分体现了公平与公正

广州在创建森林城市过程中，全面推广了城乡一体化的绿化，把新农村绿色家园建设，乡村发展放到了和区域发展平行与同步的轨道。体现了一种代间公平与公正。在土地利用规划中，充分强调和重视了后代人的使用要求，预留了大量土地，充分体现了代间公平与公正。正在进行的生态功能区划中区划了大量的土地供动植物栖息繁衍，充分体现了人与生物的公平与公正。

1.2.5 体现了对历史的尊重

广州市在城市发展中，充分注重了对历史遗迹的保护，如陈家祠广场修建，风水林木的保护，就体现了对历史和民俗尊重的态度。

1.3 生态制度文化建设

生态制度文化是物质文明与精神文明在自然与社会生态关系上的具体表现，是广州市生态建设的原动力。它是属于人与环境和谐共处、持续稳定发展的文化。生态文化建设在宏观上要逐步影响和诱导决策行为、管理体制和社会风尚，在微观上逐渐诱导人们的价值取向、生产方式和消费行为的转型。制度层次的生态文化则从制度规范上入手，为生态文化理念提供制度保证，形成生态文化的政策诱导和法律规范。

生态制度文化是生态文化建设的保障体系，它是指管理社会、经济和自然生态关系的体制、制度、政策、法规、机构、组织等。

广州市在创建国家森林城市过程中已经建设了和谐与科学的生态制度文化，形成了一系列与社会经济发展相适应的生态政策与制度。主要体现在以下方面：

1.3.1 生态体制

有生态优先的政府科学决策机制：在城市和社会经济发展决策中，政府把项目的生态影响评价放到第一位，凡是影响广州生态状况的项目一律不得立项建设。在对企业、政府的考核中，其生态指标都是优先考核的内容。

生态公益林管理：广州 1998 年在全国最先实施生态补偿，并由此推进了国家生态补偿政策制度的实施。

广大人民共同参与的生态建设格局：现在广州市已经通过全民义务植树、绿色认领等形式，形成了一种全民共同参与生态建设的格局。

1.3.2 生态政策与法规

为了引导全民、企业和政府共同参与生态建设，并使之制度化、法制化、常规化，广州市形成了如：《广州地区开展全民义务植树运动的实施办法》、《广州地区古树名木保护条例》、《广州市生态公益林条例》、《广州市森林公园管理条例》、《关于禁止猎捕陆生野生动物的通告》等一系列生态政策和法规。

1.3.3 生态机构与组织

广州市在城市生态建设中，经过长期探索实践，已经形成了完整、高效的生态建设机构，如：完善的林业管理结构。同时，广州地区绿化委员会是一个跨部门且成立较长时期的政府生态组织。据了解，在广州市各街区还存在一些非政府的民间生态，如：街道(小区)护绿队。

1.3.4　生态管理

在生态管理上，广州市主要完成了以生态建设指标为核心的政府政绩考核制度。广州市在森林城市建设中，通过建设繁荣的生态物质文化，形成了以尊重自然、关爱生物与生命的生态精神文化，构建了"人—社会—自然"和谐的生态制度文化。

2　广州市森林建设中文化特征分析

通过考察和分析，笔者认为广州市在城市森林文化建设中形成了鲜明的具有"广州特色"和"岭南文化内涵"的城市生态文化。

2.1　体现了高效率，高节奏与务实的城市文化风格

广州市城市绿化中，最大限度地采用了仿自然林的市区绿化形式，强调森林最大生态功能的发挥。大量发展了与经济相适应的生态经济森林形式，如：生态果园就有82处，强调了发挥森林最大的经济功能，充分体现了一种高效务实的风格。

2.2　体现了开放与创新意识

广州市城市森林建设，不但体现了一种思想的开放，同时具有很多在意识、技术、和形式上的创新。具体体现在以下几个方面：

①在立交桥的绿化上有很多绿化创新形式。

②在绿化上采用了大的手笔，突破了传统的园林绿化，体现了大地园林化的思想。

③在土地利用上，能够解放思想，把很多人认为可以开发为商业的土地用来建设城市森林。

④快速实现了由过去的规则绿化向仿自然绿化的改变。

2.3　体现了岭南文化对外来文化的包容，具有文化的多元性

广州森林城市建设中传承了岭南文化喜花、爱花的特点，其喜花与爱花的特点在城市森林中得到充分体现。同时也引进了很多实用、适应与适当的外来树木，体现了对外来文化的包容；在绿化形式上多种风格的绿化形式并存，既有中式传统园林存在，也有西式园林庭院，更有很多现代风格的适宜小区，充分展示了一种文化的多元性。

2.4　体现了一种奋发向上的精神

广州城市森林建设中大量使用了一些高大树木，使得现在的城市森林在形

式上大气，在精神上体现了一种“张力”与“活力”。体现了广州城市“阳光”与“奋发向上”的城市性格与风貌。

2.5 体现了财富的创造与积累

广州市在城市绿化中与森林城市营建中，能够正确处理黄(色)金财富和绿色财富的关系。这些主要体现在开发小区的建设中，往往采用了先进行绿色财富积累，营建绿色生活环境，然后进行土地开发，引进企业或进行房地产开发积累黄金财富的模式。这种模式的广泛推行，使广州市城市发展实现了经济与环境的同步。同时，通过绿色财富的积累，引进了大量高新产业企业，实现了由劳动密集型到高新技术产业型的转变。

3 结论与探讨

现在的广州城市生态文化中已经包含了岭南文化中先进与合理的内容，同时体现了发展的观念，对岭南文化进行了传承和发扬。广州的森林城市建设充分展示了广州是一个高效率，高节奏的城市；一个务实的城市；一个开放与创新意识很强的城市；一个文化多元的城市；一个积极向上的城市；一个关注财富，尊重财富的城市。

但是如何真正建设好具有“广州城市性格与特色”和“岭南文化内涵”的国家森林城市，建议要进行一个专门的城市生态文化研究，要有专项文化设计规划，使广州城市森林不但具有鲜明特点和个性，同时也具有先进的生态文化内涵，在系统总结广州城市生态文化特点的基础上，进一步张扬这种城市个性，可以使广州成为一个更加有个性的城市，一个更加有文化的城市，一个更加有魅力的城市。

参考文献

[1]马爱国. 中国城市森林建设的成就、问题与展望[J]. 中国勘察设计，2007，(03)
[2]中国城市森林论坛长沙宣言[J]. 湖南林业，2006，(12)
[3]古炎坤，粟娟. 广州城市森林与岭南文化特色[J]. 中国城市林业，2004，(03)
[4]谢左章，刘燕堂，粟娟."林带+林区+园林"——广州城市森林的总体布局与构建[J]. 中国城市林业，2004，(03)

第23章　遵义市城市森林建设中红色文化体现

在赤水、乌江、娄山关、凤凰山、湄江山水等地都留下了红军长征的足迹，遵义会议、四渡赤水、突破乌江、娄山关等著名战役，记录了当年红军的金戈铁马、浴血奋战的辉煌历史。可以说，遵义绝大部分著名的风景区乃至遵义这座城市，都系上了一条美丽的“红飘带”，留下了永不泯灭的红色印记。

近年来，当地政府先后投入了近亿元资金，对遵义会议纪念馆、红军山烈士陵园等进行整修、扩建和环境整治，对遵义会议的内涵进行深入研究和发掘。赤水河畔的仁怀、习水、赤水三县市，联合打造“四渡赤水”品牌，统一开发建设，先后投入数千万元修建红军渡、四渡赤水纪念碑、四渡赤水纪念馆、红军烈士陵园等系列纪念点，形成了独特的遵义长征红色文化。使遵义与瑞金、延安、井冈山、西柏坡等形成了中国革命圣地联盟。

1　遵义市的红色文化现状与特征

1.1　遵义市的红色文化现状

遵义市的红色文化主要集中在遵义市、汇川、习水、桐梓、仁怀、赤水等地。如遵义老城区：有以遵义会议会址为代表的系列资源（遵义会议会址、红军总司令部旧址、红军总政治部旧址和毛泽东、张闻天、王稼祥住处，李德、博古住处以及苏维埃国家银行旧址、遵义县革命委员会旧址、遵义万人大会场旧址、红军山、老鸦山战斗遗址、红军烈士陵园、凤凰山森林公园）。

汇川区：有娄山关红军战斗遗址、娄山关古战场遗址、娄山关森林公园。

习水——仁怀片区：习水县土城镇以南，习水县城以南至仁怀市地区。该区以红军“四渡赤水”为代表的红色长征文化资源有：红军“四渡赤水”土城渡口（首渡渡口）、土城会议会址、青杠坡红军战斗遗址、红军“四渡赤水”茅台渡口（第三度渡口）纪念碑、“茅台酒之源”——茅台镇杨柳湾古井、茅台国酒文化城。习酒镇二郎滩渡口（第二渡、四渡渡口）、红军长征重要纪念地具有地方特色的古镇如习水土城古镇、仁怀茅台古镇等。

桐梓县：长征文化主要有娄山关。

根据调查，按照《国家旅游资源分类》，遵义现有的与红色相关的旅游资源有以下类型：

表 23-1 遵义市红色旅游资源分类调查表

主类	亚类	基本类型
A 地文景观	AA 综合自然景观	AAA 山丘型旅游地：娄山关
E 遗址遗迹	EB 社会经济文化活动遗址遗迹	EBA 历史事件发生地：遵义枫香苟坝村"三人军事小组"遗址、娄山关鸡爪笼战斗阵地遗址
F 建筑与设施	FA 综合人文旅游地	FAI 军事观光地：遵义海龙囤，娄山关红军战斗战场，回龙场、茶山关红军战斗遗址；四渡赤水渡口遗址、土城青杠坡红军战斗遗址；鲁班场红军战斗遗址
	FC 景观建筑与附属建筑	FCB 塔形建筑：习水土城红军"四渡赤水"渡口纪念碑，仁怀红军"四渡赤水"茅台渡口纪念碑
		FCF 城(堡)：遵义国家级历史文化名城
		FCH 碑碣：娄山关毛主席词碑、浙江大学遵义校舍碑
		FCK 建筑小品：红军山大型雕塑、遵义会展中心、乌江渡大坝
	FD 居住地与社区	FDD 名人故居与历史纪念建筑：遵义禹门沙滩文化村，黎庶昌故居，郑莫祠；红花岗遵义会议会址，红军总政治部旧址、毛泽东、张闻天、王稼祥住处
	FE 归葬地	FEA 陵区陵园：红花岗红军烈士陵园、红军坟，仁怀鲁班场红军烈士墓；赤水红军烈士墓
	FF 交通建筑	FFA 桥：遵义鸭溪万安桥、李梓铁索桥、乌江大桥，务川瓮溪桥，赤水天恩桥，仁怀盐津河大桥
		FFC 港口渡口与码头：遵义尚稽茶山关渡口，赤水元厚红军渡，习水土城红军"四渡赤水"渡口，仁怀茅台渡口，余庆乌江回龙场红军渡口

1.2 遵义市的红色文化特征与存在的问题

1.2.1 长征文化博大精深，"遵义会议"、"四渡赤水"是长征文化中耀眼的闪光点

长征文化：以"遵义会议"、"四渡赤水"为代表的系列长征红色文化资源，包括遵义会议会址、红军总司令部旧址、红军总政治部旧址和毛泽东、张闻天、王稼祥住处，以及李德、博古住处和苏维埃国家银行旧址、老鸦山战斗遗址、红军烈士陵园、红军在各地的战斗遗址和进军路线，是长征文化的脉络。

长征文化在全国的同类资源中具有特殊的价值和地位。中国工农红军的长征，虽然经过了十余省，但是"遵义会议"和"四渡赤水"之战，不但是红军长征途中一个生死攸关的转折点，而且是中国共产党历史上一个生死攸关的转折点。"四渡赤水"之战，是毛泽东军事战略的伟大杰作，是红军从军事被动转为军事主动的过程。在全国的红色文化旅游资源中，具有不可取代的地位，是

打造全国性旅游精品的优质资源，有巨大的市场潜力。

所以长征文化博大精深，“遵义会议”、“四渡赤水”是长征文化中耀眼的闪光点。

1.2.2　遵义人文旅游资源保护近年来受到了一定的重视，一批重要人文资源获得了较好保护

长征文化总体上获得了较好保护，较为集中地保护了一批著名的红军长征遗迹、遗址。如遵义会议会址、娄山关、“四渡赤水”等为代表的红军文物，并已被各遗迹、遗址所在地列入保护建设规划，长征文化园建设之中。与抗日战争有关的重要史迹已引起重视。如在桐梓的海军学校旧址、兵工厂旧址，在湄潭的浙大西迁旧址不仅获得保护还举办了史迹陈列。

以遵义会议会址为标志的长征文物虽然受到重视，但尚未形成整体的系统开发。“四渡赤水”这样重要的资源尚未利用，只是对土城和茅台两个渡口稍有认识，对整个“四渡赤水”的作战路线没有作为系统考虑，而且很多重要遗址没有得到保护，如土城古镇已遭到很大破坏。

1.2.3　遵义的红色文化资源保护工作仍然存在不少问题

遵义市红色文化保护主要存在的问题：一是除了遵义会议会址等极少数资源之外，普遍的保护力度不够。二是部分重要的长征遗迹、遗址尚未引起足够的保护重视，如土城的许多红军文物未得到修复保护，而土城应作为“四渡赤水”重要的景区之一。

2　如何在城市森林建设中进一步体现红色文化

2.1　加大绿化力度，提高其景观价值

遵义市应结合城市森林建设，对全市红色文化进行系统研究，对红色文化依存地的森林进行积极保护，对自然环境不好的地段应采取措施，及时绿化。对已绿化区域采用改造措施，提高森林景观价值，使之与现存红色文化相适应和匹配。

2.2　在红色根据地建设纪念公园

深入挖掘长征文化、规划建设一批缅怀先烈和纪念重大长征事件的主题纪念公园。

2.3　开发遵义红色文化，开展红色旅游

与遵义直接有关的“重点红色旅游区”是：以遵义为中心的“黔北黔西红色旅游区”，与遵义直接有关的精品线路是：贵阳—遵义—仁怀—赤水—泸州线。

主要红色旅游景点有：贵阳市息烽集中营革命历史纪念馆，息烽县乌江景

区；遵义市遵义会议会址，红花岗区红军山烈士陵园，汇川区和桐梓县娄山关景区，仁怀市红军四渡赤水纪念地，习水县黄皮洞战斗遗址，赤水市红军烈士陵园，丙安红一军团纪念馆。

开发遵义红色文化，开展红色旅游的主要建议有：①历史文化街区改造：包括玉屏山、凤凰南路、遵义公园、民主路及之间区域范围。恢复“中华苏维埃银行”、“邓小平、博古、李德等同志住所”，完整展现长征文化。②开发遵义会议会址系列资源：包括遵义会议会址、红军总司令部旧址、红军总政治部旧址和毛泽东、张闻天、王稼祥住处，以及李德、博古住处和苏维埃国家银行旧址、红军山、老鸦山战斗遗址、红军烈士陵园；凤凰山森林公园、海龙囤、杨粲墓。③以红色文化—“四渡赤水”为主题深入开发娄山关旅游资源：包含娄山关战斗遗址、娄山关古战场遗址、娄山关森林公园资源利用。④组织红色旅游—长征文化旅游组合，形成红色旅游路线。如表23-2。

表23-2 遵义市红色旅游类型与线路

区域	目标市场	类型	线路
遵义旅游区	海外市场 省内市场 省外市场	红色之旅 城市旅游 会议旅游	“遵义会议”会址、红军街(红军总政治部旧址、毛泽东、张闻天、王稼祥旧居)、红军烈士陵园
		军事旅游 A 文化观光 会议旅游	红花岗—杨粲墓—海龙囤
		军事旅游 B 文化观光 会议旅游	红花岗—杨粲墓—海龙囤—娄山关
西部环线	海外市场 省内市场 省外市场	红色之旅 A 文化观光	“遵义会议”会址、红军街等—娄山关—习水(太平渡、二郎滩、土城)—仁怀(“四渡赤水”纪念塔、茅台渡口、国酒文化城)—红花岗
		红色之旅 B 文化观光	“遵义会议”会址、红军街等—娄山关—习水(太平渡、二郎滩、土城)—赤水(“四渡赤水”纪念公园)—仁怀(“四渡赤水”纪念塔、茅台渡口、国酒文化城)—红花岗

2.4 倡导各界人士手植缅怀先烈的纪念林

利用石漠化治理工程，在遵义市以及周边红色革命区域、长征路线沿线、革命风景区附近设计专门的缅怀革命先烈的纪念林基地，以义务植树形式推进，主要种植常青的松树与柏木。

2.5 倡导各类纪念林、纪念公园进行企业与个人认领、认养

对于红色之都的各类纪念林木，要广泛发动、倡导大众进行认领认养，不

但要面对当地居民，也可面向游客和区域外的人群，以扩大红色文化影响，把绿色文明与红色文化紧密结合在一起，提高全民的文明素质。

2.6　建议将松柏作为遵义市市树，梅花作为市花

遵义市曾经推荐过马尾松和银杏作为该市市树，兰花和蜡梅作为市花。笔者认为，为了反映遵义市长征红色文化的特点，弘扬城市文化特征，建议将柏木（石漠化地广泛使用树种）和松树作为市树。兰花和蜡梅作为市花，也反映了革命烈士不畏强暴、高洁的品质。

2.7　广泛免费开放以“红色”为题的公园、风景林

为了弘扬红色文化，体现以人为本的城市森林建设理念，建议全面开放遵义市红色文化旅游景点，政府予以财政补贴和扶助。

2.8　建立松柏常青森林广场，纪念和缅怀革命先烈

在遵义市和周围中心城镇，建设以松柏常青为主题的森林广场，配合长征文化雕塑，缅怀先烈。

2.9　建立遵义纪念之都绿色基金

建议建立遵义市绿色基金，接受各界捐赠，弘扬遵义市红色文化。

参考文献

[1]国家林业局中南林业调查规划设计院．贵州遵义市城市森林建设总体规划．2007年

第 24 章　威海市城市文化特征与生态文化建设分析

山东威海是我国山东半岛东端的一个滨海文化名城，现有市域土地面积769平方千米，人口64万人，全市2008年产值达到1780.4亿元，经多年生态建设，尤其自2008年申请“创建国家森林城市”以来，全市森林覆盖率达到38%，建成区绿化覆盖率达到46.9%，城市绿地率达到41.7%。威海在创建国家森林城市过程中，其理念先进，行动迅速，城乡互动，全民参与，围绕“让森林走进城市，让城市拥抱森林”，实现了“城区园林化、道路林荫化、郊区森林化、农村林网化、庭园花园化”。2009年3月，笔者随同中国关注森林专家组对威海市创森工作进行了考评。并就威海市创建国家森林城市过程中的生态文化进行了调研，提出了威海城市森林生态文化建设的建议，以期有益于威海市城市森林建设的长期、稳定、健康发展。

1　威海市城市森林生态文化建设

1.1　开展了丰富多彩的生态物质文化建设

1.1.1　自然保护区与保护小区建设

自然保护区和保护小区建设作为当代人(主要是政府)对与后代人共享的自然资源的一种态度，理所当然是一种文化现象。威海市已建设成了荣成大天鹅、昆嵛山两个国家级自然保护区。境内珍稀生物已经得到有效保护。

1.1.2　森林公园与湿地公园建设

森林公园和湿地公园建设是我国森林生态文明建设的重要载体。威海市现已建设刘公岛、海滨、槎山、伟德山、巨愚山、双岛6处国家森林公园，天福山，正棋山2处省级森林公园，市级森林公园有4处。城市湿地公园有1处，为弘扬森林生态文化提供了良好的基础和平台。

1.1.3　主题公园

威海市以弘扬地方文化，森林文化为主的各类主题公园、纪念公园已达80多个。不但为市民提供了很好的休闲场地，也为市民享受文化熏陶提供了机会。

1.1.4　古树名木保护

威海市已经完成了全市的古树名木调查，制订了《威海市古树名木保护办法》，出版了《威海市古树名木》一书，实行统一建档、编号、立牌护栏。这些古树名木是威海市发展的见证，有许多见证了威海市历史上的许多重大事件和历史名人的生活。它们是威海市地方历史和生态文化的重要遗存。

1.2　培养了积极向上的生态精神文化

1.2.1　开展了形式多样的森林生态认知活动

威海市已经进行了各种各样的宣教、科普活动，绘画征文比赛、网络调查、邮政问卷、会议等主题活动。为了倡导全民共建，采取了“四动”(领导带动、宣传发动、政策推动、全民行动)的模式，尤其宣传发动中，通过六次宣传生态建设的重要性，宣传绿化先进典型，宣传生态科普知识，培养了大众的既要金山银山，又要绿水青山的森林认知。

1.2.2　产生了高尚的森林生态情感

通过让森林走进城市，让城市环抱森林，森林已经成为城市的一部分；通过家庭认领、认养活动，森林已经成为家的延伸；通过宣传教育、森林认知，森林已经成为人们身心的寄托。

通过万人签名活动，举办生态论坛、印发倡议书、制作专题片、发行邮票、名信片、画册、培养了全市对城市森林的情感，提出“我在森林中，森林在我心中”的创森口号，形成了“爱绿、植绿、兴绿、护绿”的广大干群的生态自觉行为。义务植树、生态认领、森林认建已成了广大市民的一种积极生态响应。开展了颇具特色的“青春·绿色·家园”、“绿色学校”、“绿念林”等生态活动。

1.2.3　引发了积极的生态响应

威海市森林城市创建已经形成了政府主导、企业参与、个人自觉的城市森林建设局面。

政府主导：威海市人民政府把创森作为城市文明建设的重点。从组织、机构、财力上倾注了大量精力，成立了专门的组织管理机构；制订了干部目标责任制；投入了大量资金进行城市绿化、海防林和生态文化建设。

企业参与：威海市重点企业已有百家参与了减排承诺，进行了企业认养，加大了对厂矿企业内部绿化的力度，创建绿色企业。显示了企业参与城市森林建设和创森的积极热情。

个人自觉：通过访问发现，威海市对创森的知晓力和支持力都很高。义务植树普及率高，2008年还举行了万人签名活动。

1.3　有系统科学的生态制度文化

1.3.1　有高效务实的城市林业管理机构

威海市城市林业管理除了常规林业机构体系外，各市区还成立了森林管护大队，林区乡镇成立了森林管护中队，以县为单位采用招聘、建队、标语、证件、报酬、管理、考核七统一形式，建立了适合于威海城市林业管理的生态机构体系。

1.3.2 有系统的生态法律法规

威海市除了深入宣传国家法律、法规外，还制订了与城市森林建设相关的一系列规章制度，如《威海市城市绿化办法》、《威海市封山育林管理规定》、《关于在全市大力推进生态墓区建设的意见》、《进一步加强防火能力建设的意见》、《森林防火指挥部禁火令》、《林业有害生物应急预案》、《加强征占用林地和采挖移植树木管理的通知》等。

1.3.3 有符合当地实际的生态管理制度

威海市在城市森林建设与管理中建立了干部责任状及责任分解机制、全民参与机制、投入保障机制、资源管理机制、宣传教育机制、考核考评机制。

威海市在城市森林建设与管理中推行了“谁投资、谁经营、谁受益”的原则，达到“地定权、树定根、人定心”。对于个人承包、联合经营，给予30~50年的长期林地使用权优惠政策。从林业管理核心的林权制度上保障了城市森林的建设健康、稳定、长期发展。

1.3.4 有科学的生态建设规划

威海市在城市森林建设中为了有一个科学的支持，先后编制了《威海市森林城市建设总体规划》、《城市绿地规划》、《林业发展规划》、《湿地资源发展规划》、《森林公园与自然保护区建设规划》等一系列生态建设规划，这些规划和规划中体现的技术与文化，也是城市森林制度文化的重要组成部分。

2 威海市的城市文化特征与城市森林建设

2.1 威海市城市文化特征分析

通过考察分析，笔者认为威海市是一个创新、开放、宜居的生态休闲滨海林城。其主要特征如下：

创新：威海是我国第一个国家卫生城市、第一个国家环境保护城市、第一个中国优秀旅游城市群、第一个申请创建国家森林城市的滨海城市。一系列的第一，本身就代表了一种创新。另外，威海地处我国东部滨海，受外来文化影响较快，也就有了创新的基础。

开放：是对韩和对东南亚的重要口岸。在城市森林建设中采用开放的态度引进了一些较好的适宜的树种，如色叶树种。

宜居：大片、大斑块的森林与海洋之间的低密度建筑城市，卫生、安全的城市环境，形成了城市宜居特征。

休闲：威海有多样的休闲环境资源：滨海、森林、人文、历史、有适宜的休闲气候和可亲近的森林。使之具有了休闲的优势条件。

2.2　如何在城市森林建设中突现城市文化特征

(1)要有创新理念、创新的技术、创新的模式，全面推进城市森林建设。

威海市中心城区、旧城区，其居住密度较大，街道、小区垂直绿化难度较大，沿海山地由于条件恶劣，绿化难度也大，因此，在进行城市森林建设中一定要有创新的理念与技术作指导，才能使其城市森林建设更上一层楼。

(2)有开放的态度，在尊重自然、尊重历史、尊重乡土的原则下，引进资金、开展森林健康化、景观美化、生态优化的近自然城市森林建设。

以人为本，城乡一体化和近自然的理念是城市森林建设的基本理念。因此，在威海市城市森林建设中，在体现上面理念的基础上，应有一种开放的态度来容纳自然，尊重历史和乡土风俗，尊重人和动物的需求，寻找一种和谐，使城市森林更加健康，生态功能不断提高。

(3)开展科学研究，科学营建生态、健康、文化、亲和、经济的城市森林，提高城市宜居宜业能力(表24-1)。

表24-1　城市森林建设的一般要求与具体措施

城市森林建设要求	具体措施
生态	适地适树、乡土树种使用，地带性树种(植被)合适密度与结构，乔灌草相结合，近自然经营。
健康	选择能挥发植物有益精气、有适度规模能够提高空气中负离子含量、视觉健康、森林景观美学价值高的树种，促进人与森林和谐。
文化	体现本土文化、历史文化、城市特征与城市性格。
亲和	森林可亲近性 生态休闲障碍消除 科学解说与互动
经济	能够提供旅憩、产品、木材、能源、食品、药品，大力在乡村倡导经济园、小游园、生态园、采摘园等。

(4)积极推进以康体休闲、知性休闲的森林休闲发展与本土的历史文化休闲、滨海休闲，组成威海市生态休闲体系。

为了体现威海市休闲城市特点，在城市森林建设中，一要大量采用能挥发对人体有益植物精气，具有空气杀菌功能，有利于负离子产生的树种；二要使森林和绿地能与普通居民亲密接触和互动，增加城市康体保健能力。

(5)开展市树市花评选，提供市民生态情感寄托。

表 24-2 威海市市树市花文化特征分析表

树(花)种	背景	文化特征
合欢	1993 年提出，2002 年废止	合欢在我国有着“合家欢乐”、“消怨合好”的吉祥象征，倍受人们青睐。且合欢花叶繁茂，独具风韵，故其也是历代诗人赞美吟咏的主要对象之一。
桂花	同上，2007 年提名（园林局绿地系统中）	中国传统桂花文化主要表现形式是花语花趣、诗词歌赋、神话传说及其物质属性等多个方面，其中吴刚伐桂、桂子月中落等优美的传说以及描述桂花高贵品格和独特芳香的诗词是桂花文化最重要的组成。
雪松	2004 年园林局提出之后在城市绿化中应用	圣经中，植物之王，神树，世界五大庭园树木，黎巴嫩国树，中国晋城、南京、淮阴、青岛市市树，排放植物精气、有杀菌、杀虫、镇静、缓解精神情绪的作用。
紫薇	2004 年园林局提出	象征和平、幸福、美满。5 ~ 9 月开花。花开永久不败，是中国安阳、徐州、自贡、襄阳、基隆、盐城市市花。
黑松	2007 年推荐，大面积作为沿海防护林使用	是长春市市树，挥发植物精气、可抑制空气中细菌、放线菌生长。
龙柏	2007 年推荐	庄重肃穆、傲骨峥嵘、历寒不衰、四季长青。
大花金鸡菊	2007 年提出，现存情况不明	大花金鸡菊，又名剑叶波斯菊，花大而艳丽，花开时一片金黄，在绿叶的衬托下，犹如金鸡独立，绚丽夺目，象征大方、富丽、大吉大利。

3 结论与探讨

威海作为我国第一个申请创建国家森林城市的滨海城市，在城市森林建设中，不但体现了生态文化的物质、精神与制度文化特征，同时也体现了地方城市文化特征。使其特色突出、特点鲜明、文化象征意义明确。为其他地方创森和城市森林建设提供了借鉴。

第25章　浪漫休闲的文化(艺术)林城
——杭州城市森林文化建设

1　杭州森林城市创建中生态文化建设成就

1.1　生态物质文化建设的成就

以生态保护为主的自然保护区、保护小区、湿地公园、古树名木保护点等系统全面，现有各类保护区(小区)31个和一个国家级湿地公园，对全市生物多样性进行系统保护。

以弘扬森林文化为主的植物园(37处)、森林公园科普教育基地(15个)等形式多样。

以休闲文化为主，各类生态休闲服务小游园、公园、以及大型绿地广场和其他绿地(有400多处)健康舒悦、精致秀美。

与产业相结合的生态园建设形成的产业文化，如20万亩林业特色基地，3515花卉、花木工程等。

1.2　生态精神文化建设成就

(1)提高了生态认知——通过万人签名，各类主题活动、生态物质文化建设，提高了全民对城市森林作用的认知，提高了全民的森林文化科普认知。

(2)培养了生态情感——通过森林认养、认领、义务植树、生态享受、绿色家园创建等，增加了全民对森林与绿地的感情。比如森林已成为城市的有机组成、森林已成为企业文化的支撑和企业环境资产的一部分，森林已成为家的延伸，是家庭的组成部分(如认养)。通过森林的认养，使森林在政府、企业、个人之间形成了良好的生态情感互动。

(3)引发了积极的生态响应——有了科学的生态认知，强烈的生态情感，必然会反映到人的行为上，产生生态响应。比如政府的各种政策、投资、工程项目实施、企业的绿色生产策略、民众的绿色生活等。

(4)政府把森林与湿地作为城市二大核心。企业把绿色生产作为企业发展的前途，个人把绿色生活作为生活的目标。

1.3　生态制度文化建设成就

(1)有一个高效适宜的城市森林管理机构——生态机构：政府有主管、分管，行业有相关局委办、基层有专门的绿化管理机构和民间护绿队(管理机构：结合杭州实际有林业水利局，专门的绿化管理站，风景区管委会小区有业务护绿队，专门的绿化维护队)。

(2)有系统的城市森林管理法规、政策、标准——生态法律(在提供的相关考核评估材料中，相关地方政策规定有33项和若干标准)。

(3)有相关的城市森林管理法制法规，正在形成健康向上的绿色生活生态原则、乡规民约、市民小区的绿色守则，比如免费开放公园。管理法制法规有城市绿化管理条例、公园管理条例等与城市森林建设以及森林城市管理有关的规章制度和各种责任制、标准。

2 对杭州城市的认知—浪漫休闲的艺术林城(文化林城)

山水相依的地理格局；特点鲜明、精致秀美的园林艺术；经验丰富的休闲服务经验；类型齐全的休闲服务基础设施——奠定了杭州是一座浪漫休闲之都、艺术文化林城。

在创森过程中要体现城市性格与特点，形成鲜明的城市森林生态文化。

2.1 如何体现浪漫

杭州：浪漫悠闲之城(都)——树种近自然配置，实现由园林城市向森林城市的转变；亲近适应——乡土树种使用，增加森林的生态适应性和文化适应性及亲近适应性。

(1)随心随意　应该说杭州园林艺术是世界级的自然遗产，在过去体现士大夫一类阶层的价值取向，现在逐渐向大众化转移，反映了大众的值观、审美观。现在主要问题是精致有余，散漫不够，能将给人带来美的享受，但带给人轻松不够。

(2)增加亲近性　现在许多的绿地不能够让大众密切接触，产生互动，应该进一步加大乡土树种的使用，增加森林的生态适应性和文化适应性。

(3)强调文化意向与情趣　增加市树市花公园，专门的如同心园，婚庆园等，展示植物文化中的浪漫文化情趣。

2.2 如何体现休闲

休闲——知性休闲——增加生态文化能源；健康休闲——增加对人体健康有益的树种。

(1)增加知性休闲解说设施，如植物生态文化知识解说牌，形式可多样。

(2)增加和关注康体休闲——充分发挥植物的负离子和植物的精气对人体的康体作用，适当增加一些对人体有用的树种。

2.3 如何体现艺术与文化

文化意向——表现浪漫，情趣的树种及配置(如同心园，婚庆园)，通过增加、改造、解决、提高森林植物的浪漫文化情趣等。

(1)由园林艺术向生态艺术转变：植物、园林、森林的艺术应充分展示其大众化、生态化，实现过去由以人为中心的艺术价值观，转变为人与自然和谐的生态艺术价值观，充分尊重自然、尊重生命、尊重各种动植物的生存权利(盆景是艺术，但不是生态艺术，它没有尊重植物自由生长的权利，对植物的过度修剪也是同样道理)。

(2)由艺术林城向生态文化林城转变：现在是艺术林城，艺术属于文化范畴，当然也是文化林城，但是并不代表生态文化林城。这里可能还有一段距离。

(3)要有专门的引导森林生态文化的场所。如专门的市树市花公园、森林植物园、湿地植物园等。

3　未来的林城

最终实现杭州是一座浪漫的林城、情感的杭州；是一座休闲的林城、轻松舒悦的杭州；是一座艺术的林城、高雅的杭州；是一座生态文化的林城、文化的杭州；笔者认为情感、轻松舒悦、高雅、文化是杭州生活品质的核心价值。

杭州生活品质：浪漫诗意的生活，轻松舒悦的休闲的生活，高雅文化艺术的生活，这就是杭州的生活品质。

第26章　武汉城市森林生态文化剖析

武汉自创森以来，城市得到迅速发展、生态环境明显改善(成功地摘掉“火炉”称号)，文化素质明显提高。现在的城市森林已经承担着城市环境改善的主体。城市森林湿地复合生态系统已经成为城市生存发展的依托。森林与湿地文化已经成为城市生态文化的重要组成。城市森林不但成为武汉的有机部分，也成为武汉人家庭的延伸。他们把城市森林当成了他们家庭的一部分。

武汉在创森工作中体现的创新意识、拼搏精神、科学的态度充分展示了武汉人的性格——体现了武汉精神。

城市森林建设形成了滨湖森林模式，大斑块、大廊道和大特色，已经体现了武汉城市特征——创造了武汉模式。

武汉在创森工作中体现武汉精神和在城市森林建设中创造的武汉模式共同形成了城市森林生态文化。

1　武汉城市森林生态文化建设成就

1.1　形成了丰富多样的城市森林物质文化

全市现在已经建设有64个各类公园，能够让市民休闲的小森林2499处，大部分市民出门300~500米就能够亲近森林，享受森林。

现有36个以森林和湿地为主的国家级旅游景点，6个省级森林公园，1个市级公园，这些城市森林为市民提供了生态休闲游憩机会。

全市有与森林湿地相关的科普宣教基地15处。以森林公园、湿地公园、自然保护区为基础的森林物质文化建设成果卓越。

1.2　引导产生了积极向上的城市森林精神文化

丰富了森林物质文化产品，引导政府、个人、企业对森林产生正确的生态认知，从而产生了对森林的生态情感，反映在行为上，形成了生态响应，从而形成了森林的精神文化。

体现在政府层次上，政府把城市森林看成了有机组成。森林是城市文化的载体。

体现在个人层面上，则森林成为家庭的延伸，通过认领、认养、认建，使之成为家庭的组成。

在企业层面上，企业把森林看成企业环境的组成，企业把城市森林建设当成企业的环境职责。

创森中城乡一体化体现了一种公平的文化理念，武汉市创森通过实施绿色家园行动，巨额投资进行乡村绿化，体现了一种城乡公平的文化理念。

1.3　构建了科学和谐的城市森林制度文化

城市森林制度文化，主要体现有完善的城市森林生态管理机构；严格科学的城市森林管理制度与法律法规；科学的城市森林建设规划。

2　武汉精神

2.1　创新意识——敢为天下先的武汉精神

创森与城市森林建设工作的创新意识主要体现在以下几个方面。

全国首个城市森林保护区：武汉市规划投入24亿元，建设武汉九峰城市森林保护区，保护区面积约30平方千米。这个保护区将营造城市与森林和谐共存的独特环境，突出展现森林景观、滨湖湿地景观特色。保护区的规划结构为“四园、三带、一心”：“四园”即马鞍山森林公园、石门峰名人文化园、九峰森林公园及长山农业观光园；“三带”即城市森林过渡带、森林景观带、旅游休闲景观带；“一心”即综合服务中心。

绿色志愿者活动：在武汉创森过程中，有武汉大学、华中农业大学、华中师范大学、武汉理工大学、武汉科技大学、江汉大学、武汉化工学院、湖北工学院等8所高校的青年环保志愿者组成“绿色宣传队”深入到社区(小区)开展“武汉市市民环境意识及行为规范问卷调查”与环境知识宣传活动。

五色森林：黄陂是武汉的林业资源大区，全市一半的树长在那里。林业撑起半边天，还是都市后花园。全市创森，黄陂提出打造五色森林，生态建设要和产业富民结合，创森要和林业布局调整、产业升级结合。五色森林，总面积140万亩。绿色森林，指的是60万亩生态林，旨在保持水土，绿化环境。银色森林，指的是30万亩经济林，是用来挣银子的。红色森林，指的是10万亩枫叶、红叶，旨在将旅游区点缀得更加靓丽。白色森林，指的是20万亩产业林，是用来造纸的。黄色森林，指的是20万亩以油茶、油桐为主的能源林。

由湖居向林居转变的创新理念：武汉是百湖之市，拥有世界大城市人均第一位的淡水资源量。在老人们心中，如果没有水，也就无从谈起武汉。因为湖多，武汉市民的居住堪称湖时代；因为创森，武汉市民的居住正从湖时代跨向森林时代。如九峰城市森林保护区、武汉植物园。森林挨着中心城区，武汉市民可以方便地欣赏九峰森林十八景。山体在绿化，江岸在绿化，通道在绿化，公园在新建，小森林在走进市区，远城区在实现森林环城。百湖之市的江城武汉，因为森林城市的创建，正在让市民过上更诗意的生活，未来的居住将让湖时代与森林时代携手。

确权不确地、分股不分山、分利不分林的城市森林改革创新探索模式：武汉市在林改中，严格执行政策，尊重农民意愿，因地制宜推进。做到能到户的就到户，不宜到户的就大力推行“确权不确地、分股不分山、分地不分林”。

2.2 拼搏的精神——武汉人的性格中的韧性与蛮劲

易中天总结武汉人行事爽快、性格顽强，指的就是一种拼搏精神。还有人总结武汉人的性格是有韧性、有蛮劲，有一种不达目的决不罢休的精神。

武汉在创森工作中的拼搏精神体现在以下几项工作中。

龟山、蛇山拆迁和绿化：龟山、蛇山名气大，以前却被商铺、宾馆、住宅大量占据，山体受损、环境杂乱。2004 年，武汉市开始实施显山透绿工程，恢复龟山、蛇山的原貌。蛇山拆迁面积就达 17.82 万平方米，共 1903 户，投入将近 10 亿元。龟山综合整治投资超过 4 亿元。破损多年的山体被重新修复，通过透绿、植绿，成了市民休闲的好去处。龟山增加了彩叶树种，秋来层林尽染，还要汇集乡土植物，建成武汉植物博物馆。

持之以恒地创森：自贵阳之后持之以恒地开始创森工作。早在 2004 年，首届中国城市森林论坛在贵阳举办，武汉就派团参加，并在论坛上发言。随后的每届论坛，武汉都不缺席，对森林城市的渴望与韧性可见一斑。

2.3 雅、洋、土——武汉的“多味”文化元素

武汉地处江汉平原的边缘，自古有九省通衢之称，长江和汉水就在城中汇合，大小湖泊如星落棋布，武汉文化中也就有着平原文化、大河文化的基因。武汉古有夏口、江夏，唐、宋时商业就已十分发达，明末清初汉口的商业迅速崛起，成为国内著名的商业中心之一。到近代，早在 1865 年汉口即被辟为商埠，租界毗邻，留下了殖民主义者的足迹，也带来了西方的近代文明；后来，张之洞在此开矿设厂，建立了我国最早的新式钢铁厂和军工厂，武汉成为洋务运动的重要发源地。这以后，武汉就逐步成为当代中国的大都市之一。20 世纪 50~60 年代，武汉一直是国家重点建设的工业基地，纺织、机械、冶金等轻工业、重工业都有了迅速的发展。今天的武汉交通便利，工商兴旺，高校云集，既是重要的经济、政治中心，又是著名的文化教育中心。因此，这里既有雅文化的殿堂，也有俗文化的地盘。这些造成了武汉的市民作为城市人的性格的基本特征。

武汉地处我国中部地区，其所在的湖北省，为川、陕、豫、皖、赣、湘六省所包围，是我国东西交汇、南北过渡的中心地带，武汉也就正处在江南文化、中州文化、关中文化、巴蜀文化、湘粤文化与荆楚文化的交汇点上。武汉博采众家文化之长，市民吸收了各方居民性格中的长处。同时，作为近代迅速

崛起的大城市，武汉的移民城市特点日渐突出，武汉居民中，大多数是来自附近农村，也有一些来自周边省份的移民。武汉长期作为湖北省的省会，必须面对湖北的广大农村，从那里吸收人才、干部和劳动力。因此，武汉文化则是在融汇了政治性文化、商业性文化和乡村文化的基础上形成的，是一种"雅、洋、土"三味俱全的"多味"文化。

城市森林建设的的雅：武汉市包括综合公园、街头游园、专业公园、旅游公园在内的有300多座公园，每一个公园都有不同的文化背景。

中山公园是武汉市历史最悠久的公园，园内地栽的100余株蜡梅、红梅、茶梅笑脸迎宾。除常见的红梅、白梅、白须朱砂、黄须朱砂等之外，还有新品种"变绿萼"，这是梅花中的极品，观赏价值极高。

黄鹤楼前的葫芦雕、竹雕、泥塑、脸谱、折纸、蛋雕、结艺等民族艺术。蛇山山顶的白云阁美术馆与奇石馆，落梅轩的编钟古乐团和极具楚风楚韵的古乐歌舞表演，尽显武汉城市之雅。

城市森林建设的的洋：主要体现在科学技术的应用。表现在科技兴村战略的实施；森林防火实时监控体系、野生动物疫源疫病监测体系。负离子监测预报体系的建设；科学技术的应用。武汉市在城市森林建设中，首先加强了科学研究，如进行了退化的森林生态系统植被恢复技术模式研究，实施了重点技术推行策略。如油茶良种两年生嫁接苗造林技术、GPS精准飞播技术、杨树截杆造林技术、喷雾仿生剂农药等。

城市森林建设的的土：武汉市的创建国家森林城市工作突出地方特点，即"土"。建设突出了城区、城郊、农村"三位一体"的理念，强调：一是以"三荒"资源换绿地，大力建设片林、林网、林带，突出"三林结合"，提高荒山、荒坡、荒滩资源利用率，增加森林资源总量，重点建设四大产业基地和农田林网。二是以存量换效益，加快区内森林风景资源和湿地生态资源开发步伐，重点开发建设风景开发区、爱国主义教育基地等项目，打造一批亲民绿化亮点工程，逐步完善森林生态和湿地生态网络，提升生态休闲功能。三是以项目促融资，整合省、市惠林政策，加快招商引资步伐，鼓励社会主体共创共建。四是以亮点示范，突出连片推进，大力推进林业庭院经济"百村万户"工程，形成一批庭院经济型、环境产业型、农家乐旅游型、生态休闲型农民新村，加快城乡一体化绿化步伐。

3　武汉模式

城市森林建设中创造的武汉模式主要体现在以下几个方面：

3.1 武汉的博——城市的过去

保护古树和残存的次生林、乡土树种，充分挖掘其文化内涵与特征，以体现武汉有3500年历史的“博”的文化特点。

3.2 武汉的大——城市的现在

以大斑块、大廊道、大手笔进行建设以体现其“大”的特征。

武汉在城市森林建设中有投资200亿的西湖工程、有全国最大的环城林带，环城林带188千米、100米、投资24亿。

3.3 武汉的水——城市的肾

加强湿地保护，恢复湿地的自然特征，使武汉湿地成为文化的湿地、健康的湿地、生态的湿地、休闲的湿地，真正展现出“水乡”湖城的风韵。

3.4 武汉的林——城市的肺

采用近自然森林经营技术，充分发挥森林的生物多样性。减少修剪、规矩密植、正确引进外来树种、大树移植等，充分体现“森林之城”的城市发展要求。

3.5 武汉的生态——城市的未来

武汉城市的发展现在正在围绕资源节约型和环境友好型社会建设，按照区域一体化、城乡一体化和新型工业化的要求，发挥武汉城市圈平原水网景观和丘陵山地自然生态的优势，突出滨江、滨湖的特色，以构建“碧水、蓝天、青山、美城”生态格局为目标，将武汉城市圈打造成人水和谐、绿色宜居、生态文明、持续发展的生态城市群。生态城市已经成为武汉的未来。

4 如何在创森林工作中体现现代城市森林文化

城市森林与一般的森林最大的差别是，城市森林应该更加具有文化意义。森林城市中的森林不是一般意义上的森林，而是有文化的森林。

所以，在城市森林建设规划和营建中最大的困难是如何体现森林文化，体现什么样的森林文化，笔者认为主要有以下几个方面：

4.1 体现以人为本，是城市大多数居民能够亲近和享受的森林——平民的森林

武汉的亲民绿化工程和公园免费开放，就体现了这种文化理念。

采用乡土树种、扶持乡村绿化、实行城乡一体化、采用广大居民所知的管护方式、采用近自然的森林经营技术，都是营造平民森林的有效方式。

4.2 能够体现当代人的情感——情感森林

这里主要体现在创森过程中，①要使广大市民参与城市森林建设，使城市中森林与居民、与城市一起成长，这样才能培养感情。②应该种植居民所熟悉

的树木，使之能够产生共鸣。如槐树是中国十几个城市的市树，就体现了这种情感。③城市森林的树木、树形色彩，应该可以引发人们的审美情趣。④大力发展名人纪念树、大事纪念树、市树花公园等，使森林成为人们精神寄托场所。

4.3　能够传承和体现区域(城市)的性格与特征——特色的森林

每个城市都有自己的性格与文化(如：杭州——浪漫休闲之城，广州——开放之城，长沙——宽容、时尚之城，漯河——绿色安全之城，遵义——红色文化下的绿色文明，新余——绿色健康的宜居宜业林城)，而武汉是博大的水乡林城。城市这种特质是城市发展的灵魂和一个城市区别于另外一个城市的标志。在城市森林建设中应该突出这种特质，强化这些特质，营造具有城市文化特色的森林。

4.4　充分体现森林的宜居宜业功能和森林保健作用——健康的森林

每一种树木对环境的贡献和影响是不同的。相对于人类而言，有些是有益的，有些是对人类健康有危险的。有的树种能够吸收灰尘和有害气体，适宜种植在厂矿企业。有些能够挥发植物精气和负离子，适宜种植在居住区。

第27章　政府、企业、个人在森林城市创建中的生态行为守则

现代文明的发展使现代人自觉遵守生态守则已成为一种新的生态文明或生态伦理道德。在森林城市创建中，主要涉及到三个层次：政府、企业、个人，它们各自的层次不同，在生态行为中表现出的影响和作用也有所不同，但三者相互影响和作用。本文通过调研，分析遵义市的政府、企业和个人在森林城市创建中有悖于森林城市环境的保护和可持续发展的行为，提出了三者在森林城市创建中生态行为守则框架。希望引起有关人士的关注，有益于遵义市森林城市的创建和健康发展。

1　政府在森林城市创建中的生态行为守则

从宏观上来说，政府既是森林城市创建的开发者，又是监督管理者。政府的最大宗旨是要实现社会的可持续发展。因而政府的行为往往对实现森林城市的创建起到至关重要的作用。

1.1　政府非生态行为对森林城市创建的影响

政府主要在政策、资金、技术、法律、信息5个层次影响森林城市的创建。在现阶段，我国政府对森林城市创建的扶持有限，与发达国家相比相距甚远，严重制约我国森林城市的可持续发展。其具体影响详见表27-1。

表27-1　政府的非生态行为及影响

主体	相关行为	对城市环境的影响	评注
政府	缺少相关城市森林创建政策	无或间接影响	森林城市创建无序
	缺少开发资金扶持	无或间接影响	森林城市创建速度缓慢
	缺少森林城市规划、设计审查与监督措施	无	森林城市创建的科学性
	对林区的开发税费过高及生态补偿机制不健全	无或难估	影响森林城市的可持续发展
	对一些贫困县、乡的扶持力度不够	间接影响城市森林环境	对森林城市的环境和经济产生胁迫，对生物安全保护产生影响
	执法与特权阶层的非法狩猎、公费或免费享受森林城市资源	无或难以估计	影响森林城市管理

1.2　政府的生态行为守则

本研究仅限于在森林城市创建中遵义市政府必须认识和重视的方面，这样有益于遵义市森林城市的健康发展。笔者认为现阶段政府至少应在以下几个方面支持森林城市创建事业。

(1)制定相关的城市森林创建政策；

(2)加大森林城市创建的资金支持；

(3)制定森林城市规划、设计和审查与监督机制；

(4)免征或少征林区开发营业税费和制定生态补偿机制；

(5)扶持贫困县、乡、镇农民脱贫，减免相关农业税费，以保护森林资源；

(6)财政投资基础建设；

(7)制定相关法律和政策以保护城市森林资源。

2　企业在森林城市创建中的生态行为守则

企业的生态行为对森林城市的创建产生不可逆转的变化。而企业的行为除了受制于生态伦理认识之外，很大程度上受到经济收益的影响。

2.1　企业的非生态行为对森林城市创建的影响

遵义市企业的非生态行为除了在旅游方面表现尤为突出外，其他方面的表现也比较严重。比方说遵义的合悦大厦、凤凰城的建设严重破坏了气象环境的观测；金鼎镇的钼矿企业在开采过程中为追求经济利益不顾环境保护致使后庄村的饮用水源受到严重污染；还有其他如滥伐林木，滥用耕地等。在诸多破坏生态环境的行为中，主要是大气的污染、水污染、土地的不合理开发、森林资源的过度砍伐和利用、旅游景区的过度开发和利用等。详见表表27-2。

表27-2　企业的非生态行为及影响

主体	相关行为	对城市环境的影响	评注
企业	对林场的过度开发和利用	环境胁迫影响生物及环境质量；对自然环境系统产生干扰；对野生生物的干扰和自然宁静环境的干扰；对土壤产生影响；对植被和动物产生影响；对野生物种竞争产生影响；对大气循环系统产生影响等	刺激性能降低，环境能力降低、对自然景观产生影响、水土流失、影响景观美学价值，对生物产生干扰、对本地的生态系统产生影响、对大气环境产生影响
	房地产商对土地的不合理开发	环境胁迫影响生物及环境质量；对自然环境系统产生干扰；产生噪音等	对气象环境观测产生影响、对本地生态系统的平衡产生影响、对生物的多样性产生影响

续表

主体	相关行为	对城市环境的影响	评注
企业	旅游企业对景区的过度开发和利用	环境胁迫影响生物及环境质量；过多的人为设施破坏自然景观系统；对自然环境系统产生干扰；对野生生物的干扰和自然宁静环境的干扰；产生噪音；对土壤产生影响；对植被和动物产生影响；对野生物种竞争产生影响；对社会文化产生影响等	刺激性能降低，环境能力降低、降低生态旅游价值，破坏原始性、幽秘性、不可预见的城镇式发展、对巢鸟和自然景观产生影响，对观光者产生不良刺激、土地永久损失、影响景观美学价值，对生物产生干扰、公众认识混乱，影响本地生态系统完整性、民俗文化的同化，庸俗化和商品化
	采矿企业的先开发后治理的行为	对当地居民的生活产生影响；对自然生态系统产生影响；水污染；大气污染；噪音污染；降低环境质量；对动植物产生影响；对土壤产生影响等	影响森林城市的可持续发展，降低当地居民的生活质量，对大气、水的环境产生影响，对自然生态系统平衡产生影响，土地永久损失

2.2 企业的生态行为守则

企业最大的生态职责就是维持、保护、利用森林城市资源，在实现森林城市的可持续发展基础上，实现森林城市生态、社会和经济价值最大。其基本生态守则框架如下：

(1)自觉保护自然景观；

(2)不建设有损自然景观的人工建筑物；

(3)不干扰生态演变；

(4)不大规模引进外来生物物种；

(5)不滥伐林木，滥采药材、菌物；

(6)不滥用和不合理开发土地；

(7)不制作野生生物纪念品；

(8)不强行改变林区民居建筑形式，不改变风俗习惯；

(9)建设中采用本地材料，利用本地人力；

(10)自觉和预先进行防污设计，搞好三废处理；

(11)预算经费，进行经常性宣传教育；

(12)组织员工参加植树活动；

(13)认领古树名木。

3 个人在森林城市创建中的生态行为守则

个人在森林城市创建中占据核心地位。他们的行为对森林城市的环境和创建产生直接影响。

3.1 个人的非生态行为对森林城市创建的影响

个人的非生态行为一方面来自个人本身文明道德规范下的自主行为，另一方面来自政府和企业失误及诱导下产生的环境行为。前者比如乱扔垃圾，乱刻画等，后者如大量使用化石能源工具，以车代步，是由于政府和企业的行为而产生的连带行为。

通过对遵义市的市政公园、公共绿地及景区游人的观察和许多学者的研究成果，发现在个人的行为中，不符合生态伦理的非生态行为主要有垂钓、狩猎、滥采生物标本、嗜食野味、乱扔垃圾、随意破坏景物、随意刻画题记，大量收集如盆花、根雕、贝壳、化石等纪念品，以车代步等。详见表27-3。

表27-3 个人的非生态行为及影响

主体	相关行为	对城市环境的影响	评注
个人	游人踩踏植物和收集根雕，植物标本、滥砍树木等	对植被的影响	植被结构改变、植被稀少、草地密度减少、植物多样性减少、植物的活力降低、植物病菌传染、改变植物群落的年龄结构
	垂钓、狩猎、滥采生物标本、嗜食野味、引进外来物种	对生物的影响	生物多样性的减少、干扰生态系统平衡
	乱扔垃圾和乱排污水	对土壤、环境质量和自然景观的影响	改变土壤的pH值、水体的富营养化
	随意破坏景物、随意刻画题记	破碎和设施破坏、影响景观完整性	自然特征消失，设施损坏、降低观光价值，对其他游客产生误、诱导
	外来文化	间接影响	民俗文化的同化、庸俗化、商品化
	以车代步	对土地和大气产生影响	大量使用交通工具，而不是以步代车，对自然生态环境造成永久的损害

3.2 个人的生态行为守则

个人的行为涉及到心灵认识、具体行为、社会伦理道德等诸多方面。个人的行为要真正符合生态行为的要求，需要政府、企业的引导和教育。遵义市在创建森林城市的过程中个人应遵守以下生态行为守则：

(1)在参观一个地方之前，要了解当地的自然和文化特点；

(2)尊重访问目的地文化，不要将自己的文化价值强加于人，尊重当地的风俗习惯；

(3)不接近、不追逐、不投喂、不搂抱、不恐吓、不狩猎、禁食野生动物；

(4)自觉做到不踩踏珍稀植物，不采集受保护和濒危的动植物样品；

(5)不购买、不携归被保护生物及制品；

(6)不丢弃垃圾、不污染水土，在特殊地区要自备垃圾袋，将垃圾运回；

(7)积极参加保护自然生态的各种有益活动，如认领动植物等；

(8)了解自然对人自身的要求，对自己的日常生活与环境的关系取得更清楚的认识；

(9)尽量避免以车代步。

4 结语

遵义市在森林城市创建的过程中不论是政府、企业还是个人都存在许多非生态的行为。认识这些有悖于森林城市创建的行为并加以矫正，有益于该市的可持续发展，有利于森林城市的创建。

建立森林城市创建的文明框架的核心是建立不同人群的的森林城市创建的行为守则、规范，并把这些守则变成政府、企业、个人的自觉行为。政府必须站在宏观的角度，站在该市长远发展的角度，从资金、技术、政策、信息、法律等方面来支持森林城市的创建；企业必须以大局为重，放弃急功近利而追求该市的可持续发展；个人必须树立新的生态伦理道德观从而为遵义市的森林城市创建做出自身最大的努力。

参考文献

[1]王左军. 浅论恪守生态道德规范[N]. 中国绿色时报，2000210219.

[2]但新球，吴南飞. 森林旅游中非生态旅游行为及行为守则研究[J]. 中南林业调查规划. 2002，2(01)

[3]钟永德，袁建琼，罗芬. 生态旅游管理[M]. 北京：中国林业出版社，2006

后 记

自人类从森林中直立而繁衍，人类一刻也未曾离开过森林。因此，在一定程度上研究人类文明史，离不开人与森林的关系史、离不开对森林文化的研究。

笔者自1995年开始关注森林文化的研究，2005年，曾就十年的研究心得汇著成《森林文化和森林景观审美》，自此之后，从未终止对森林文化的研究和关注。尤其是在国家倡导生态文明建设和国家林业局大力推行包括森林生态文化体系在内的三大体系建设以来，笔者一直致力于森林生态文化理论研究和森林生态文化设计实践，并在现代林业发展规划、森林城市建设规划、森林公园建设规划中得到应用，逐步完善了森林生态文化的物质文化、精神文化和制度文化体系构成，并将这些体系理论应用到各种林业项目规划实践中。

本书分为四部分：

第一部分　森林文化理论基础：在笔者的《森林文化与森林景观审美》基础上，经补充完善而成。阐述了森林文化的概念、系统特征、不同时期的森林文化特征。

第二部分　森林生态文化体系：是笔者从系统角度，对森林物质精神、制度文化产生、结构、层次组成的系统总结。从森林生态文化的物质文化、精神文化和制度文化三个方面，分析了其结构、组成、功能和应用。

第三部分　森林生态文化设计：该部分结合笔者近几年规划设计案例，全面展示了森林生态文化建设的内容与形式。其内容包括森林生态文化的各个层次——生物、技术、精神、休闲、保健等。

第四部分　城市森林文化：该部分汇集了笔者近几年来进行森林城市建设规划和考察评估的体会，介绍了在森林城市创建和城市森林建设中如何全面体现森林生态文化的内涵。

文化是社会发展的综合表现和精神标志，文化发展动力同时也是社会发展的源动力。随着研究的深入，笔者深深感到森林生态文化关系到政府、企业、甚至每个人对森林的认知和态度。也就反过来影响到政府、企业和个人对森林的行为模式。这些行为模式直接影响到森林的存在和发展。所以深感研究森林生态文化，并以之影响到人类科学全面地认知森林，是森林可持续与健康发展的关键，其责任重大。同时也感到目前学术界对森林文化进行系统研究的缺匮，以至影响了政府森林政策的正确制定，企业参与森林保护和建设的积极性，和个人关注森林的态度。因此，虽然本书在存在理论体系有待清晰、应用领域有待拓展、设计技术有待提高的现状下结集出版，目的是在有限的领域，填补目前森林生态文化研究的不足。抛砖引玉之心，殷殷可镜。

在此书出版之际，首先要感谢我们的母校中南林业科技大学(原中南林学院)，是母校给了我们多年进行研究的基础知识和积极引导，尤其是本书第二作者，现在又在母校进行研究生学习研修，这为今后更加深入研究森林生态文化提供了很好的学习机会。

再次，要感谢国家林业局中南林业调查规划设计院的领导和同事们提供了许多的研究森林生态文化和进行森林生态文化设计实践机会，使我们对森林生态文化的理论思考能够在具体的项目和领域中进行检验和提炼。

要感谢在本书中提及和未能提及的森林文化研究学者，是他们关于森林文化的思想与我们的思考产生的碰撞，使我们关于森林生态文化的理论研究更加完善。感谢在本文中引用文献的学者，由于时间和联系方式的缺乏，在引用前不能够一一求教和征得他们的同意。

在此，特别要感谢蒋有绪院士在本书成书过程中给予的悉心指导和在百忙中为本书作序，充分体现了他提携和关心后生的精神风范。

感谢在本书出版过程中默默奉献的编辑、校对、印刷等工作人员，本书的每一个字也都凝聚了他们的汗水和辛劳。

最后，要感谢我们的家人，是他们在背后默默的支持，使我们在繁重的学习和工作之余，能够深入研究，得以有此成果问世。

由于本书涉及内容较广，限于编者水平和时间，错、漏和不当之处在所难免，诚恳希望读者予以指正和批评。

作者

2011 年 8 月 2 日于北京和平里

2012 年 10 月 29 日修改于北京芍药居